터치 로 재미있게 사용하는 비상교육 [도형 길잡이] APP

실행 방법 ❶ 오른쪽 QR 코드를 스캔하여 비상교육 [도형 길잡이] APP을 내려받아 실행합니다.
❷ '카메라 시작하기'를 누른 후 '도형 마커'를 카메라로 비추면 도형 터치 화면이 나옵니다.

 5-1
다각형의 넓이

 5-2
직육면체 / 전개도

 6-1
각기둥 / 각뿔 / 전개도

 6-2
쌓기나무

세상이 변해도
배움의 즐거움은
변함없도록

시대는 빠르게 변해도
배움의 즐거움은
변함없어야 하기에

어제의 비상은
남다른 교재부터
결이 다른 콘텐츠
전에 없던 교육 플랫폼까지

변함없는 혁신으로
교육 문화 환경의 새로운 전형을
실현해왔습니다.

비상은 오늘, 다시 한번
새로운 교육 문화 환경을 실현하기 위한
또 하나의 혁신을 시작합니다.

오늘의 내가 어제의 나를 초월하고
오늘의 교육이 어제의 교육을 초월하여
배움의 즐거움을 지속하는 혁신,

바로, 메타인지 기반 완전 학습을.

상상을 실현하는 교육 문화 기업 비상

메타인지 기반 완전 학습
초월을 뜻하는 meta와 생각을 뜻하는 인지가 결합한 메타인지는
자신이 알고 모르는 것을 스스로 구분하고 학습계획을 세우도록 하는
궁극의 학습 능력입니다. 비상의 메타인지 기반 완전 학습 시스템은
잠들어 있는 메타인지를 깨워 공부를 100% 내 것으로 만들도록 합니다.

개념+유형 **파워**

공부 계획표

5-2
12주
완성

1주

1. 수의 범위와 어림하기

개념책 5~11쪽	개념책 12~16쪽	개념책 17~19쪽	개념책 20~21쪽	개념책 22~26쪽
월 일	월 일	월 일	월 일	월 일

2주

1. 수의 범위와 어림하기

유형책 3~6쪽	유형책 7~9쪽	유형책 9~11쪽	유형책 12~15쪽	유형책 16~20쪽
월 일	월 일	월 일	월 일	월 일

3주

2. 분수의 곱셈

개념책 27~31쪽	개념책 32~34쪽	개념책 35~39쪽	개념책 40~41쪽	개념책 42~46쪽
월 일	월 일	월 일	월 일	월 일

4주

2. 분수의 곱셈

유형책 21~24쪽	유형책 25~27쪽	유형책 28~29쪽	유형책 30~33쪽	유형책 34~38쪽
월 일	월 일	월 일	월 일	월 일

5주

3. 합동과 대칭

개념책 47~52쪽	개념책 53~56쪽	개념책 57~59쪽	개념책 60~61쪽	개념책 62~66쪽
월 일	월 일	월 일	월 일	월 일

6주

3. 합동과 대칭

유형책 39~42쪽	유형책 42~44쪽	유형책 45~47쪽	유형책 48~51쪽	유형책 52~56쪽
월 일	월 일	월 일	월 일	월 일

공부 계획표 12주 완성에 맞추어 공부하면
단원별로 개념책, 유형책을 번갈아 공부하며
응용 실력을 완성할 수 있어요!

7주 | 4. 소수의 곱셈 | | | | |
| --- | --- | --- | --- | --- |
| 개념책 67~72쪽 | 개념책 73~75쪽 | 개념책 76~81쪽 | 개념책 82~83쪽 | 개념책 84~88쪽 |
| 월   일 | 월   일 | 월   일 | 월   일 | 월   일 |

8주 | 4. 소수의 곱셈 | | | | |
| --- | --- | --- | --- | --- |
| 유형책 57~60쪽 | 유형책 61~63쪽 | 유형책 64~65쪽 | 유형책 66~68쪽 | 유형책 69~71쪽 |
| 월   일 | 월   일 | 월   일 | 월   일 | 월   일 |

9주 | 4. 소수의 곱셈 | 5. 직육면체 | | | |
| --- | --- | --- | --- | --- |
| 유형책 72~76쪽 | 개념책 89~93쪽 | 개념책 94~98쪽 | 개념책 99~101쪽 | 개념책 102~103쪽 |
| 월   일 | 월   일 | 월   일 | 월   일 | 월   일 |

10주 | 5. 직육면체 | | | | |
| --- | --- | --- | --- | --- |
| 개념책 104~108쪽 | 유형책 77~80쪽 | 유형책 80~83쪽 | 유형책 84~85쪽 | 유형책 86~89쪽 |
| 월   일 | 월   일 | 월   일 | 월   일 | 월   일 |

11주 | 5. 직육면체 | 6. 평균과 가능성 | | | |
| --- | --- | --- | --- | --- |
| 유형책 90~94쪽 | 개념책 109~113쪽 | 개념책 114~118쪽 | 개념책 119~121쪽 | 개념책 122~123쪽 |
| 월   일 | 월   일 | 월   일 | 월   일 | 월   일 |

12주 | 6. 평균과 가능성 | | | | |
| --- | --- | --- | --- | --- |
| 개념책 124~128쪽 | 유형책 95~99쪽 | 유형책 100~103쪽 | 유형책 104~107쪽 | 유형책 108~112쪽 |
| 월   일 | 월   일 | 월   일 | 월   일 | 월   일 |

개념+유형

PLUS

파워

개념책

초등 수학

5·2

구성과 특징

빠르고 알찬 **개념 학습**

개념책

개념 정리

개념 문제를 한 번 더!

한 번 더 확인

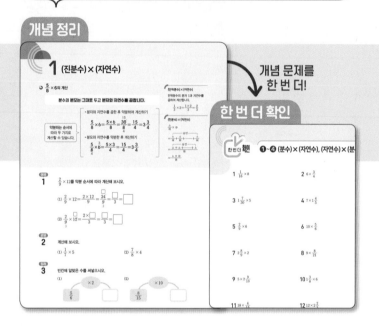

중~상 수준의 다양한 실전유형 문제를 풀어 **실전 감각을 강화**

유형책

실전유형 강화

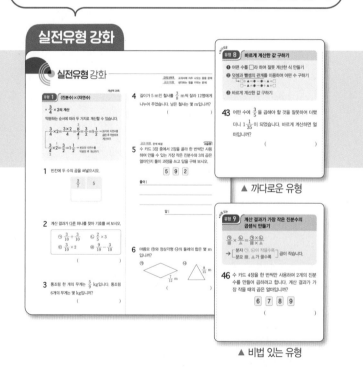

▲ 까다로운 유형

▲ 비법 있는 유형

개념책으로 실력을 쌓은 뒤
응용 유형이 강화된 유형책으로 응용 완성!

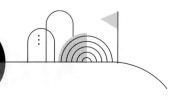

잘 나오는 실전 · 응용문제 학습

응용 평가

STEP 1 실전문제

STEP 2 응용문제

단원 마무리

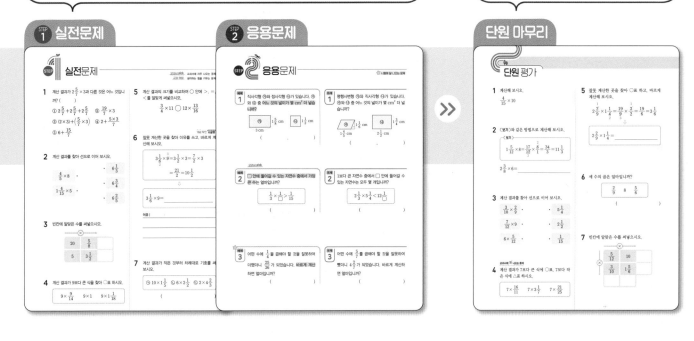

상~최상 수준의 대표문제를 풀어 최상위로 도약

수준별 평가로 어려운 시험까지 대비

상위권유형 강화

응용 · 심화 단원 평가

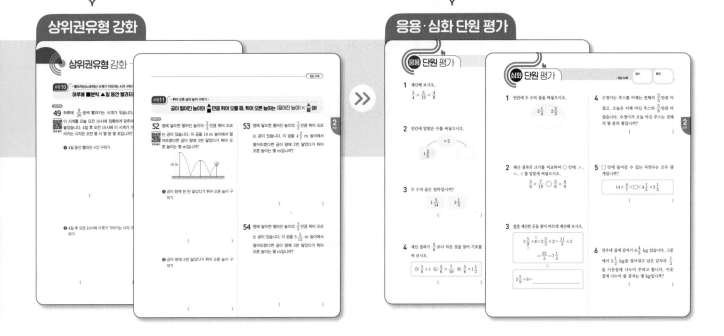

개념+유형 파워

차례

파워에서
공부할 단원이에요

1

수의 범위와 어림하기

1 이상, 이하

○ **이상** → 以上(써 이, 위 상)

10 이상인 수: 10과 같거나 큰 수 → 예 10, 12, 15.4, 16.7 → '이상'인 수는 경계값을 포함합니다.

10 이상인 수는 **10**을 포함하므로 수직선에 10을 ●으로 나타내고 오른쪽으로 선을 긋습니다.

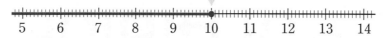

|6|7|8|9|10|11|12|13|14|15|

○ **이하** → 以下(써 이, 아래 하)

10 이하인 수: 10과 같거나 작은 수 → 예 10, 9, 7.5, 4.6 → '이하'인 수는 경계값을 포함합니다.

10 이하인 수는 **10**을 포함하므로 수직선에 10을 ●으로 나타내고 왼쪽으로 선을 긋습니다.

|5|6|7|8|9|10|11|12|13|14|

예제 1

수의 범위에 속하는 수를 찾아보시오.

(1) 15 이상인 수를 모두 찾아 ◯표 하시오.

| 19 | 23 | 12 | 9 | 14 | 15 | 8 |

(2) 43 이하인 수를 모두 찾아 ◯표 하시오.

| 50 | 43 | 61 | 1 | 44 | 42 | 39 |

예제 2

수의 범위를 수직선에 나타내어 보시오.

(1) 20 이상인 수

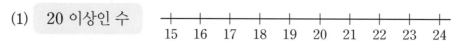

15 16 17 18 19 20 21 22 23 24

(2) 33 이하인 수

27 28 29 30 31 32 33 34 35 36

2 초과, 미만

초과 → 超過(넘을 초, 지날 과)

50 초과인 수: 50보다 큰 수 → 예 51, 58, 60.2, 63.8 → '초과'인 수는 경곗값을 포함하지 않습니다.

50 초과인 수는 **50**을 포함하지 않으므로 수직선에 50을 ○으로 나타내고 오른쪽으로 선을 긋습니다.

46 47 48 49 50 51 52 53 54 55

미만 → 未滿(아닐 미, 찰 만)

50 미만인 수: 50보다 작은 수 → 예 49, 42, 36.5, 32.7 → '미만'인 수는 경곗값을 포함하지 않습니다.

50 미만인 수는 **50**을 포함하지 않으므로 수직선에 50을 ○으로 나타내고 왼쪽으로 선을 긋습니다.

45 46 47 48 49 50 51 52 53 54

예제 3

수의 범위에 속하는 수를 찾아보시오.

(1) 56 초과인 수를 모두 찾아 ○표 하시오.

| 30 | 58 | 49 | 60 | 56 | 81 | 99 |

(2) 35 미만인 수를 모두 찾아 ○표 하시오.

| 34 | 52 | 70 | 37 | 18 | 40 | 35 |

예제 4

수의 범위를 수직선에 나타내어 보시오.

(1) 48 초과인 수

45 46 47 48 49 50 51 52 53 54

(2) 12 미만인 수

9 10 11 12 13 14 15 16 17 18

3 수의 범위의 활용

수의 범위를 수직선에 나타내기

이상, 이하, 초과, 미만을 이용하여 두 가지 수의 범위를 수직선에 동시에 나타낼 수 있습니다.

> 수직선에 이상과 이하는 경곗값을 ●을 사용하여 나타내고, 초과와 미만은 경곗값을 ○을 사용하여 나타냅니다.

• 5 이상 8 이하인 수

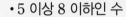

➡ 5와 같거나 크고 8과 같거나 작은 수

• 5 이상 8 미만인 수

➡ 5와 같거나 크고 8보다 작은 수

• 5 초과 8 이하인 수

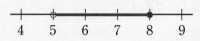

➡ 5보다 크고 8과 같거나 작은 수

• 5 초과 8 미만인 수

➡ 5보다 크고 8보다 작은 수

예제 5

수직선에 나타낸 수의 범위를 보고 □ 안에 이상, 이하, 초과, 미만 중에서 알맞은 말을 써 넣으시오.

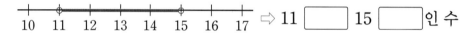 ➡ 11 □ 15 □ 인 수

유제 6

준서네 학교 5학년 태권도부 남자 선수들의 몸무게와 체급별 몸무게를 나타낸 표입니다. 물음에 답하시오.

5학년 태권도부 남자 선수들의 몸무게

이름	몸무게(kg)
준서	36.0
승우	33.5
민호	34.1
윤수	36.8
현석	38.3

체급별 몸무게(초등학교 고학년부 남학생용)

체급	몸무게(kg)
핀급	32 이하
플라이급	32 초과 34 이하
밴텀급	34 초과 36 이하
페더급	36 초과 39 이하
라이트급	39 초과 42 이하

(출처: 초등부 고학년부(5, 6학년) 남자, 대한 태권도 협회, 2022.)

(1) 준서가 속한 체급의 몸무게 범위를 써 보시오.

(   )

(2) 준서가 속한 체급의 몸무게 범위를 수직선에 나타내어 보시오.

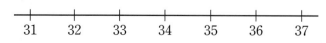

한번더 확인

❶~❸ 수의 범위

❶ 이상, 이하

1 24 이상인 수를 모두 찾아 ○표 하고, 13 이하인 수를 모두 찾아 △표 하시오.

8	20	13	2	26
16	9	22	47	15

❷ 초과, 미만

2 55 초과인 수를 모두 찾아 ○표 하고, 38 미만인 수를 모두 찾아 △표 하시오.

44	56	63	52	14
35	38	30	41	72

❸ 수의 범위의 활용

(3~5) 수의 범위에 속하는 수를 모두 찾아 써 보시오.

62	65	66	70	73
76	77	81	83	88

3 62 이상 70 이하인 수

(   )

4 75 초과 79 이하인 수

(   )

5 76 초과 85 미만인 수

(   )

❸ 수의 범위의 활용

(6~10) 수의 범위를 수직선에 나타내어 보시오.

6 47 이하인 수

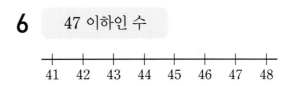

7 30 초과인 수

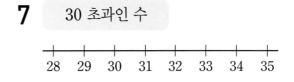

8 41 이상 44 이하인 수

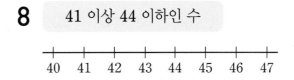

9 29 이상 33 미만인 수

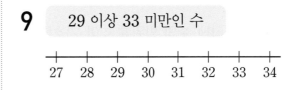

10 10 초과 15 미만인 수

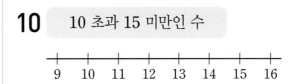

교과서 pick 교과서에 자주 나오는 문제
교과 역량 생각하는 힘을 키우는 문제

1 10 이상인 수는 모두 몇 개입니까?

| 9.2 | 10 | $5\dfrac{11}{12}$ | 1.9 |
| 16 | 12.1 | 7 | $\dfrac{4}{5}$ |

( )

교과서 pick

2 수의 범위를 수직선에 나타내어 보시오.

60 초과인 수

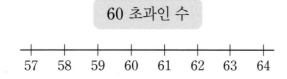

57 58 59 60 61 62 63 64

3 75 미만인 수를 잘못 나타낸 친구는 누구입니까?

| 민혁 | 55 | 62 | 68 | 73 |
| 소리 | 59 | 66 | 71 | 75 |

( )

4 수직선에 나타낸 수의 범위를 찾아 기호를 써 보시오.

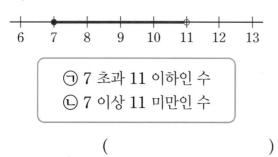

6 7 8 9 10 11 12 13

㉠ 7 초과 11 이하인 수
㉡ 7 이상 11 미만인 수

( )

(5~6) 여러 도시의 3월 최고 기온을 조사하여 나타낸 표입니다. 물음에 답하시오.

도시별 3월 최고 기온

도시	기온(℃)	도시	기온(℃)
서울	19.5	강화	17.5
원주	20.1	부여	19.9
목포	21.6	제주	22.3

(출처: 2022년 3월 최고 기온, 기상자료개방포털, 2022.)

5 최고 기온이 20 ℃ 초과인 도시를 모두 찾아 써 보시오.

( )

6 최고 기온이 수직선에 나타낸 기온의 범위에 속하는 도시는 모두 몇 곳입니까?

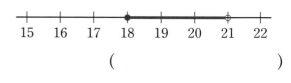

15 16 17 18 19 20 21 22

( )

서술형

7 7 미만인 자연수의 합은 얼마인지 풀이 과정을 쓰고 답을 구해 보시오.

풀이 |

답 |

8 47을 포함하는 수의 범위가 <u>아닌</u> 것을 찾아 기호를 써 보시오.

> ㉠ 44 이상 47 미만인 수
> ㉡ 45 초과 48 미만인 수
> ㉢ 44 초과 49 이하인 수
> ㉣ 47 이상 50 이하인 수

( )

교과서 pick

9 어느 항공사에서는 수하물의 무게가 15 kg을 초과하면 추가로 요금을 내야 합니다. 추가 요금을 내야 하는 수하물을 모두 찾아 써 보시오.

수하물의 무게

수하물	가	나	다	라
무게(kg)	16.5	15	14.7	19.2

( )

교과 역량 문제 해결, 정보 처리

10 진우네 학교 남자 씨름 선수들의 몸무게와 체급별 몸무게를 나타낸 표입니다. 진우의 체급을 쓰고, 진우와 같은 체급에 속한 학생의 이름을 써 보시오.

남자 씨름 선수들의 몸무게

이름	진우	하운	지욱	태웅
몸무게(kg)	53	50	55	58

체급별 몸무게(초등학교 남학생용)

체급	몸무게(kg)
소장급	40 초과 45 이하
청장급	45 초과 50 이하
용장급	50 초과 55 이하
용사급	55 초과 60 이하

(출처: 씨름 경기 규칙, 대한씨름협회, 2022.)

(,)

11 수직선에 나타낸 수의 범위에 대해 바르게 설명한 사람은 누구입니까?

> • 다비: 수직선에 나타낸 수의 범위는 29 이상 36 이하인 수야.
> • 미소: 수의 범위에 속하는 자연수는 모두 6개야.
> • 지훈: 수의 범위에 속하는 자연수 중에서 가장 작은 수는 29야.

( )

12 □ 안에 알맞은 자연수를 구해 보시오.

> □ 이하인 자연수는 12개입니다.

( )

13 어느 감기약의 1회 복용량을 나타낸 표입니다. 솔이는 8세인 동생에게 이 감기약을 먹이려고 합니다. 감기약이 50 mL 있었다면 동생에게 한 번 먹이고 남은 감기약은 몇 mL입니까?

나이별 1회 복용량

나이(세)	1회 복용량(mL)
3 미만	3
3 이상 5 미만	5
5 이상 8 미만	7
8 이상 11 미만	10

( )

4 올림

예 256을 올림하여 주어진 자리까지 나타내기

256을 올림하여 **십의 자리까지** 나타내기	256 → 256 → 260 십의 자리 아래 수인 6을 10으로 보고 올립니다.
256을 올림하여 **백의 자리까지** 나타내기	256 → 256 → 300 백의 자리 아래 수인 56을 100으로 보고 올립니다.

참고 올림할 때 구하려는 자리의 아래 수가 모두 0이면 원래 수를 그대로 씁니다.
예 500을 올림하여 백의 자리까지 나타내기: 500 ⇨ 500

예제
1 6710을 올림하여 주어진 자리까지 나타내려고 합니다. ☐ 안에 알맞은 수를 써넣으시오.

(1) 백의 자리 ⇨ 6☐☐☐

(2) 천의 자리 ⇨ ☐☐☐☐

유제
2 주어진 수를 올림하여 십의 자리까지 나타낸 수를 찾아 ◯표 하시오.

(1) 134   130   135   140

(2) 572   570   580   590

유제
3 주어진 수를 올림하여 백의 자리까지 나타내어 보시오.

(1) 238 ⇨ (   )

(2) 3101 ⇨ (   )

5 버림

버림: 구하려는 자리의 **아래 수를 버려서** 나타내는 방법

예 347을 버림하여 주어진 자리까지 나타내기

347을 버림하여 **십의 자리까지** 나타내기	▶	347 → 34**7** → 340 십의 자리 아래 수인 7을 0으로 보고 버립니다.
347을 버림하여 **백의 자리까지** 나타내기	▶	347 → 3**47** → 300 백의 자리 아래 수인 47을 0으로 보고 버립니다.

참고 버림할 때 구하려는 자리의 아래 수가 모두 0이면 원래 수를 그대로 씁니다.
　　예 2000을 버림하여 천의 자리까지 나타내기: 2000 ⇨ 2000

예제
4

2834를 버림하여 주어진 자리까지 나타내려고 합니다. ☐ 안에 알맞은 수를 써넣으시오.

(1) 십의 자리 ⇨ 28☐☐

(2) 천의 자리 ⇨ ☐☐☐☐

유제
5

주어진 수를 버림하여 십의 자리까지 나타낸 수를 찾아 ○표 하시오.

(1) 226 　210　220　230

(2) 764 　760　765　770

유제
6

주어진 수를 버림하여 백의 자리까지 나타내어 보시오.

(1) 522 ⇨ (　　　　　　　)

(2) 7109 ⇨ (　　　　　　　)

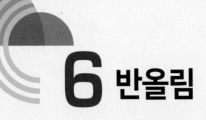

6 반올림

반올림: 구하려는 자리 바로 아래 자리의 숫자가 0, 1, 2, 3, 4이면 버리고,
5, 6, 7, 8, 9이면 올리는 방법

예 694를 반올림하여 주어진 자리까지 나타내기

694를 반올림하여
십의 자리까지 나타내기 ▶ 694 → 694 → 690
일의 자리 숫자인 4가
5보다 작으므로 버립니다.

694를 반올림하여
백의 자리까지 나타내기 ▶ 694 → 694 → 700
십의 자리 숫자인 9가
5보다 크므로 올립니다.

참고 올림과 버림은 구하려는 자리 바로 아래 자리부터 일의 자리까지 수를 모두 확인해야 하지만 반올림은 구하려는 자리 바로 아래 자리 숫자만 확인하면 됩니다.

예제 7

3719를 반올림하여 주어진 자리까지 나타내려고 합니다. ☐ 안에 알맞은 수를 써넣으시오.

(1) 십의 자리 ⇨ 37☐☐

(2) 백의 자리 ⇨ 3☐☐☐

유제 8

주어진 수를 반올림하여 백의 자리까지 나타낸 수를 찾아 ○표 하시오.

(1) 625   600 605 700

(2) 773   700 800 873

유제 9

주어진 수를 반올림하여 천의 자리까지 나타내어 보시오.

(1) 4783 ⇨ (   )

(2) 8249 ⇨ (   )

7 올림, 버림, 반올림의 활용

1
단원

🔵 올림의 활용

달걀 27개를 한 판에 10개씩 모두 담으려면 달걀 판은 최소 몇 판이 필요합니까?

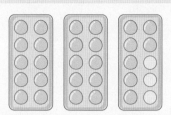

10개씩 담고 남은 달걀도 모두 담아야 하므로 올림해야 합니다.
따라서 달걀 판은 최소 3판이 필요합니다.

🔵 버림의 활용

동전 2400원을 1000원짜리 지폐로 최대 몇 장까지 바꿀 수 있습니까?

1000원보다 적은 돈은 지폐로 바꿀 수 없으므로 버림해야 합니다.
따라서 1000원짜리 지폐로 최대 2장까지 바꿀 수 있습니다.

🔵 반올림의 활용

지후, 정아, 재현이의 발 길이를 반올림하여 일의 자리까지 나타내어 보시오.

세 명의 발 길이

지후	정아	재현
20.5 cm	18.7 cm	21.2 cm

세 명의 발 길이를 반올림하여 일의 자리까지 나타내면 지후의 발 길이는 21 cm, 정아의 발 길이는 19 cm, 재현이의 발 길이는 21 cm입니다.

예제 10

케이블카를 타려고 232명이 줄을 서 있습니다. 케이블카 한 대에 10명이 탈 수 있을 때 232명이 모두 타려면 케이블카는 최소 몇 번 운행해야 하는지 구해 보시오.

> 케이블카는 한 번에 최대 10명까지 탈 수 있으므로 (올림 , 버림 , 반올림)하여 나타냅니다. ⇨ 케이블카는 최소 ☐ 번 운행해야 합니다.

예제 11

선물 상자 1개를 포장하는 데 리본 1 m가 필요합니다. 리본 328 cm로 선물 상자를 최대 몇 개까지 포장할 수 있는지 구해 보시오.

> 1 m보다 짧은 끈을 사용할 수 없으므로 (올림 , 버림 , 반올림)하여 나타냅니다.
> ⇨ 선물 상자는 최대 ☐ 개까지 포장할 수 있습니다.

예제 12

서우의 키는 145.8 cm입니다. 서우의 키는 약 몇 cm라고 할 수 있는지 구해 보시오.

> 키를 어림하여 나타낼 때는 반올림하는 것이 좋습니다.
> ⇨ 서우의 키는 약 (145 , 146) cm라고 할 수 있습니다.

정답 4쪽

❹~❻ 올림, 버림, 반올림

❹ 올림

(1~4) 수를 올림하여 주어진 자리까지 나타내어 보시오.

1 684 (백의 자리)

⇨ (   )

2 3101 (천의 자리)

⇨ (   )

3 3.84 (소수 첫째 자리)

⇨ (   )

4 7.618 (소수 둘째 자리)

⇨ (   )

❺ 버림

(5~8) 수를 버림하여 주어진 자리까지 나타내어 보시오.

5 1028 (십의 자리)

⇨ (   )

6 5697 (천의 자리)

⇨ (   )

7 0.491 (소수 둘째 자리)

⇨ (   )

8 5.138 (일의 자리)

⇨ (   )

❻ 반올림

(9~16) 수를 반올림하여 주어진 자리까지 나타내어 보시오.

9 2740 (백의 자리)

⇨ (   )

10 3359 (십의 자리)

⇨ (   )

11 6684 (천의 자리)

⇨ (   )

12 8501 (백의 자리)

⇨ (   )

13 0.94 (소수 첫째 자리)

⇨ (   )

14 2.361 (소수 둘째 자리)

⇨ (   )

15 8.572 (소수 첫째 자리)

⇨ (   )

16 9.56 (일의 자리)

⇨ (   )

1 버림하여 주어진 자리까지 나타내어 보시오.

수	백의 자리	천의 자리
3558		
8701		

2 올림하여 천의 자리까지 나타낸 수가 다른 하나를 찾아 기호를 써 보시오.

> ㉠ 63000   ㉡ 62954
> ㉢ 63100   ㉣ 62001

(   )

3 버림하여 십의 자리까지 나타낸 수가 서로 같은 두 수를 찾아 ○표 하시오.

> 2589   2575   2584   2590

4 어림한 수의 크기를 비교하여 ○ 안에 >, =, <를 알맞게 써넣으시오.

> 3617을 올림하여 백의 자리까지 나타낸 수 ○ 3621을 버림하여 십의 자리까지 나타낸 수

교과서 pick

5 제주도의 면적은 약 1850.3 km²입니다. 제주도의 면적을 올림, 버림, 반올림하여 일의 자리까지 나타내어 보시오.

면적(km²)	올림	버림	반올림
1850.3			

6 36.194를 반올림하여 주어진 자리까지 나타낼 때 가장 작은 수를 찾아 기호를 써 보시오.

> ㉠ 일의 자리
> ㉡ 소수 첫째 자리
> ㉢ 소수 둘째 자리

(   )

서술형

7 6.253을 어림했더니 6.25가 되었습니다. 어떻게 어림했는지 (보기)의 어림을 이용하여 두 가지 방법으로 설명해 보시오.

(보기)
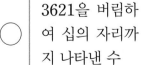
> 올림   버림   반올림

방법 1 |

방법 2 |

8 하윤이네 모둠 학생들의 100 m 달리기 기록을 조사하여 나타낸 표입니다. 달리기 기록을 반올림하여 일의 자리까지 나타낼 때, 반올림한 기록이 하윤이와 같은 학생은 누구입니까?

100 m 달리기 기록

이름	하윤	슬기	서준	민우
기록(초)	16.2	14.9	16.7	15.5

( )

9 한별이가 사는 자치구의 남·여 인구수를 조사하여 나타낸 표입니다. 전체 인구수를 반올림하여 몇만 명으로 나타내어 보시오.

한별이네 자치구의 남·여 인구수

남자	여자
194819명	212853명

( )

10 탁구 교실에서 사용할 탁구공을 365개 사려고 합니다. 공장에서 탁구공을 한 상자에 100개씩 담아 상자로만 판다고 할 때 탁구공을 최소 몇 상자 사야 합니까?

( )

11 버림하여 십의 자리까지 나타내면 450이 되는 자연수 중에서 가장 큰 수를 써 보시오.

( )

12 어림하는 방법이 다른 한 친구는 누구입니까?

- 소민: 사과 548개를 10개씩 봉지에 담아 팔 때, 팔 수 있는 사과는 모두 몇 개일까?
- 슬아: 137.6 cm인 길이를 1 cm 단위로 가까운 쪽의 눈금을 읽으면 몇 cm일까?
- 민결: 동전 26510원을 1000원짜리 지폐로 바꾼다면 최대 얼마까지 바꿀 수 있을까?

( )

13 82513을 올림하여 천의 자리까지 나타낸 수와 올림하여 만의 자리까지 나타낸 수의 차는 얼마입니까?

( )

1
단원

교과서 pick

14 다음 수를 반올림하여 백의 자리까지 나타내면 7200입니다. ☐ 안에 들어갈 수 있는 숫자를 모두 구해 보시오.

72☐6

( )

15 수 카드 4장을 한 번씩만 사용하여 만들 수 있는 네 자리 수 중에서 올림하여 백의 자리까지 나타내면 2700이 되는 수를 모두 구해 보시오.

2 6 7 9

( )

16 다음 수를 올림하여 백의 자리까지 나타내면 4600입니다. ☐ 안에 알맞은 수를 써넣으시오.

☐☐18

17 반올림하여 십의 자리까지 나타내면 60이 되는 수의 범위를 수직선에 나타내어 보시오.

50   60   70

18 은빈이는 자전거를 타고 집에서 출발하여 우체국을 거쳐 공원까지 갔습니다. 은빈이가 집에서 공원까지 자전거를 탄 거리는 몇 km인지 반올림하여 소수 첫째 자리까지 나타내어 보시오.

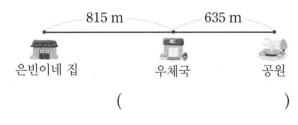

815 m   635 m

은빈이네 집   우체국   공원

( )

교과 역량 정보 처리, 의사소통

19 영아와 진우가 어떤 수에 대해 설명하고 있습니다. 두 사람의 설명을 모두 만족하는 자연수를 모두 구해 보시오.

• 영아: 이 수를 버림하여 십의 자리까지 나타내면 120이야.
• 진우: 이 수는 115 초과 122 이하인 수야.

( )

예제 1 수 카드 5 , 3 , 9 , 2 를 한 번씩 모두 사용하여 소수 세 자리 수를 만들려고 합니다. 가장 작은 수와 가장 큰 수를 반올림하여 소수 둘째 자리까지 나타내어 보시오.

가장 작은 수 (   )
가장 큰 수 (   )

유제 1 수 카드 8 , 5 , 1 , 4 를 한 번씩 모두 사용하여 소수 두 자리 수를 만들려고 합니다. 가장 작은 수와 가장 큰 수를 반올림하여 일의 자리까지 나타내어 보시오.

가장 작은 수 (   )
가장 큰 수 (   )

교과서 pick

예제 2 저금통에 동전이 다음과 같이 들어 있습니다. 이 동전을 1000원짜리 지폐로 바꾼다면 최대 몇 장까지 바꿀 수 있습니까?

동전	500원	100원	10원
개수(개)	300	564	75

(   )

유제 2 자동판매기에 동전이 다음과 같이 들어 있습니다. 이 동전을 10000원짜리 지폐로 바꾼다면 최대 몇 장까지 바꿀 수 있습니까?

동전	500원	100원	10원
개수(개)	450	760	80

(   )

예제 3 놀이 기구의 탑승 기준을 조사하여 나타낸 표입니다. 키가 125 cm인 지현이가 탈 수 없는 놀이 기구를 써 보시오.

놀이 기구별 탑승 기준

놀이 기구	탑승 기준
비행열차	키 135 cm 이상 탑승 가능
바이킹	키 110 cm 미만 탑승 불가
범퍼카	키 120 cm 이하 탑승 불가
회전의자	키 110 cm 이상 150 cm 미만 탑승 가능

(   )

유제 3 화물 승강기의 이용 기준을 조사하여 나타낸 표입니다. 무게가 530 kg인 물건을 실을 수 없는 화물 승강기를 써 보시오.

화물 승강기별 이용 기준

화물 승강기	이용 기준
가	400 kg 초과 600 kg 이하 적재 가능
나	530 kg 초과 적재 불가
다	570 kg 미만 적재 가능
라	450 kg 이상 530 kg 미만 적재 가능

(   )

예제 4

자연수 부분이 3 이상 6 미만이고 소수 첫째 자리 수가 5 초과 7 이하인 소수 한 자리 수를 만들려고 합니다. 만들 수 있는 소수 한 자리 수는 모두 몇 개입니까?

( )

유제 4

자연수 부분이 1 초과 4 미만이고 소수 첫째 자리 수가 7 이상 9 이하인 소수 한 자리 수를 만들려고 합니다. 만들 수 있는 소수 한 자리 수는 모두 몇 개입니까?

( )

교과서 pick

예제 5

올림하여 천의 자리까지 나타내면 22000이 되는 자연수 중에서 가장 작은 수를 버림하여 백의 자리까지 나타내어 보시오.

( )

유제 5

반올림하여 천의 자리까지 나타내면 54000이 되는 자연수 중에서 가장 큰 수를 올림하여 백의 자리까지 나타내어 보시오.

( )

예제 6

수환이는 부모님과 함께 광역버스를 타려고 합니다. 아버지는 47세, 어머니는 46세, 지현이는 11세일 때, 세 사람이 내야 하는 요금은 얼마입니까?

나이별 광역버스 요금

나이(세)	요금(원)
6 미만	무료
6 이상 13 미만	1500
13 이상 19 미만	2000
19 이상	2900

( )

유제 6

소라는 오빠와 함께 할머니를 모시고 케이블카를 타려고 합니다. 할머니는 70세, 오빠는 12세, 소라는 11세일 때, 세 사람이 내야 하는 요금은 얼마입니까?

나이별 케이블카 요금

나이(세)	요금(원)
3 미만	무료
3 이상 13 미만	8000
13 이상 65 미만	11000
65 이상	9000

( )

(1~2) 수를 보고 물음에 답하시오.

23	17	30.5	28	45
29.8	36	34	21	30

1 30 초과인 수를 모두 찾아 써 보시오.

(   )

2 28 이하인 수는 모두 몇 개입니까?

(   )

3 올림, 버림, 반올림에 대해 <u>잘못</u> 설명한 친구는 누구입니까?

> • 정후: 구하려는 자리 아래의 수를 버려서 나타내는 방법이 버림이야.
> • 미주: 구하려는 자리 바로 아래 자리 숫자가 0, 1, 2, 3, 4이면 버리고, 5, 6, 7, 8, 9이면 올리는 방법이 올림이야.

(   )

4 수직선에 나타낸 수의 범위를 써 보시오.

```
  9  10  11  12  13  14  15  16
```

(   )

5 42 이상인 수로 이루어진 것을 찾아 기호를 써 보시오.

> ㉠ 50, 48, 46, 44, 42
> ㉡ 60, 55, 50, 45, 40
> ㉢ 42, 41, 40, 39, 38

(   )

6 올림, 버림, 반올림 중에서 어떤 방법으로 어림해야 하는지 써 보시오.

> 상자 345개를 모두 트럭에 실으려고 합니다. 트럭 한 대에 100상자씩 실을 수 있을 때 트럭은 최소 몇 대 필요합니까?

(   )

7 올림하여 백의 자리까지 나타낸 것 중에서 <u>잘못된</u> 것은 어느 것입니까? (   )

① 2560 ⇨ 2600   ② 37580 ⇨ 38500
③ 9568 ⇨ 9600   ④ 75900 ⇨ 75900
⑤ 4387 ⇨ 4400

교과서에 꼭 나오는 문제

8 오늘 하루 놀이공원에 입장한 입장객 수는 32148명입니다. 입장객 수를 올림, 버림, 반올림하여 천의 자리까지 나타내어 보시오.

수	올림	버림	반올림
32148			

9 반올림하여 일의 자리까지 나타내면 40이 되는 수를 모두 찾아 써 보시오.

| 41.3 | 40.5 | 39.7 | 40.1 | 41.7 |

(　　　　　　　)

10 주어진 수의 범위를 수직선에 나타내고, 범위에 속하는 자연수를 모두 써 보시오.

35 이상 39 미만인 수

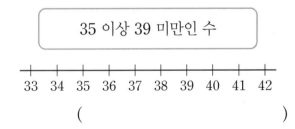

33　34　35　36　37　38　39　40　41　42

(　　　　　　　)

교과서에 꼭 나오는 문제

11 37을 포함하는 수의 범위를 모두 찾아 기호를 써 보시오.

㉠ 37 이상 39 미만인 수
㉡ 37 초과 38 이하인 수
㉢ 36 초과 40 미만인 수
㉣ 35 이상 36 이하인 수

(　　　　　　　)

12 준수네 모둠 학생들의 100 m 달리기 기록과 등급별 100 m 달리기 기록을 나타낸 표입니다. 준수와 같은 등급에 속한 학생은 누구입니까?

100 m 달리기 기록

이름	준수	승리	형욱	민준
기록(초)	14.2	14	16.3	17

등급별 100 m 달리기 기록

등급	기록(초)
1	14 이하
2	14 초과 16.5 이하
3	16.5 초과 19 이하
4	19 초과

(　　　　　　　)

13 하루네 양계장에서 닭들이 낳은 달걀 256개를 한 판에 10개씩 포장하여 팔려고 합니다. 하루네 양계장에서 팔 수 있는 달걀은 최대 몇 판입니까?

(　　　　　　　)

잘 틀리는 문제

14 □ 안에 알맞은 자연수를 구해 보시오.

□ 미만인 자연수는 11개입니다.

(　　　　　　　)

15 다음 수를 반올림하여 천의 자리까지 나타내면 38000입니다. □ 안에 들어갈 수 있는 숫자를 모두 구해 보시오.

$$37\square81$$

(   )

잘 틀리는 문제

16 준원이는 학교에서 출발하여 서점을 거쳐 집으로 걸어갔습니다. 준원이가 학교에서 집까지 걸어간 거리는 몇 km인지 반올림하여 소수 둘째 자리까지 나타내어 보시오.

618 m   734 m

학교   서점   준원이네 집

(   )

17 어느 영화관에서 상영하고 있는 영화의 관람 기준을 조사하여 나타낸 표입니다. 나이가 16세인 소라가 볼 수 <u>없는</u> 영화를 써 보시오.

영화	관람 기준
가	전체 관람 가능
나	15세 미만 관람 불가
다	18세 이상 관람 가능
라	12세 미만 관람 불가

(   )

◀ 서술형 **문제**

18 5 초과 10 이하인 자연수의 합은 얼마인지 풀이 과정을 쓰고 답을 구해 보시오.

풀이 |

답 |

19 현서네 학교 학생 186명에게 공책을 한 권씩 나누어 주려고 합니다. 문구점에서 공책을 10권씩 묶음으로만 판다고 할 때 공책을 최소 몇 묶음 사야 하는지 풀이 과정을 쓰고 답을 구해 보시오.

풀이 |

답 |

20 자연수 부분이 4 초과 8 이하이고 소수 첫째 자리 수가 2 이상 4 미만인 소수 한 자리 수는 모두 몇 개인지 풀이 과정을 쓰고 답을 구해 보시오.

풀이 |

답 |

창의·융합형 문제

정답 8쪽

1) KTX 알아보기

KTX는 서울, 부산, 대전, 광주 등을 운행하는 초고속열차로 2004년부터 운행을 시작하였습니다. 한 시간에 최대 약 300 km를 가는 빠르기로 달릴 수 있으며, 서울역에서 부산역까지 가는 데 2시간 30분 정도가 소요됩니다.

12세인 나윤이는 KTX를 타고 서울역에서 공주역까지 가려고 합니다. 서울역에서 공주역까지 KTX 요금이 다음과 같을 때 KTX 요금을 10000원짜리 지폐로만 낸다면 최소 얼마를 내야 하고, 거스름돈으로 얼마를 받아야 하는지 차례대로 써 보시오.

서울역-공주역 KTX 요금

나이(세)	요금(원)
6 미만	6350
6 이상 13 미만	12700
13 이상 65 미만	25400
65 이상	17800

(,)

2) 강수량 알아보기

강수량은 비, 눈, 우박 등과 같이 구름으로부터 땅에 떨어져 내린 강수의 양으로 일정 기간 동안에 내린 강수가 땅 위를 흘러가거나 스며들지 않고, 땅 표면에 괴어 있도록 하여 괴어 있는 물의 깊이를 재서 측정합니다. 우리나라는 조선 세종 때 측우기를 처음으로 발명하여 전국의 강수량을 측정하였습니다.

다음은 어느 지역의 연도별 7월 강수량을 조사하여 나타낸 표입니다. 강수량을 반올림하여 일의 자리까지 나타낼 때 강수량이 가장 많은 해와 가장 적은 해의 강수량의 차는 몇 mm입니까?

연도별 7월 강수량

연도(년)	2016	2017	2018	2019	2020	2021
강수량(mm)	358.2	621	185.6	194.4	207.4	168.3

( )

다른 부분을 찾아라!

↻ 땅에 있는 판다와 물에 비친 판다의 모습에서 서로 다른 부분 5군데를 찾아보세요.

2

분수의 곱셈

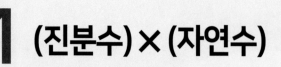 (진분수) × (자연수)

○ $\dfrac{5}{8} \times 6$의 계산

분수의 분모는 그대로 두고 분자와 자연수를 곱합니다.

약분하는 순서에 따라 두 가지로 계산할 수 있습니다.

• 분자와 자연수를 곱한 후 약분하여 계산하기

$$\dfrac{5}{8} \times 6 = \dfrac{5 \times 6}{8} = \dfrac{\overset{15}{\cancel{30}}}{\underset{4}{\cancel{8}}} = \dfrac{15}{4} = 3\dfrac{3}{4}$$

• 분모와 자연수를 약분한 후 계산하기

$$\dfrac{5}{\underset{4}{\cancel{8}}} \times \overset{3}{\cancel{6}} = \dfrac{5 \times 3}{4} = \dfrac{15}{4} = 3\dfrac{3}{4}$$

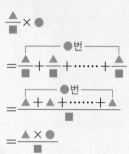

(단위분수) × (자연수)

단위분수의 분자 1과 자연수를 곱하여 계산합니다.

$$\dfrac{1}{3} \times 2 = \dfrac{1 \times 2}{3} = \dfrac{2}{3}$$

(진분수) × (자연수)

예제 1

$\dfrac{2}{9} \times 12$를 약분 순서에 따라 계산해 보시오.

(1) $\dfrac{2}{9} \times 12 = \dfrac{2 \times 12}{9} = \dfrac{\overset{\square}{\cancel{24}}}{\underset{3}{\cancel{9}}} = \dfrac{\square}{3} = \boxed{}$

(2) $\dfrac{2}{\underset{3}{\cancel{9}}} \times \cancel{12}^{\square} = \dfrac{2 \times \square}{3} = \dfrac{\square}{3} = \boxed{}$

유제 2

계산해 보시오.

(1) $\dfrac{1}{7} \times 5$ (2) $\dfrac{7}{8} \times 4$

유제 3

빈칸에 알맞은 수를 써넣으시오.

(1)

$\dfrac{5}{6}$ → ×2 → $\boxed{}$

(2)

$\dfrac{8}{15}$ → ×10 → $\boxed{}$

2 (대분수) × (자연수)

○ $1\dfrac{3}{5} \times 2$의 계산

방법1 대분수를 자연수와 진분수의 합으로 바꾸어 계산하기

$$1\dfrac{3}{5} \times 2 = (1+1) + \left(\dfrac{3}{5} + \dfrac{3}{5}\right) = (1 \times 2) + \left(\dfrac{3}{5} \times 2\right) = 2 + \dfrac{6}{5} = 3\dfrac{1}{5}$$

└• $1\dfrac{3}{5} = 1 + \dfrac{3}{5}$으로 나타내어 봅니다. └• $1\dfrac{1}{5}$

방법2 대분수를 가분수로 바꾸어 계산하기

$$1\dfrac{3}{5} \times 2 = \dfrac{8}{5} \times 2 = \dfrac{8 \times 2}{5} = \dfrac{16}{5} = 3\dfrac{1}{5}$$

예제 4

$2\dfrac{1}{6} \times 3$을 어떻게 계산하는지 두 가지 방법으로 알아보시오.

방법1 대분수를 자연수와 진분수의 합으로 바꾸어 계산하기

$$2\dfrac{1}{6} \times 3 = (2 \times 3) + \left(\dfrac{\square}{\underset{2}{\cancel{6}}} \times \cancel{3}\right) = 6 + \dfrac{\square}{2} = \boxed{}$$

방법2 대분수를 가분수로 바꾸어 계산하기

$$2\dfrac{1}{6} \times 3 = \dfrac{\square}{\underset{2}{\cancel{6}}} \times \cancel{3} = \dfrac{\square \times \square}{2} = \dfrac{\square}{2} = \boxed{}$$

유제 5

계산해 보시오.

(1) $1\dfrac{3}{4} \times 5$

(2) $2\dfrac{1}{9} \times 3$

유제 6

빈칸에 알맞은 수를 써넣으시오.

(1) $2\dfrac{3}{8}$ → ×4 → $\boxed{}$

(2) $5\dfrac{1}{6}$ → ×8 → $\boxed{}$

3 (자연수) × (진분수)

○ $6 \times \dfrac{4}{9}$ 의 계산

분수의 분모는 그대로 두고 자연수와 분자를 곱합니다.

약분하는 순서에 따라 두 가지로 계산할 수 있습니다.

• 자연수와 분자를 곱한 후 약분하여 계산하기

$$6 \times \frac{4}{9} = \frac{6 \times 4}{9} = \frac{\overset{8}{\cancel{24}}}{\underset{3}{\cancel{9}}} = \frac{8}{3} = 2\frac{2}{3}$$

• 자연수와 분모를 약분한 후 계산하기

$$\overset{2}{\cancel{6}} \times \frac{4}{\underset{3}{\cancel{9}}} = \frac{2 \times 4}{3} = \frac{8}{3} = 2\frac{2}{3}$$

■에 진분수를 곱하면 진분수는 1보다 작으므로 계산 결과는 ■보다 작아집니다.

$$6 \times \frac{4}{9} = 2\frac{2}{3} \ \Rightarrow \ 6 > 2\frac{2}{3}$$

예제

7 $8 \times \dfrac{7}{10}$ 을 약분 순서에 따라 계산해 보시오.

(1) $8 \times \dfrac{7}{10} = \dfrac{8 \times 7}{10} = \dfrac{\overset{\square}{\cancel{56}}}{\underset{\square}{\cancel{10}}} = \dfrac{\square}{5} = \boxed{}$

(2) $\overset{\square}{\cancel{8}} \times \dfrac{7}{\underset{5}{\cancel{10}}} = \dfrac{\square \times 7}{5} = \dfrac{\square}{5} = \boxed{}$

유제

8 계산해 보시오.

(1) $4 \times \dfrac{3}{5}$

(2) $2 \times \dfrac{3}{4}$

유제

9 빈칸에 알맞은 수를 써넣으시오.

(1) $\xrightarrow{\ \ \otimes\ \ }$

| 3 | $\dfrac{8}{9}$ | |

(2) $\xrightarrow{\ \ \otimes\ \ }$

| 14 | $\dfrac{10}{21}$ | |

4 (자연수) × (대분수)

○ $2 \times 3\frac{1}{4}$ 의 계산

방법1 대분수를 자연수와 진분수의 합으로 바꾸어 계산하기

$$2 \times 3\frac{1}{4} = (2 \times 3) + \left(\overset{1}{\cancel{2}} \times \frac{1}{\underset{2}{\cancel{4}}}\right) = 6 + \frac{1}{2} = 6\frac{1}{2}$$

└─● $3\frac{1}{4} = 3 + \frac{1}{4}$ 로 나타내어 봅니다.

> ■에 대분수를 곱하면 대분수는 1보다 크므로 계산 결과는 ■보다 커집니다.
>
> $2 \times 3\frac{1}{4} = 6\frac{1}{2} \Rightarrow 2 < 6\frac{1}{2}$

2 단원

방법2 대분수를 가분수로 바꾸어 계산하기

$$2 \times 3\frac{1}{4} = 2 \times \frac{13}{4} = \frac{2 \times 13}{4} = \frac{\overset{13}{\cancel{26}}}{\underset{2}{\cancel{4}}} = \frac{13}{2} = 6\frac{1}{2}$$

예제 10 $5 \times 1\frac{7}{15}$ 을 어떻게 계산하는지 두 가지 방법으로 알아보시오.

방법1 대분수를 자연수와 진분수의 합으로 바꾸어 계산하기

$$5 \times 1\frac{7}{15} = (5 \times 1) + \left(\overset{\square}{\cancel{5}} \times \frac{\square}{\underset{3}{\cancel{15}}}\right) = 5 + \frac{\square}{3} = \boxed{}$$

방법2 대분수를 가분수로 바꾸어 계산하기

$$5 \times 1\frac{7}{15} = \overset{\square}{\cancel{5}} \times \frac{\square}{\underset{3}{\cancel{15}}} = \frac{\square \times \square}{3} = \frac{\square}{3} = \boxed{}$$

유제 11 계산해 보시오.

(1) $9 \times 1\frac{2}{5}$

(2) $6 \times 1\frac{7}{8}$

유제 12 빈칸에 알맞은 수를 써넣으시오.

(1)

2 → $\times 1\frac{3}{4}$ → $\boxed{}$

(2)

3 → $\times 1\frac{5}{12}$ → $\boxed{}$

한번더 확인 ❶~❹ (분수)×(자연수), (자연수)×(분수)

1 $\dfrac{1}{16} \times 8$

2 $6 \times \dfrac{3}{4}$

3 $1\dfrac{7}{30} \times 5$

4 $7 \times 1\dfrac{4}{5}$

5 $\dfrac{2}{9} \times 6$

6 $10 \times \dfrac{5}{6}$

7 $2\dfrac{8}{9} \times 2$

8 $9 \times \dfrac{8}{21}$

9 $5 \times 2\dfrac{9}{10}$

10 $1\dfrac{3}{8} \times 6$

11 $18 \times \dfrac{4}{15}$

12 $12 \times 2\dfrac{2}{3}$

13 $\dfrac{5}{18} \times 21$

14 $2\dfrac{5}{12} \times 8$

실전문제

1 계산 결과가 $2\frac{5}{7} \times 3$과 <u>다른</u> 것은 어느 것입니까? (　　　)

① $2\frac{5}{7} + 2\frac{5}{7} + 2\frac{5}{7}$　　② $\frac{19}{7} \times 3$

③ $(2 \times 3) + \left(\frac{5}{7} \times 3\right)$　　④ $2 + \frac{5 \times 3}{7}$

⑤ $6 + \frac{15}{7}$

2 계산 결과를 찾아 선으로 이어 보시오.

$\frac{4}{5} \times 8$ ・

$1\frac{4}{15} \times 5$ ・

・ $6\frac{1}{3}$

・ $6\frac{3}{4}$

・ $6\frac{2}{5}$

3 빈칸에 알맞은 수를 써넣으시오.

$\times$

| 20 | $\frac{5}{8}$ | |
| 5 | $3\frac{1}{2}$ | |

4 계산 결과가 9보다 큰 식을 찾아 ○표 하시오.

$9 \times \frac{9}{14}$　　　9×1　　　$9 \times 1\frac{1}{18}$

5 계산 결과의 크기를 비교하여 ○ 안에 >, =, <를 알맞게 써넣으시오.

$\frac{3}{4} \times 11$ ○ $12 \times \frac{13}{16}$

개념 확인 서술형

6 <u>잘못</u> 계산한 곳을 찾아 이유를 쓰고, 바르게 계산해 보시오.

$$3\frac{1}{\cancel{6}_2} \times \cancel{9}^3 = 3\frac{1}{2} \times 3 = \frac{7}{2} \times 3$$
$$= \frac{21}{2} = 10\frac{1}{2}$$

⇩

$3\frac{1}{6} \times 9 = $ _____

이유 |

_____

_____

7 계산 결과가 작은 것부터 차례대로 기호를 써 보시오.

㉠ $10 \times 1\frac{1}{5}$　㉡ $6 \times 2\frac{1}{2}$　㉢ $2 \times 4\frac{2}{3}$

(　　　　　　　　　　　)

교과 역량 문제 해결, 추론

8 수 카드 3장을 한 번씩만 사용하여 곱셈식을 완성하려고 합니다. 가장 큰 대분수를 만들어 곱셈식을 완성하고, 계산해 보시오.

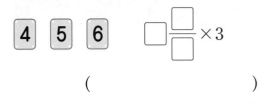

4 5 6 $\square\dfrac{\square}{\square}\times3$

(   )

9 종이꽃 한 개를 만드는 데 색종이가 $2\dfrac{1}{7}$장 필요합니다. 똑같은 종이꽃 14개를 만드는 데 필요한 색종이는 모두 몇 장입니까?

(   )

10 정팔각형의 둘레는 몇 cm입니까?

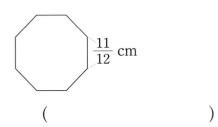

$\dfrac{11}{12}$ cm

(   )

교과 역량 문제 해결, 태도 및 실천

11 윤성이는 철사 16 m 중 전체의 $\dfrac{7}{10}$을 사용했습니다. 윤성이가 사용하고 남은 철사는 몇 m입니까?

(   )

교과서 pick

12 ☐ 안에 들어갈 수 있는 자연수는 모두 몇 개입니까?

$$2\times3\dfrac{1}{8}>\square$$

(   )

교과서 pick

13 잘못 말한 사람을 찾아 이름을 써 보시오.

- 준오: 1 m의 $\dfrac{1}{4}$은 25 cm야.
- 태리: 1시간의 $\dfrac{1}{2}$은 50분이야.
- 지아: 1 L의 $\dfrac{3}{5}$은 600 mL야.

(   )

14 소율이는 일정한 빠르기로 한 시간에 3 km씩 걷습니다. 같은 빠르기로 소율이가 1시간 40분 동안 걸은 거리는 몇 km입니까?

(   )

5 (진분수)×(진분수)

↻ $\dfrac{1}{4} \times \dfrac{1}{5}$ 의 계산 → (단위분수)×(단위분수)

**분자 1은 그대로 두고,
분모끼리 곱합니다.**

$$\dfrac{1}{4} \times \dfrac{1}{5} = \dfrac{1}{4 \times 5} = \dfrac{1}{20}$$

↻ $\dfrac{3}{8} \times \dfrac{5}{6}$ 의 계산 → (진분수)×(진분수)

분자는 분자끼리 곱하고, 분모는 분모끼리 곱합니다.

약분하는 순서에
따라 두 가지로
계산할 수 있습니다.

• 분자는 분자끼리, 분모는 분모끼리 곱한 후
  약분하여 계산하기

$$\dfrac{3}{8} \times \dfrac{5}{6} = \dfrac{3 \times 5}{8 \times 6} = \dfrac{\overset{5}{\cancel{15}}}{\underset{16}{\cancel{48}}} = \dfrac{5}{16}$$

• 분자와 분모를 약분한 후 계산하기

$$\dfrac{\overset{1}{\cancel{3}}}{8} \times \dfrac{5}{\underset{2}{\cancel{6}}} = \dfrac{1 \times 5}{8 \times 2} = \dfrac{5}{16}$$

(단위분수)×(단위분수)의 크기 비교

단위분수끼리의 곱은 곱하기
전의 두 단위분수보다 항상 작
습니다.

$$\dfrac{1}{4} \times \dfrac{1}{5} = \dfrac{1}{20} < \dfrac{1}{4},$$

$$\dfrac{1}{4} \times \dfrac{1}{5} = \dfrac{1}{20} < \dfrac{1}{5}$$

2 단원

예제

1 $\dfrac{3}{4} \times \dfrac{5}{9}$ 를 약분 순서에 따라 계산해 보시오.

(1) $\dfrac{3}{4} \times \dfrac{5}{9} = \dfrac{3 \times 5}{4 \times 9} = \dfrac{\overset{\square}{\cancel{15}}}{\underset{\square}{\cancel{36}}} = \boxed{}$

(2) $\dfrac{\overset{\square}{\cancel{3}}}{4} \times \dfrac{5}{\underset{\square}{\cancel{9}}} = \dfrac{\square \times 5}{4 \times \square} = \boxed{}$

유제

2 계산해 보시오.

(1) $\dfrac{1}{7} \times \dfrac{1}{3}$

(2) $\dfrac{1}{9} \times \dfrac{1}{4}$

(3) $\dfrac{5}{12} \times \dfrac{1}{5}$

(4) $\dfrac{11}{15} \times \dfrac{5}{8}$

6 여러 가지 분수의 곱셈

⟳ $3\frac{1}{3} \times 1\frac{2}{5}$ 의 계산 → (대분수)×(대분수)

방법1 대분수를 자연수와 진분수의 합으로 바꾸어 계산하기

$$3\frac{1}{3} \times 1\frac{2}{5} = \left(3\frac{1}{3} \times 1\right) + \left(3\frac{1}{3} \times \frac{2}{5}\right)$$

$$= 3\frac{1}{3} + \left(\frac{\overset{2}{10}}{3} \times \frac{2}{\underset{1}{5}}\right)$$

$$= 3\frac{1}{3} + \frac{4}{3} = 4\frac{2}{3}$$

방법2 대분수를 가분수로 바꾸어 계산하기

$$3\frac{1}{3} \times 1\frac{2}{5} = \frac{\overset{2}{10}}{3} \times \frac{7}{\underset{1}{5}} = \frac{14}{3} = 4\frac{2}{3}$$

⟳ $\frac{1}{9} \times \frac{3}{5} \times \frac{1}{4}$ 의 계산 → 세 분수의 곱셈

방법1 두 분수씩 계산하기

$$\frac{1}{9} \times \frac{3}{5} \times \frac{1}{4} = \left(\frac{1}{\underset{3}{9}} \times \frac{\overset{1}{3}}{5}\right) \times \frac{1}{4}$$

$$= \frac{1}{15} \times \frac{1}{4}$$

$$= \frac{1}{60}$$

방법2 세 분수를 한꺼번에 계산하기

$$\frac{1}{9} \times \frac{3}{5} \times \frac{1}{4} = \frac{1 \times \overset{1}{3} \times 1}{\underset{3}{9} \times 5 \times 4} = \frac{1}{60}$$

예제

3 $2\frac{2}{5} \times 1\frac{1}{6}$ 을 어떻게 계산하는지 두 가지 방법으로 알아보시오.

방법1 대분수를 자연수와 진분수의 합으로 바꾸어 계산하기

$$2\frac{2}{5} \times 1\frac{1}{6} = \left(2\frac{2}{5} \times 1\right) + \left(2\frac{2}{5} \times \frac{1}{6}\right)$$

$$= 2\frac{2}{5} + \left(\frac{\overset{\square}{12}}{5} \times \frac{1}{\underset{\square}{6}}\right)$$

$$= 2\frac{2}{5} + \frac{\square}{\square} = \boxed{}$$

방법2 대분수를 가분수로 바꾸어 계산하기

$$2\frac{2}{5} \times 1\frac{1}{6} = \frac{\overset{\square}{12}}{5} \times \frac{\square}{\underset{\square}{6}} = \frac{\square}{\square}$$

$$= \boxed{}$$

예제

4 $\frac{5}{7} \times \frac{1}{15} \times \frac{1}{2}$ 을 어떻게 계산하는지 두 가지 방법으로 알아보시오.

방법1 두 분수씩 계산하기

$$\frac{5}{7} \times \frac{1}{15} \times \frac{1}{2} = \left(\frac{\overset{\square}{5}}{7} \times \frac{1}{\underset{\square}{15}}\right) \times \frac{1}{2}$$

$$= \boxed{} \times \frac{1}{2}$$

$$= \boxed{}$$

방법2 세 분수를 한꺼번에 계산하기

$$\frac{5}{7} \times \frac{1}{15} \times \frac{1}{2} = \frac{\overset{\square}{5} \times 1 \times 1}{7 \times \underset{\square}{15} \times 2}$$

$$= \boxed{}$$

 한번 더 확인

2. 분수의 곱셈

1 $\frac{1}{5} \times \frac{1}{9}$

2 $\frac{2}{3} \times \frac{1}{8}$

3 $\frac{1}{2} \times 2\frac{4}{5}$

4 $\frac{4}{7} \times \frac{3}{4}$

5 $\frac{2}{3} \times \frac{1}{4} \times \frac{3}{5}$

6 $1\frac{5}{6} \times \frac{4}{11}$

7 $\frac{5}{6} \times \frac{8}{9}$

8 $3\frac{1}{8} \times 1\frac{4}{5}$

9 $2\frac{2}{3} \times 1\frac{3}{4}$

10 $\frac{3}{5} \times \frac{7}{9} \times \frac{1}{6}$

11 $2\frac{2}{9} \times 1\frac{4}{5}$

12 $2\frac{5}{6} \times 3\frac{3}{7}$

13 $\frac{6}{7} \times \frac{4}{5} \times \frac{5}{8}$

14 $\frac{3}{5} \times 7\frac{1}{2} \times 4$

1 계산 결과가 <u>다른</u> 하나를 찾아 ◯표 하시오.

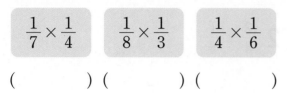

$$\frac{1}{7} \times \frac{1}{4} \qquad \frac{1}{8} \times \frac{1}{3} \qquad \frac{1}{4} \times \frac{1}{6}$$

(   ) (   ) (   )

2 빈칸에 두 분수의 곱을 써넣으시오.

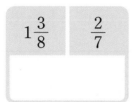

$$1\frac{3}{8} \qquad \frac{2}{7}$$

3 계산 결과의 크기를 비교하여 ◯ 안에 >, =, <를 알맞게 써넣으시오.

(1) $\dfrac{1}{5} \times \dfrac{1}{7}$ ◯ $\dfrac{1}{5}$

(2) $\dfrac{4}{7} \times \dfrac{1}{3}$ ◯ $\dfrac{4}{7} \times \dfrac{1}{9}$

(3) $\dfrac{3}{8} \times \dfrac{3}{4}$ ◯ $\dfrac{3}{4} \times \dfrac{3}{8}$

4 색 테이프를 3등분한 것입니다. ☐ 안에 알맞은 수를 써넣으시오.

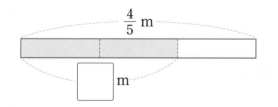

$\frac{4}{5}$ m

☐ m

5 계산 결과가 단위분수인 것의 기호를 써 보시오.

$$㉠ \frac{2}{9} \times \frac{7}{10} \times \frac{6}{7} \qquad ㉡ \frac{3}{8} \times \frac{5}{6} \times \frac{4}{5}$$

(   )

6 서술형 가장 큰 분수와 가장 작은 분수의 곱은 얼마인지 풀이 과정을 쓰고 답을 구해 보시오.

$$1\frac{3}{7} \qquad 4\frac{3}{8} \qquad \frac{7}{2}$$

풀이 |

답 |

7 계산 결과가 큰 것부터 차례대로 기호를 써 보시오.

$$㉠ \ 1\frac{2}{3} \times 1\frac{1}{6}$$
$$㉡ \ 1\frac{1}{8} \times \frac{4}{9}$$
$$㉢ \ \frac{5}{6} \times 3\frac{3}{7}$$

(   )

8 경석이는 선물을 포장하는 데 $\dfrac{9}{10}$ m인 끈의 $\dfrac{4}{15}$ 를 사용했습니다. 경석이가 사용한 끈은 몇 m입니까?

(   )

9 1분에 $2\dfrac{2}{7}$ L씩 물이 나오는 수도가 있습니다. 이 수도에서 $5\dfrac{1}{4}$ 분 동안 받은 물은 모두 몇 L 입니까?

(   )

10 어떤 수는 $2\dfrac{2}{5}$ 의 $\dfrac{5}{8}$ 배입니다. 어떤 수와 $1\dfrac{1}{4}$ 의 곱은 얼마입니까?

(   )

교과 역량 문제 해결

11 수 카드 5장 중에서 2장을 골라 ☐ 안에 써넣어 계산 결과가 가장 큰 분수의 곱셈식을 만들고, 계산해 보시오.

$\boxed{4}$ $\boxed{5}$ $\boxed{6}$ $\boxed{7}$ $\boxed{8}$ $\dfrac{1}{\boxed{}} \times \dfrac{1}{\boxed{}}$

(   )

교과 역량 문제 해결, 추론

12 은서네 학교 5학년 학생 수는 전체 학생의 $\dfrac{1}{6}$ 입니다. 5학년의 $\dfrac{3}{5}$ 은 남학생이고, 그중 $\dfrac{1}{4}$ 은 음악을 좋아합니다. 음악을 좋아하는 5학년 남학생은 전체 학생의 몇 분의 몇입니까?

(   )

교과서 **pick**

13 수 카드 3장을 한 번씩만 사용하여 대분수를 만들려고 합니다. 만들 수 있는 가장 큰 대분수와 가장 작은 대분수의 곱은 얼마입니까?

$\boxed{1}$ $\boxed{3}$ $\boxed{5}$

(   )

14 지민이는 어제 책 한 권의 $\dfrac{1}{4}$ 을 읽었고, 오늘은 어제 읽고 난 나머지의 $\dfrac{2}{5}$ 를 읽었습니다. 오늘 읽은 양은 전체의 몇 분의 몇입니까?

(   )

2
단원

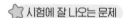
⭐ 시험에 잘 나오는 문제

예제 1 직사각형 ㉮와 정사각형 ㉯가 있습니다. ㉮와 ㉯ 중 어느 것의 넓이가 몇 cm^2 더 넓습니까?

㉮ $1\frac{5}{8}$ cm / 3 cm
㉯ $1\frac{1}{2}$ cm

(,   )

유제 1 평행사변형 ㉮와 직사각형 ㉯가 있습니다. ㉮와 ㉯ 중 어느 것의 넓이가 몇 cm^2 더 넓습니까?

㉮ $1\frac{1}{6}$ cm / $1\frac{4}{5}$ cm
㉯ $1\frac{3}{4}$ cm / $2\frac{1}{2}$ cm

(,   )

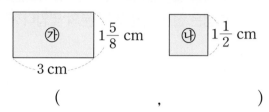
교과서 **pick**

예제 2 □ 안에 들어갈 수 있는 자연수 중에서 가장 큰 수는 얼마입니까?

$$\frac{1}{3} \times \frac{1}{\square} > \frac{1}{15}$$

(   )

유제 2 1보다 큰 자연수 중에서 □ 안에 들어갈 수 있는 자연수는 모두 몇 개입니까?

$$2\frac{1}{3} \times 5\frac{1}{4} < 12\frac{1}{\square}$$

(   )

예제 3 어떤 수에 $\frac{1}{4}$을 곱해야 할 것을 잘못하여 더했더니 $\frac{25}{36}$가 되었습니다. 바르게 계산하면 얼마입니까?

(   )

유제 3 어떤 수에 $\frac{5}{7}$를 곱해야 할 것을 잘못하여 뺐더니 $4\frac{2}{7}$가 되었습니다. 바르게 계산하면 얼마입니까?

(   )

교과서 pick

예제 4 수 카드 4장을 한 번씩만 사용하여 **계산 결과가 가장 큰 (대분수)×(자연수)**를 만들고, 계산해 보시오.

$$\boxed{2}\ \boxed{3}\ \boxed{4}\ \boxed{5}$$

$$\boxed{}\dfrac{\boxed{}}{\boxed{}}\times\boxed{}=\boxed{}$$

유제 4 수 카드 4장을 한 번씩만 사용하여 계산 결과가 가장 작은 (대분수)×(자연수)를 만들고, 계산해 보시오.

$$\boxed{6}\ \boxed{7}\ \boxed{8}\ \boxed{9}$$

$$\boxed{}\dfrac{\boxed{}}{\boxed{}}\times\boxed{}=\boxed{}$$

예제 5 미술 시간에 사용할 찰흙이 $\dfrac{3}{5}$ kg 있습니다. 영수가 전체의 $\dfrac{4}{9}$ 만큼 사용했고, 대희가 전체의 $\dfrac{1}{3}$ 만큼 사용했습니다. 영수와 대희 중에서 **누가 찰흙을 몇 kg 더 많이** 사용했습니까?

(,   )

유제 5 우유가 $\dfrac{9}{10}$ L 있습니다. 진서가 전체의 $\dfrac{1}{6}$ 만큼 마셨고, 현우가 전체의 $\dfrac{5}{9}$ 만큼 마셨습니다. 진서와 현우 중에서 누가 우유를 몇 L 더 많이 마셨습니까?

(,   )

예제 6 성민이는 구슬을 150개 가지고 있습니다. 가지고 있는 구슬의 $\dfrac{2}{3}$ 를 동생에게 주고 나머지의 $\dfrac{9}{10}$ 를 형에게 주었습니다. **동생과 형에게 준 구슬은** 모두 몇 개입니까?

(   )

유제 6 윤지네 집에 쌀이 64 kg 있습니다. 그중 지난달에 전체의 $\dfrac{3}{8}$ 을 먹었고 이번 달에는 나머지의 $\dfrac{2}{5}$ 를 먹었습니다. 지난달과 이번 달에 먹은 쌀은 모두 몇 kg입니까?

(   )

1 계산해 보시오.

$$\frac{4}{15} \times 10$$

2 〈보기〉와 같은 방법으로 계산해 보시오.

〈보기〉

$$1\frac{5}{12} \times 8 = \frac{17}{\cancel{12}_{3}} \times \frac{\cancel{8}^{2}}{1} = \frac{34}{3} = 11\frac{1}{3}$$

$$2\frac{3}{8} \times 6 = \underline{\hspace{4cm}}$$

3 계산 결과를 찾아 선으로 이어 보시오.

$$\frac{3}{10} \times \frac{2}{9}$$ •   • $$5\frac{1}{4}$$

$$\frac{7}{12} \times 9$$ •   • $$2\frac{1}{2}$$

$$6 \times \frac{5}{12}$$ •   • $$\frac{1}{15}$$

교과서에 꼭 나오는 문제

4 계산 결과가 7보다 큰 식에 ○표, 7보다 작은 식에 △표 하시오.

$$7 \times \frac{16}{11} \qquad 7 \times 3\frac{1}{7} \qquad 7 \times \frac{21}{25}$$

5 잘못 계산한 곳을 찾아 ○표 하고, 바르게 계산해 보시오.

$$2\frac{2}{9} \times 1\frac{1}{4} = \frac{19}{\cancel{9}} \times \frac{\cancel{3}^{1}}{2} = \frac{19}{6} = 3\frac{1}{6}$$

⇩

$$2\frac{2}{9} \times 1\frac{1}{4} = \underline{\hspace{4cm}}$$

6 세 수의 곱은 얼마입니까?

$$\frac{2}{9} \qquad 8 \qquad \frac{5}{6}$$

(   )

7 빈칸에 알맞은 수를 써넣으시오.

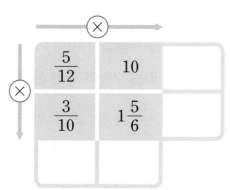

8 계산 결과가 가장 큰 것을 찾아 기호를 써 보시오.

$$\bigcirc \ \frac{1}{8} \times \frac{1}{4} \quad \bigcirc \ \frac{1}{5} \times \frac{1}{6} \quad \bigcirc \ \frac{1}{7} \times \frac{1}{7}$$

( )

9 바르게 말한 사람의 이름을 써 보시오.

- 현주: 1 kg의 $\frac{3}{4}$은 75 g이야.
- 영우: 1시간의 $\frac{5}{6}$는 50분이야.

( )

10 주스가 $\frac{3}{4}$ L 있습니다. 이 중에서 연정이가 전체의 $\frac{2}{5}$를 마셨다면 연정이가 마신 주스는 몇 L입니까?

( )

11 어떤 수는 56의 $\frac{3}{8}$배입니다. 어떤 수와 $1\frac{2}{3}$의 곱은 얼마입니까?

( )

12 □ 안에 들어갈 수 있는 자연수는 모두 몇 개입니까?

$$3\frac{3}{8} \times 1\frac{5}{6} > \square$$

( )

13 하린이네 학교 5학년 학생 수는 전체 학생의 $\frac{1}{5}$입니다. 5학년의 $\frac{3}{7}$은 여학생이고, 그중 $\frac{2}{3}$는 고양이를 좋아합니다. 고양이를 좋아하는 5학년 여학생은 전체 학생의 몇 분의 몇입니까?

( )

14 수민이는 털실로 목도리를 짜는 데 일정한 빠르기로 한 시간에 6 m의 털실을 사용합니다. 같은 빠르기로 1시간 20분 동안 목도리를 짰다면 사용한 털실은 몇 m입니까?

( )

15 어느 놀이공원의 어린이 1명의 입장료는 25000원입니다. 오후 4시 이후 입장하면 전체 입장료의 $\frac{4}{5}$만큼만 내면 된다고 합니다. 오후 4시 이후에 어린이 3명이 입장하려면 모두 얼마를 내야 합니까?

(   )

잘 틀리는 문제

16 연서는 용돈 6000원 중 필통을 사는 데 전체의 $\frac{3}{5}$을 쓰고, 공책을 사는 데 남은 돈의 $\frac{1}{2}$을 썼습니다. 공책을 사는 데 쓴 돈은 얼마입니까?

(   )

17 수 카드 4장을 한 번씩만 사용하여 계산 결과가 가장 작은 (대분수)×(자연수)를 만들고, 계산해 보시오.

$$\boxed{4} \quad \boxed{5} \quad \boxed{6} \quad \boxed{7}$$

$$\boxed{}\dfrac{\boxed{}}{\boxed{}} \times \boxed{} = \boxed{}$$

서술형 **문제**

18 준우는 하루에 $1\frac{5}{14}$ km씩 매일 산책을 합니다. 준우가 일주일 동안 산책한 거리는 모두 몇 km인지 풀이 과정을 쓰고 답을 구해 보시오.

풀이 |

답 |

19 형민이는 우유를 사서 어제는 전체의 $\frac{5}{6}$만큼을 마셨고, 오늘은 어제 마시고 남은 우유의 $\frac{1}{3}$을 마셨습니다. 형민이가 오늘 마신 우유는 전체의 몇 분의 몇인지 풀이 과정을 쓰고 답을 구해 보시오.

풀이 |

답 |

20 어떤 수에 $2\frac{1}{2}$을 곱해야 할 것을 잘못하여 더했더니 $5\frac{7}{10}$이 되었습니다. 바르게 계산하면 얼마인지 풀이 과정을 쓰고 답을 구해 보시오.

풀이 |

답 |

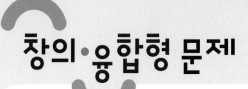
창의·융합형 문제

1) 지구 알아보기

지구는 태양에서 셋째로 가까운 행성이며, 지구에는 사람이 살고 있습니다. 오른쪽과 같이 지구는 적도를 경계로 하여 정확히 반으로 나뉘며 북쪽을 북반구, 남쪽을 남반구라고 합니다. 또한, 지구는 육지와 바다로 이루어져 있습니다.

북반구

적도

남반구

지구의 $\frac{3}{10}$ 이 육지이고, 육지의 $\frac{1}{3}$ 은 남반구에 있습니다. 북반구의 육지는 지구 전체의 몇 분의 몇입니까?

( )

2) 태극기 알아보기

우리나라 국기인 '태극기'는 흰색 바탕에 가운데 태극 문양과 네 모서리의 건곤감리 4괘로 이루어져 있습니다. 태극기의 흰색 바탕은 밝음과 순수, 그리고 전통적으로 평화를 사랑하는 우리의 민족성을 나타내고, 태극 문양은 음과 양의 조화를 상징합니다.

태극기의 세로는 가로의 $\frac{2}{3}$ 입니다. 태극기의 가로가 $2\frac{2}{5}$ m일 때 태극기의 넓이는 몇 m^2 입니까?

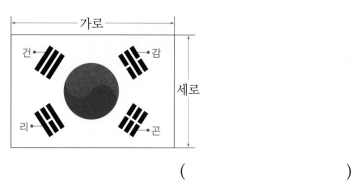

가로

건 · 감

세로

리 · 곤

( )

퍼즐 조각을 찾아라!

↻ 퍼즐의 빈 곳에 알맞은 조각을 찾아보세요.

①

②

③

④

3

합동과 대칭

1 도형의 합동

🌀 **합동** → 승동(합할 합, 한가지 동)

> **합동: 모양과 크기가 같아서 포개었을 때 완전히 겹치는 두 도형의 관계**
> └ 남거나 모자라는 부분이 없습니다.

도형 가와 나는 포개었을 때 완전히 겹쳐지므로 서로 합동입니다.

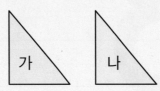

🌀 **서로 합동인 도형 만들기**

직사각형 1개를 오려서 여러 가지 모양과 크기의 합동인 도형을 만들 수 있습니다.

서로 합동인   서로 합동인
도형의 수: 2개   도형의 수: 4개

예제
1 왼쪽 도형과 서로 합동인 도형을 찾아 ○표 하시오.

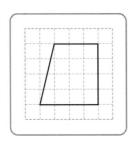 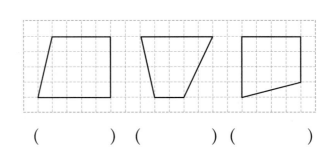

(   ) (   ) (   )

예제
2 점선을 따라 잘랐을 때 만들어지는 두 도형이 서로 합동인 것을 찾아 ○표 하시오.

(   ) (   ) (   )

2 합동인 도형의 성질

↻ 합동인 도형에서 대응점, 대응변, 대응각

서로 합동인 두 도형을 포개었을 때
- 겹치는 점 → 대응점
- 겹치는 변 → 대응변
- 겹치는 각 → 대응각

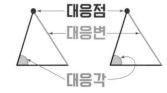

대응점
대응변
대응각

↻ 합동인 도형의 성질

서로 합동인 두 도형에서 각각의 **대응변의 길이가** 서로 **같습니다.**

서로 합동인 두 도형에서 각각의 **대응각의 크기가** 서로 **같습니다.**

3 단원

예제 3 두 삼각형은 서로 합동입니다. 대응점, 대응변, 대응각을 알아보시오.

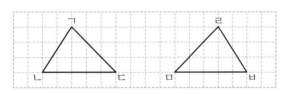

(1) 대응점   점 ㄱ과 점 ㄹ, 점 ㄴ과 점 [ ], 점 ㄷ과 점 [ ]

(2) 대응변   변 ㄱㄴ과 변 ㄹㅂ, 변 ㄴㄷ과 변 [ ], 변 ㄷㄱ과 변 [ ]

(3) 대응각   각 ㄱㄴㄷ과 각 ㄹㅂㅁ, 각 ㄴㄷㄱ과 각 [ ],
각 ㄷㄱㄴ과 각 [ ]

예제 4 두 사각형은 서로 합동입니다. 합동인 도형의 성질을 알아보시오.

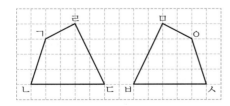

(1) 변 ㄴㄷ과 대응변인 변 [ ]은 길이가
서로 (같습니다 , 다릅니다).

(2) 각 ㄱㄴㄷ과 대응각인 각 [ ]은
크기가 서로 (같습니다 , 다릅니다).

한번더 확인

❶~❷ 합동인 도형

❶ 도형의 합동

(1~2) 주어진 도형과 합동인 도형을 찾아 써 보시오.

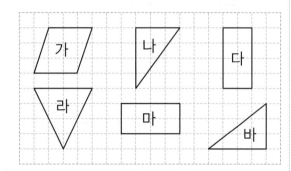

1 도형 나와 서로 합동인 도형

(   )

2 도형 다와 서로 합동인 도형

(   )

❷ 합동인 도형의 성질

(3~4) 두 도형은 서로 합동입니다. 대응점, 대응변, 대응각을 각각 찾아 써 보시오.

3

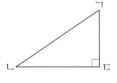
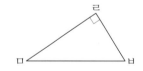

점 ㄱ	변 ㄹㅂ	각 ㄱㄴㄷ

4

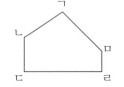
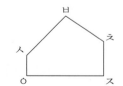

점 ㄷ	변 ㅂㅊ	각 ㄱㅁㄹ

❷ 합동인 도형의 성질

(5~8) 두 도형은 서로 합동입니다. ☐ 안에 알맞은 수를 써넣으시오.

5

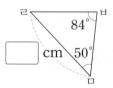

6

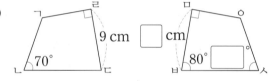

7

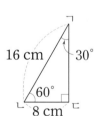
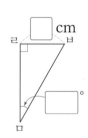

8

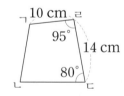
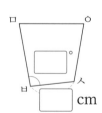

STEP 1 실전문제

교과서 pick 교과서에 자주 나오는 문제
교과 역량 생각하는 힘을 키우는 문제

1 서로 합동인 도형을 모두 찾아 써 보시오.

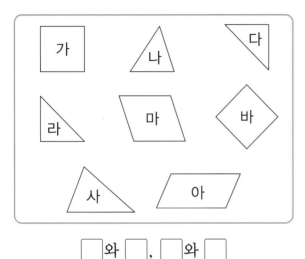

□와 □, □와 □

2 사각형을 대각선을 따라 잘라 두 개의 삼각형을 만들 때, 만들어지는 두 삼각형이 서로 합동이 되는 사각형을 모두 찾아 ○표 하시오.

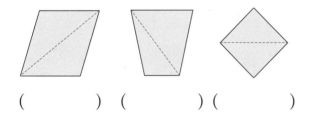

() ( ) ( )

3 두 도형은 서로 합동입니다. 대응점, 대응변, 대응각은 각각 몇 쌍 있는지 빈칸에 알맞게 써넣으시오.

대응점	대응변	대응각

4 주어진 도형과 서로 합동인 도형을 그려 보시오.

5 두 사각형은 서로 합동입니다. 빈칸에 알맞게 써 넣으시오.

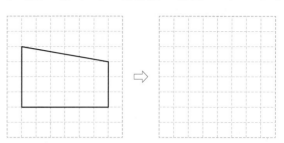

변 ㄷㄹ의 길이	각 ㅅㅇㅁ의 크기

개념 확인 서술형

6 두 도형이 서로 합동인지 아닌지 쓰고, 그렇게 생각한 이유를 써 보시오.

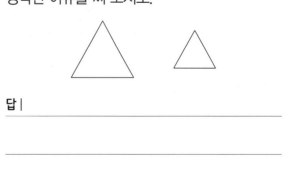

답 |

교과서 **pick**

7 두 사각형은 서로 합동입니다. 사각형 ㄱㄴㄷㄹ 의 둘레는 몇 cm입니까?

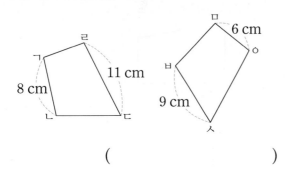

( )

8 두 직사각형이 서로 합동일 때 직사각형 ㅁㅂㅅㅇ 의 넓이는 몇 cm²입니까?

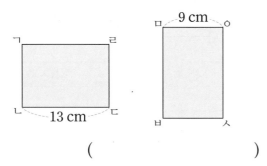

( )

9 두 삼각형은 서로 합동입니다. 삼각형 ㄱㄴㄷ의 둘레가 31 cm일 때 변 ㄴㄷ은 몇 cm입니까?

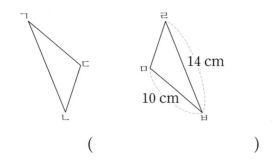

( )

교과 역량 문제 해결, 추론

10 두 삼각형은 서로 합동입니다. 각 ㄹㅁㅂ은 몇 도입니까?

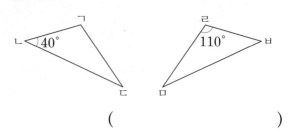

( )

11 사각형에 두 대각선을 그어 선을 따라 모두 잘 랐을 때 만들어지는 네 도형이 항상 서로 합동 인 것을 모두 찾아 기호를 써 보시오.

> ㉠ 사다리꼴   ㉡ 마름모
> ㉢ 평행사변형   ㉣ 정사각형

( )

교과 역량 문제 해결

12 삼각형 ㄱㄴㅁ과 삼각형 ㅁㄷㄹ은 서로 합동 입니다. 사각형 ㄱㄴㄷㄹ의 둘레는 몇 cm입니 까?

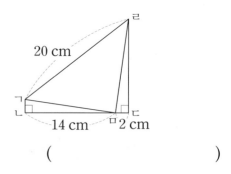

( )

3 선대칭도형

⟳ **선대칭도형**

> **선대칭도형: 한 직선을 따라 접었을 때 완전히 겹치는 도형**
> └─• 대칭축

⟳ **선대칭도형에서 대응점, 대응변, 대응각**

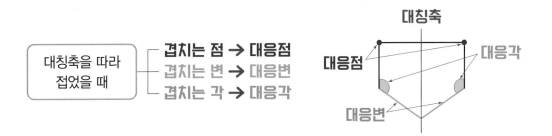

대칭축을 따라 접었을 때	겹치는 점 → 대응점
	겹치는 변 → 대응변
	겹치는 각 → 대응각

참고 선대칭도형에서 대칭축의 특징
- 대칭축의 수는 도형의 모양에 따라 달라집니다.
- 대칭축이 여러 개일 때, 모든 대칭축은 한 점에서 만납니다.
- 대칭축으로 나누어진 두 부분은 서로 합동입니다.

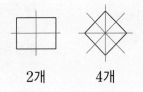

2개   4개

예제 1 선대칭도형을 모두 찾아 ○표 하시오.

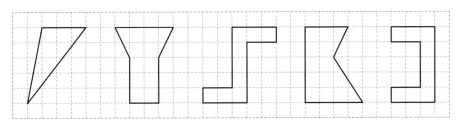

예제 2 직선 ㅇㅈ을 대칭축으로 하는 선대칭도형입니다. 대응점, 대응변, 대응각을 알아보시오.

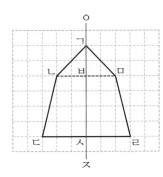

(1) 점 ㄴ의 대응점: 점 ☐

(2) 변 ㄴㄷ의 대응변: 변 ☐

(3) 각 ㄴㄷㅅ의 대응각: 각 ☐

4 선대칭도형의 성질

🔄 **선대칭도형의 성질**

- 각각의 **대응변**의 길이가 서로 **같습니다**.
- 각각의 **대응각**의 크기가 서로 **같습니다**.
- 대응점끼리 이은 선분은 **대칭축**과 수직으로 만납니다.
- 각각의 **대응점**에서 대칭축까지의 거리가 서로 **같습니다**.

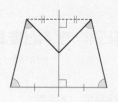

🔄 **선대칭도형을 그리는 방법**

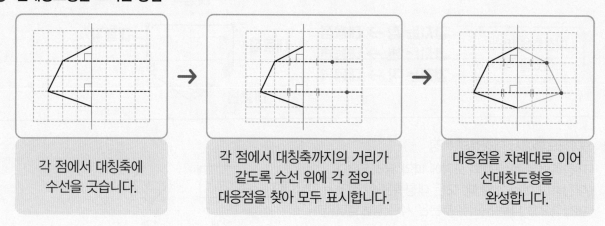

| 각 점에서 대칭축에 수선을 긋습니다. | → | 각 점에서 대칭축까지의 거리가 같도록 수선 위에 각 점의 대응점을 찾아 모두 표시합니다. | → | 대응점을 차례대로 이어 선대칭도형을 완성합니다. |

예제 3

직선 ㅈㅊ을 대칭축으로 하는 선대칭도형입니다. 선대칭도형의 성질을 알아보시오.

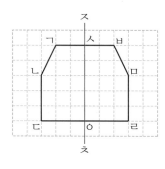

(1) 변 ㄱㄴ의 대응변: 변 ☐
   ⇨ 두 변의 길이는 서로 (같습니다 , 다릅니다).

(2) 각 ㄴㄷㅇ의 대응각: 각 ☐
   ⇨ 두 각의 크기는 서로 (같습니다 , 다릅니다).

(3) 선분 ㄱㅂ은 대칭축과 (평행 , 수직)으로 만납니다.

(4) 선분 ㄷㅇ과 선분 ☐은 길이가 서로 같습니다.

예제 4

선대칭도형이 되도록 그림을 완성하려고 합니다. 물음에 답하시오.

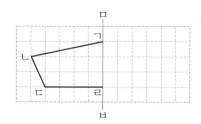

(1) 점 ㄴ과 점 ㄷ의 대응점을 각각 찾아 점으로 표시해 보시오.

(2) 선대칭도형을 완성해 보시오.

5 점대칭도형

○ 점대칭도형

> **점대칭도형: 한 도형을 어떤 점을 중심으로 180° 돌렸을 때**
> └● 대칭의 중심
> **처음 도형과 완전히 겹치는 도형**

○ 점대칭도형에서 대응점, 대응변, 대응각

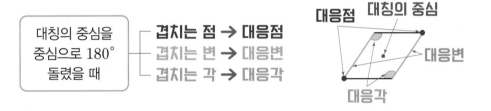

대칭의 중심을 중심으로 180° 돌렸을 때

겹치는 점 → 대응점
겹치는 변 → 대응변
겹치는 각 → 대응각

참고 **점대칭도형에서 대칭의 중심의 특징**
- 대칭의 중심은 도형의 모양에 상관없이 항상 1개입니다.
- 대응점끼리 이은 선분들이 만나는 점이 대칭의 중심입니다.

 1개   1개

예제 5

점대칭도형을 모두 찾아 ○표 하시오.

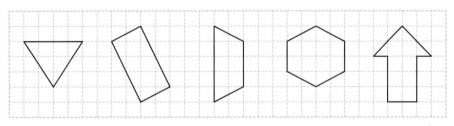

예제 6

점 ㅇ을 대칭의 중심으로 하는 점대칭도형입니다. 대응점, 대응변, 대응각을 알아보시오.

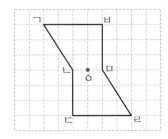

(1) 점 ㄷ의 대응점: 점 ☐

(2) 변 ㄱㄴ의 대응변: 변 ☐

(3) 각 ㅂㄱㄴ의 대응각: 각 ☐

6 점대칭도형의 성질

○ **점대칭도형의 성질**

- 각각의 대응변의 길이가 서로 **같습니다**.
- 각각의 대응각의 크기가 서로 **같습니다**.
- 각각의 대응점에서 대칭의 중심까지의 거리가 서로 **같습니다**.

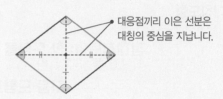
대응점끼리 이은 선분은 대칭의 중심을 지납니다.

○ **점대칭도형을 그리는 방법**

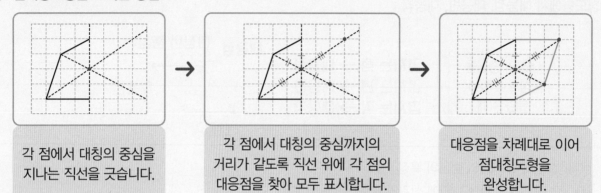

| 각 점에서 대칭의 중심을 지나는 직선을 긋습니다. | 각 점에서 대칭의 중심까지의 거리가 같도록 직선 위에 각 점의 대응점을 찾아 모두 표시합니다. | 대응점을 차례대로 이어 점대칭도형을 완성합니다. |

예제 7

점 ㅇ을 대칭의 중심으로 하는 점대칭도형입니다. 점대칭도형의 성질을 알아보시오.

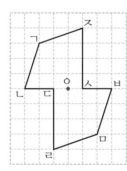

(1) 변 ㄱㅈ의 대응변: 변 ☐

   ⇨ 두 변의 길이는 서로 (같습니다 , 다릅니다).

(2) 각 ㄱㅈㅅ의 대응각: 각 ☐

   ⇨ 두 각의 크기는 서로 (같습니다 , 다릅니다).

(3) 대응점끼리 이은 선분은 점 ☐을 지납니다.

(4) 선분 ㄷㅇ과 선분 ☐은 길이가 서로 같습니다.

예제 8

점대칭도형이 되도록 그림을 완성하려고 합니다. 물음에 답하시오.

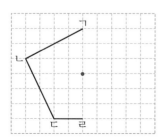

(1) 점 ㄴ과 점 ㄷ의 대응점을 각각 찾아 점으로 표시해 보시오.

(2) 점대칭도형을 완성해 보시오.

❸~❻ 선대칭도형, 점대칭도형

(1~2) 도형을 보고 물음에 답하시오.

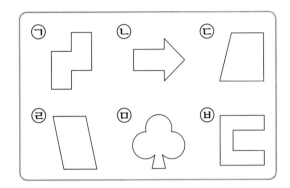

❸ 선대칭도형

1 선대칭도형을 모두 찾아 기호를 써 보시오.

(   )

❺ 점대칭도형

2 점대칭도형을 모두 찾아 기호를 써 보시오.

(   )

❸ 선대칭도형

(3~4) 다음 도형은 선대칭도형입니다. 대칭축을 모두 그려 보시오.

3

4

❺ 점대칭도형

(5~6) 다음 도형은 점대칭도형입니다. 대칭의 중심을 찾아 표시해 보시오.

5

6

❹ 선대칭도형의 성질

(7~8) 직선 ㄱㄴ을 대칭축으로 하는 선대칭도형입니다. ☐ 안에 알맞은 수를 써넣으시오.

7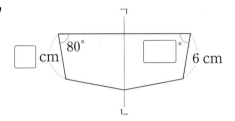

8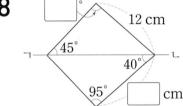

❻ 점대칭도형의 성질

(9~10) 점 ㅇ을 대칭의 중심으로 하는 점대칭도형입니다. ☐ 안에 알맞은 수를 써넣으시오.

9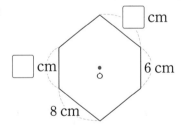

10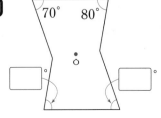

1 점 ㅇ을 대칭의 중심으로 하는 점대칭도형입니다. 대응점, 대응변, 대응각을 각각 찾아 빈칸에 알맞게 써넣으시오.

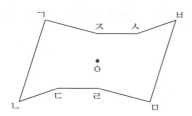

점 ㄴ의 대응점	
변 ㄷㄹ의 대응변	
각 ㅈㄱㄴ의 대응각	

2 다음 도형은 선대칭도형입니다. 대칭축은 모두 몇 개입니까?

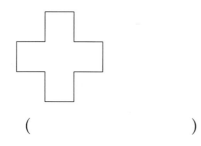

( )

3 선분 ㄱㄹ을 대칭축으로 하는 선대칭도형입니다. ☐ 안에 알맞은 수를 써넣으시오.

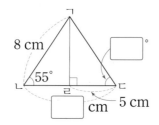

4 점대칭도형이 되도록 그림을 완성해 보시오.

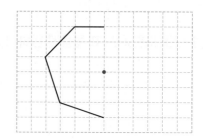

개념 확인 서술형

5 선대칭도형과 점대칭도형에 대해 잘못 말한 사람을 찾아 이름을 쓰고, 바르게 고쳐 보시오.

> • 하예: 선대칭도형에서 대응점끼리 이은 선분은 대칭축과 수직으로 만나.
> • 강호: 점대칭도형의 각각의 대응점에서 대칭의 중심까지의 거리는 서로 같아.
> • 정세: 선대칭도형에서 그릴 수 있는 대칭축은 항상 1개야.

답 |

교과 역량 추론

6 선대칭도형이 되도록 그림을 완성하고, 숨겨진 알파벳은 무엇인지 써 보시오.

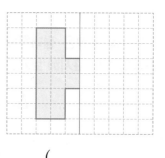

( )

7 점대칭도형을 모두 찾아 기호를 쓰고, 대칭의 중심을 표시해 보시오.

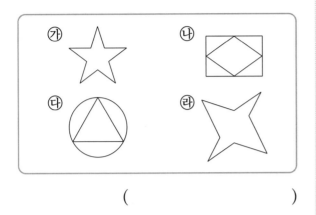

( )

8 선대칭도형이면서 점대칭도형인 글자를 모두 찾아 ◯표 하시오.

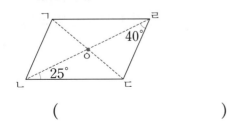

9 점 ㅇ을 대칭의 중심으로 하는 점대칭도형입니다. 각 ㄹㄱㄴ은 몇 도입니까?

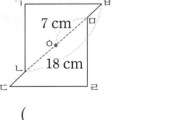

( )

10 직선 ㅁㅂ을 대칭축으로 하는 선대칭도형입니다. 각 ㄱㄴㄷ은 몇 도입니까?

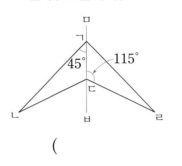

( )

교과서 pick

11 점 ㅇ을 대칭의 중심으로 하는 점대칭도형입니다. 도형의 둘레는 몇 cm입니까?

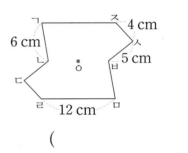

( )

교과 역량 문제 해결

12 점 ㅇ을 대칭의 중심으로 하는 점대칭도형입니다. 선분 ㄴㄷ은 몇 cm입니까?

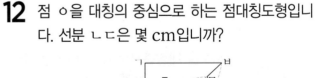

( )

예제 1 삼각형 ㄱㄴㄷ과 삼각형 ㅁㄹㄷ은 서로 합동입니다. 각 ㄱㄷㅁ은 몇 도입니까?

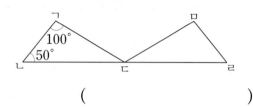

(   )

유제 1 삼각형 ㄱㄴㄷ과 삼각형 ㄹㄷㄴ은 서로 합동입니다. 각 ㄴㅁㄷ은 몇 도입니까?

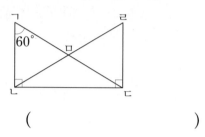

(   )

교과서 pick

예제 2 직선 ㅁㅂ을 대칭축으로 하는 선대칭도형입니다. 삼각형 ㄱㄴㄷ의 둘레가 30 cm일 때, 선분 ㄴㄹ은 몇 cm입니까?

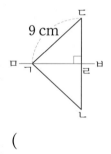

(   )

유제 2 선분 ㄱㅂ을 대칭축으로 하는 선대칭도형입니다. 오각형 ㄱㄴㄷㄹㅁ의 둘레가 52 cm일 때, 변 ㅁㄹ은 몇 cm입니까?

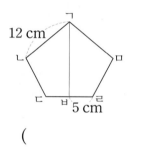

(   )

예제 3 직선 ㅅㅇ을 대칭축으로 하는 선대칭도형입니다. 각 ㄱㄴㄷ은 몇 도입니까?

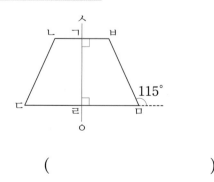

(   )

유제 3 직선 ㅅㅇ을 대칭축으로 하는 선대칭도형입니다. 각 ㄴㄷㄹ은 몇 도입니까?

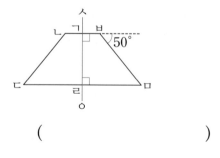

(   )

예제 4

점 ㅇ을 대칭의 중심으로 하는 점대칭도형을 완성하려고 합니다. 점대칭도형을 완성하고, 완성한 점대칭도형의 넓이는 몇 cm²인지 구해 보시오.

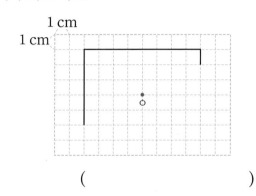

(   )

유제 4

점 ㅇ을 대칭의 중심으로 하는 점대칭도형을 완성하려고 합니다. 점대칭도형을 완성하고, 완성한 점대칭도형의 넓이는 몇 cm²인지 구해 보시오.

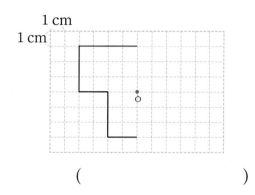

(   )

교과서 pick

예제 5

직선 ㄱㄴ을 대칭축으로 하는 선대칭도형을 완성하려고 합니다. 완성한 선대칭도형의 넓이는 몇 cm²입니까?

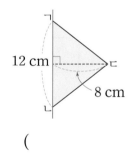

(   )

유제 5

직선 ㄴㄷ을 대칭축으로 하는 선대칭도형을 완성하려고 합니다. 완성한 선대칭도형의 넓이는 몇 cm²입니까?

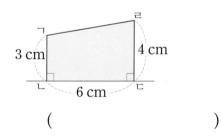

(   )

예제 6

삼각형 ㄱㄴㅁ과 삼각형 ㄴㄹㄷ은 서로 합동입니다. 사각형 ㄱㄴㄷㄹ의 넓이는 몇 cm²입니까?

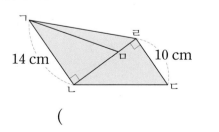

(   )

유제 6

삼각형 ㄱㄴㄹ과 삼각형 ㅁㄹㄷ은 서로 합동입니다. 사각형 ㄱㄴㄷㄹ의 넓이는 몇 cm²입니까?

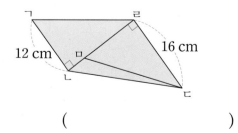

(   )

1 서로 합동인 도형을 모두 찾아 써 보시오.

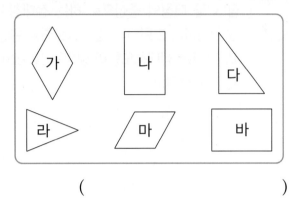

(   )

(2~3) 도형을 보고 물음에 답하시오.

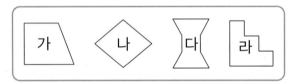

2 선대칭도형을 모두 찾아 써 보시오.

(   )

3 선대칭도형이면서 점대칭도형인 것을 모두 찾아 써 보시오.

(   )

4 두 도형은 서로 합동입니다. 대응점, 대응변, 대응각은 각각 몇 쌍 있습니까?

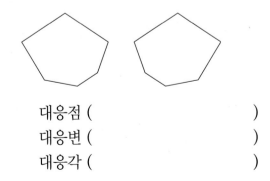

대응점 (   )
대응변 (   )
대응각 (   )

(5~6) 두 삼각형은 서로 합동입니다. 물음에 답하시오.

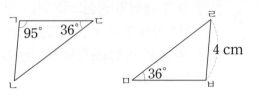

5 변 ㄱㄴ은 몇 cm입니까?

(   )

6 각 ㅁㅂㄹ은 몇 도입니까?

(   )

7 다음 도형은 선대칭도형입니다. 대칭축을 그려 보시오.

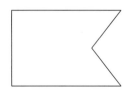

8 다음 도형은 점대칭도형입니다. 대칭의 중심을 찾아 표시해 보시오.

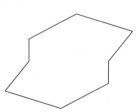

· 정답 20쪽

교과서에 꼭 나오는 문제

9 직선 ㄱㄴ을 대칭축으로 하는 선대칭도형입니다. □ 안에 알맞은 수를 써넣으시오.

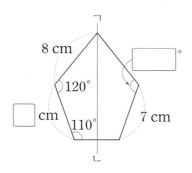

10 선대칭도형이 되도록 그림을 완성해 보시오.

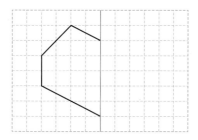

11 점대칭도형이 되도록 그림을 완성해 보시오.

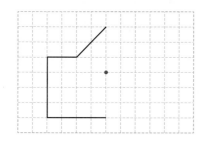

잘 틀리는 문제

12 점대칭도형에 대한 설명으로 잘못 말한 사람을 찾아 이름을 써 보시오.

- **승우**: 각각의 대응각의 크기가 서로 같아.
- **민호**: 대응점끼리 이은 선분은 대칭축과 수직으로 만나.
- **정민**: 대칭의 중심은 항상 1개야.
- **소정**: 대칭의 중심은 대응점끼리 이은 선분을 둘로 똑같이 나눠.

(　　　　　　　)

교과서에 꼭 나오는 문제

13 점 ㅇ을 대칭의 중심으로 하는 점대칭도형입니다. 선분 ㄱㅇ은 몇 cm입니까?

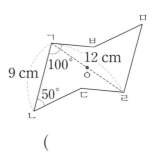

(　　　　　　　)

14 선대칭도형이면서 점대칭도형인 알파벳은 무엇입니까?

(　　　　　　　)

15 두 사각형은 서로 합동이고 사각형 ㄱㄴㄷㄹ의 둘레는 34 cm입니다. 변 ㅂㅅ은 몇 cm입니까?

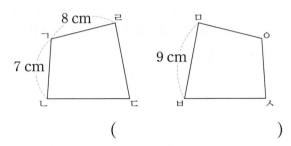

( )

16 선분 ㅁㅂ을 대칭축으로 하는 선대칭도형입니다. 사각형 ㄱㄴㄷㄹ의 둘레가 60 cm일 때, 변 ㄱㄴ은 몇 cm입니까?

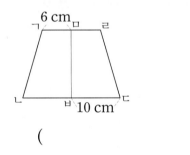

( )

17 직선 ㅁㅂ을 대칭축으로 하는 선대칭도형을 완성하려고 합니다. 완성한 선대칭도형의 넓이는 몇 cm²입니까?

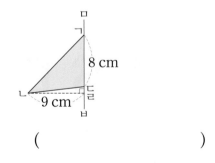

( )

⟨ 서술형 문제

18 삼각형 ㄱㄴㄷ과 삼각형 ㄹㄷㄴ은 서로 합동입니다. 각 ㄱㄷㄴ은 몇 도인지 풀이 과정을 쓰고 답을 구해 보시오.

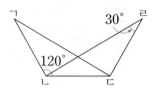

풀이 |

답 |

19 오른쪽은 점 ㅇ을 대칭의 중심으로 하는 점대칭도형입니다. 각 ㄷㄹㅁ은 몇 도인지 풀이 과정을 쓰고 답을 구해 보시오.

풀이 |

답 |

20 오른쪽은 점 ㅇ을 대칭의 중심으로 하는 점대칭도형입니다. 선분 ㅈㅅ은 몇 cm인지 풀이 과정을 쓰고 답을 구해 보시오.

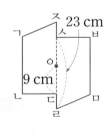

풀이 |

답 |

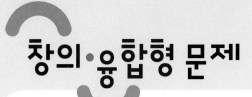

1) 독일의 국기 알아보기

독일의 국기는 서로 합동인 직사각형 3개가 검정, 빨강, 노랑 세 가지 색깔로 배열되어 있는 삼색기입니다.
독일의 국기에서 검정은 인권 억압에 대한 분노를, 빨강을 자유를 동경하는 정신을, 노랑은 진리를 상징합니다.

오른쪽은 주영이가 그린 독일의 국기입니다. 변 ㄱㄹ이 9 cm이고 변 ㄱㄴ이 6 cm일 때, 사각형 ㅂㄴㄷㅇ의 둘레는 몇 cm입니까?

( )

2) 펜토미노 알아보기

영국의 정복왕 윌리엄 1세의 아들과 프랑스의 왕세자가 체스 게임을 하는데, 왕세자가 게임에 질 것 같아 체스판을 던졌더니 체스판이 13조각으로 쪼개어졌다고 합니다. 이 중에서 ▦ 모양의 조각 이외의 나머지 12조각을 '펜토미노'라고 합니다. 펜토미노 12조각은 크기가 같은 정사각형 5개를 변끼리 이어 붙인 도형으로 모양은 모두 다릅니다.

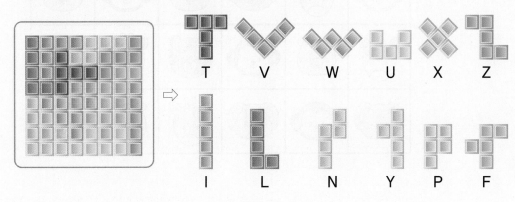

위 펜토미노 12조각 중에서 선대칭도형이면서 점대칭도형인 조각을 모두 찾아 알파벳을 써 보시오.

( )

주어진 모양을 찾아라!

↺ 그림에서 주어진 모양을 찾아보세요.

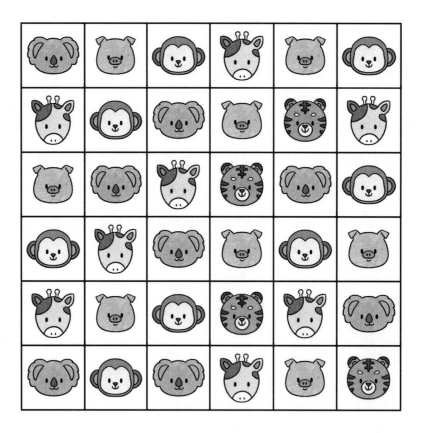

4 소수의 곱셈

1 (1보다 작은 소수) × (자연수)

0.7 × 2의 계산

방법1 소수를 분수로 바꾸어 분수의 곱셈으로 계산하기

$$0.7 \times 2 = \frac{7}{10} \times 2 = \frac{7 \times 2}{10} = \frac{14}{10} = 1.4$$

방법2 자연수의 곱셈을 이용하여 계산하기

> 곱해지는 수가 $\frac{1}{10}$ 배, $\frac{1}{100}$ 배가 되면
>
> 계산 결과도 $\frac{1}{10}$ 배, $\frac{1}{100}$ 배가 됩니다.

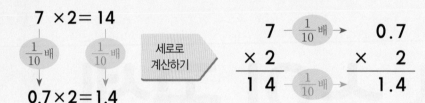

$$7 \times 2 = 14$$

$$0.7 \times 2 = 1.4$$

세로로 계산하기

$$\begin{array}{r} 7 \\ \times\ 2 \\ \hline 1\ 4 \end{array} \qquad \begin{array}{r} 0.7 \\ \times\ \ 2 \\ \hline 1.4 \end{array}$$

0.7 × 2의 계산 결과 어림하기

❶ 0.7을 1로 어림합니다.

❷ $0.7 \times 2 \Rightarrow 1 \times 2 = 2$

❸ 0.7 × 2의 계산 결과는 2보다 작을 것입니다.

예제

1 0.8 × 6을 어떻게 계산하는지 두 가지 방법으로 알아보시오.

방법1 소수를 분수로 바꾸어 분수의 곱셈으로 계산하기

$$0.8 \times 6 = \frac{\boxed{}}{10} \times 6 = \frac{\boxed{} \times 6}{10} = \frac{\boxed{}}{10} = \boxed{}$$

방법2 자연수의 곱셈을 이용하여 계산하기

$$8 \times 6 = \boxed{}$$

$$\Rightarrow 0.8 \times 6 = \boxed{}$$

세로로 계산하기

$$\begin{array}{r} 8 \\ \times\ 6 \\ \hline \boxed{} \end{array} \Rightarrow \begin{array}{r} 0.8 \\ \times\ \ 6 \\ \hline \boxed{} \end{array}$$

유제

2 계산해 보시오.

(1) 0.5×3 (2) 0.6×4

(3) 0.19×8 (4) 0.83×5

2 (1보다 큰 소수)×(자연수)

2.3×4의 계산

방법1 소수를 분수로 바꾸어 분수의 곱셈으로 계산하기

$$2.3 \times 4 = \frac{23}{10} \times 4 = \frac{23 \times 4}{10} = \frac{92}{10} = 9.2$$

> **2.3×4의 계산 결과 어림하기**
> ❶ 2.3을 2로 어림합니다.
> ❷ 2.3×4 ⇨ 2×4=8
> ❸ 2.3×4의 계산 결과는 8보다 클 것입니다.

방법2 자연수의 곱셈을 이용하여 계산하기

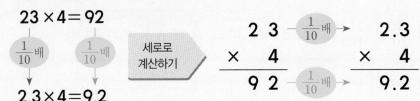

예제

3 1.37×3을 어떻게 계산하는지 두 가지 방법으로 알아보시오.

방법1 소수를 분수로 바꾸어 분수의 곱셈으로 계산하기

$$1.37 \times 3 = \frac{\boxed{}}{100} \times 3 = \frac{\boxed{} \times 3}{100} = \frac{\boxed{}}{100} = \boxed{}$$

방법2 자연수의 곱셈을 이용하여 계산하기

$$137 \times 3 = \boxed{}$$
$$\Rightarrow 1.37 \times 3 = \boxed{}$$

세로로 계산하기

$$
\begin{array}{r}
1\ 3\ 7 \\
\times \quad 3 \\
\hline
\boxed{}
\end{array}
\quad \Rightarrow \quad
\begin{array}{r}
1.3\ 7 \\
\times \quad 3 \\
\hline
\boxed{}
\end{array}
$$

유제

4 계산해 보시오.

(1) 3.8×5

(2) 9.4×2

(3) 2.81×7

(4) 4.92×6

3 (자연수)×(1보다 작은 소수)

○ **6×0.7의 계산**

방법1 소수를 분수로 바꾸어 분수의 곱셈으로 계산하기

$$6 \times 0.7 = 6 \times \frac{7}{10} = \frac{6 \times 7}{10} = \frac{42}{10} = 4.2$$

방법2 자연수의 곱셈을 이용하여 계산하기

곱하는 수가 $\frac{1}{10}$배, $\frac{1}{100}$배가 되면 계산 결과도 $\frac{1}{10}$배, $\frac{1}{100}$배가 됩니다.

$$6 \times 7 = 42$$

$\frac{1}{10}$배 $\frac{1}{10}$배

세로로 계산하기

$$6 \times 0.7 = 4.2$$

$$\begin{array}{r} 6 \\ \times\ 7 \\ \hline 4\ 2 \end{array}$$ — $\frac{1}{10}$배 → $$\begin{array}{r} 6 \\ \times\ 0.7 \\ \hline 4.2 \end{array}$$

$\frac{1}{10}$배

참고 곱해지는 수와 곱하는 수의 순서를 바꾸어 곱해도 계산 결과는 같습니다.
$$6 \times 0.7 = 0.7 \times 6 = 4.2$$

예제

5 7×0.9를 어떻게 계산하는지 두 가지 방법으로 알아보시오.

방법1 소수를 분수로 바꾸어 분수의 곱셈으로 계산하기

$$7 \times 0.9 = 7 \times \frac{\boxed{}}{10} = \frac{7 \times \boxed{}}{10} = \frac{\boxed{}}{10} = \boxed{}$$

방법2 자연수의 곱셈을 이용하여 계산하기

$$7 \times\ 9 = \boxed{}$$
$$\Rightarrow 7 \times 0.9 = \boxed{}$$

세로로 계산하기

$$\begin{array}{r} 7 \\ \times\ 9 \\ \hline \boxed{} \end{array} \Rightarrow \begin{array}{r} 7 \\ \times\ 0.9 \\ \hline \boxed{} \end{array}$$

유제

6 계산해 보시오.

(1) 4×0.8

(2) 37×0.6

(3) 9×0.04

(4) 81×0.05

4 (자연수)×(1보다 큰 소수)

4
단원

○ **4×1.6의 계산**

방법1 소수를 분수로 바꾸어 분수의 곱셈으로 계산하기

$$4 \times 1.6 = 4 \times \frac{16}{10} = \frac{4 \times 16}{10} = \frac{64}{10} = 6.4$$

방법2 자연수의 곱셈을 이용하여 계산하기

$$4 \times 16 = 64$$

$\frac{1}{10}$배 $\frac{1}{10}$배

세로로 계산하기

$$\begin{array}{r} 4 \\ \times\ 1\ 6 \\ \hline 6\ 4 \end{array}$$ $\frac{1}{10}$배 → $$\begin{array}{r} 4 \\ \times\ 1.6 \\ \hline 6.4 \end{array}$$

$\frac{1}{10}$배 →

$$4 \times 1.6 = 6.4$$

참고 (자연수)×(소수)의 크기 비교하기

■가 자연수일 때 ⇨ ⎰ ■×(1보다 작은 소수)< ■
　　　　　　　　 ⎱ ■×(1보다 큰 소수)> ■

예제
7 3×1.28을 어떻게 계산하는지 두 가지 방법으로 알아보시오.

방법1 소수를 분수로 바꾸어 분수의 곱셈으로 계산하기

$$3 \times 1.28 = 3 \times \frac{\boxed{}}{100} = \frac{3 \times \boxed{}}{100} = \frac{\boxed{}}{100} = \boxed{}$$

방법2 자연수의 곱셈을 이용하여 계산하기

$$3 \times 128 = \boxed{}$$

$$\Rightarrow 3 \times 1.28 = \boxed{}$$

세로로 계산하기

$$\begin{array}{r} 3 \\ \times\ 1\ 2\ 8 \\ \hline \boxed{} \end{array}$$ ⇨ $$\begin{array}{r} 3 \\ \times\ 1.2\ 8 \\ \hline \boxed{} \end{array}$$

유제
8 계산해 보시오.

(1) 9×1.3　　　　　　　　　　　(2) 14×1.2

(3) 6×4.35　　　　　　　　　　 (4) 25×2.01

한번더 확인   ❶~❹ (소수) × (자연수), (자연수) × (소수)

1
$$\begin{array}{r} 0.3 \\ \times\ \ 9 \\ \hline \end{array}$$

2
$$\begin{array}{r} 1.9 \\ \times\ \ 5 \\ \hline \end{array}$$

3
$$\begin{array}{r} 8 \\ \times\ 0.6 \\ \hline \end{array}$$

4
$$\begin{array}{r} 7 \\ \times\ 2.1 \\ \hline \end{array}$$

5
$$\begin{array}{r} 0.2\,5 \\ \times\ \ \ 1\,4 \\ \hline \end{array}$$

6
$$\begin{array}{r} 4\ 9 \\ \times\ 0.1\,2 \\ \hline \end{array}$$

7
$$\begin{array}{r} 2 \\ \times\ 3.1\,5 \\ \hline \end{array}$$

8
$$\begin{array}{r} 2.0\,4 \\ \times\ \ \ \ 8 \\ \hline \end{array}$$

9
$$\begin{array}{r} 7\ 1 \\ \times\ 1\,6.4 \\ \hline \end{array}$$

10 0.17×4

11 38×0.7

12 2.76×3

13 6×0.25

14 3.2×11

15 43×1.5

1 빈칸에 알맞은 수를 써넣으시오.

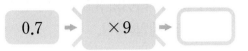

$$0.7 \rightarrow \times 9 \rightarrow \boxed{}$$

2 계산 결과가 <u>다른</u> 것을 찾아 기호를 써 보시오.

> ㉠ $0.29 + 0.29$ ㉡ 0.29×2
>
> ㉢ $\dfrac{29 \times 2}{10}$ ㉣ $\dfrac{29}{100} \times 2$

(   )

3 계산 결과를 찾아 선으로 이어 보시오.

1.3×6 •   • 6.8

4×1.7 •   • 7.8

1.4×7 •   • 9.8

4 빈칸에 알맞은 수를 써넣으시오.

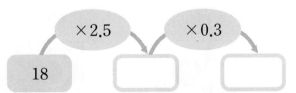

5 잘못 계산한 곳을 찾아 바르게 계산해 보시오.

$$29 \times 0.05 = 29 \times \frac{5}{1000} = \frac{29 \times 5}{1000}$$
$$= \frac{145}{1000} = 0.145$$

$29 \times 0.05 = $ _____

_____

6 어림하여 계산 결과가 3보다 작은 것을 찾아 ◯표 하시오.

> 0.51×7 0.29×9 0.9×9

7 계산 결과가 35보다 작은 것을 모두 찾아 기호를 써 보시오.

> ㉠ 35×1.04 ㉡ 35×0.7
>
> ㉢ 35×0.98 ㉣ 35×4.6

(   )

8 계산 결과의 크기를 비교하여 ◯ 안에 >, =, <를 알맞게 써넣으시오

(1) 0.8×13 ◯ 14×0.6

(2) 1.2×8 ◯ 2×4.83

9 계산 결과를 잘못 나타낸 것을 찾아 기호를 써 보시오.

> ㉠ $8 \times 2.4 = 19.2$
> ㉡ $75 \times 0.28 = 21$
> ㉢ $13 \times 1.9 = 24.7$
> ㉣ $29 \times 0.65 = 18.8$

( )

10 다음이 나타내는 수와 82의 곱은 얼마입니까?

> 0.01이 19개인 수

( )

교과 역량 의사소통, 정보 처리   개념 확인 서술형

11 계산 결과를 잘못 어림한 사람의 이름을 쓰고, 잘못 어림한 부분을 바르게 고쳐 보시오.

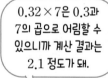

0.32×7은 0.3과 7의 곱으로 어림할 수 있으니까 계산 결과는 2.1 정도가 돼.

78과 5의 곱은 약 400이니까 0.78과 5의 곱은 40 정도가 돼.

 유주

 정훈

답 |

_____

_____

12 올해 윤지의 나이는 12세입니다. 아버지의 나이가 윤지의 나이의 3.5배일 때, 윤지 아버지의 나이는 몇 세입니까?

( )

13 어느 기념주화의 두께는 1.6 mm입니다. 이 기념주화 7개를 쌓은 높이는 몇 mm입니까?

( )

14 한 변의 길이가 13.4 cm인 정육각형의 둘레는 몇 cm입니까?

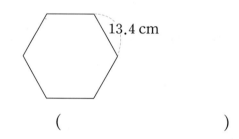

13.4 cm

( )

교과 역량 추론

15 어느 날 튀르키예 돈의 환율이 다음과 같을 때 우리나라 돈 4000원을 튀르키예 돈으로 바꾸면 얼마입니까?

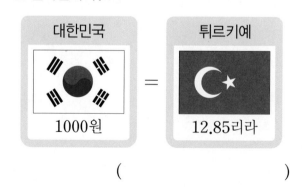

대한민국		튀르키예
1000원	=	12.85리라

( )

16 ☐ 안에 알맞은 행성의 이름을 써넣으시오.

> • 화성에서 잰 몸무게는 지구에서 잰 몸무게의 약 0.38배입니다.
> • 금성에서 잰 몸무게는 지구에서 잰 몸무게의 약 0.91배입니다.

> 지구에서 준수의 몸무게는 37 kg입니다. 준수가 ☐에서 몸무게를 재면 약 34 kg일 것입니다.

17 현우는 매일 공원에서 0.6 km씩 달리기 운동을 합니다. 현우가 2주일 동안 달리기 운동을 한 거리는 몇 km입니까?

(   )

18 우유 5 L가 있습니다. 우유를 한 컵에 0.75 L씩 컵 6개에 따른다면 남는 우유는 몇 L입니까?

(   )

19 ☐ 안에 들어갈 수 있는 자연수를 모두 구해 보시오.

$$20.8 < ☐ < 24 \times 0.97$$

(   )

20 수 카드 4장 중에서 3장을 뽑아 한 번씩만 사용하여 가장 작은 소수 한 자리 수를 만들었습니다. 사용하지 않은 수 카드의 수와 만든 소수 한 자리 수의 곱은 얼마입니까?

7 2 6 4

(   )

교과서 **pick**

21 진수와 연희의 대화를 읽고 누구의 찰흙이 몇 kg 더 무거운지 구해 보시오.

나는 1개에 1.12 kg인 찰흙 4개를 뭉쳤어.

진수

나는 1개에 0.9 kg인 찰흙 5개를 뭉쳤어.

연희

(,   )

5 1보다 작은 소수끼리의 곱셈

0.5×0.9의 계산

방법1 소수를 분수로 바꾸어 분수의 곱셈으로 계산하기

$$0.5 \times 0.9 = \frac{5}{10} \times \frac{9}{10} = \frac{5 \times 9}{100} = \frac{45}{100} = 0.45$$

방법2 자연수의 곱셈을 이용하여 계산하기

$$5 \times 9 = 45$$

$\frac{1}{10}$ 배 $\frac{1}{10}$ 배 $\frac{1}{100}$ 배

$$0.5 \times 0.9 = 0.45$$

세로로 계산하기

	5		$\frac{1}{10}$배 →		0.5
×	9		$\frac{1}{10}$배 →	×	0.9
4	5		$\frac{1}{100}$배 →	0.	4 5

예제

1 0.08×0.8을 어떻게 계산하는지 두 가지 방법으로 알아보시오.

방법1 소수를 분수로 바꾸어 분수의 곱셈으로 계산하기

$$0.08 \times 0.8 = \frac{\boxed{}}{100} \times \frac{8}{10} = \frac{\boxed{} \times 8}{1000} = \frac{\boxed{}}{1000} = \boxed{}$$

방법2 자연수의 곱셈을 이용하여 계산하기

$$8 \times 8 = \boxed{}$$
$$\Rightarrow 0.08 \times 0.8 = \boxed{}$$

세로로 계산하기

$$\begin{array}{r} 8 \\ \times\ 8 \\ \hline \boxed{} \end{array} \Rightarrow \begin{array}{r} 0.0\,8 \\ \times\ \ 0.8 \\ \hline \boxed{} \end{array}$$

유제

2 계산해 보시오.

(1) 0.7×0.4

(2) 0.29×0.6

(3) 0.8×0.31

(4) 0.65×0.12

6 1보다 큰 소수끼리의 곱셈

4단원

1.3 × 2.12의 계산

방법 1 소수를 분수로 바꾸어 분수의 곱셈으로 계산하기

$$1.3 \times 2.12 = \frac{13}{10} \times \frac{212}{100} = \frac{13 \times 212}{1000} = \frac{2756}{1000} = 2.756$$

방법 2 자연수의 곱셈을 이용하여 계산하기

$$13 \times 212 = 2756$$

$\frac{1}{10}$배 $\frac{1}{100}$배 $\frac{1}{1000}$배

$$1.3 \times 2.12 = 2.756$$

세로로 계산하기

$$
\begin{array}{r}
1\ 3 \\
\times\ 2\ 1\ 2 \\
\hline
2\ 7\ 5\ 6
\end{array}
$$

$\frac{1}{10}$배 → 1.3

$\frac{1}{100}$배 →

$\frac{1}{1000}$배 →

$$
\begin{array}{r}
1.3 \\
\times\ 2.1\ 2 \\
\hline
2.7\ 5\ 6
\end{array}
$$

예제

3 1.52 × 3.4를 어떻게 계산하는지 두 가지 방법으로 알아보시오.

방법 1 소수를 분수로 바꾸어 분수의 곱셈으로 계산하기

$$1.52 \times 3.4 = \frac{\boxed{}}{100} \times \frac{34}{10} = \frac{\boxed{} \times 34}{1000} = \frac{\boxed{}}{1000} = \boxed{}$$

방법 2 자연수의 곱셈을 이용하여 계산하기

$$152 \times 34 = \boxed{}$$

$$\Rightarrow 1.52 \times 3.4 = \boxed{}$$

세로로 계산하기

$$
\begin{array}{r}
1\ 5\ 2 \\
\times\ \ \ 3\ 4 \\
\hline
\boxed{}
\end{array}
\Rightarrow
\begin{array}{r}
1.5\ 2 \\
\times\ \ \ 3.4 \\
\hline
\boxed{}
\end{array}
$$

유제

4 계산해 보시오.

(1) 3.5×2.7

(2) 1.85×9.8

(3) 5.9×1.42

(4) 4.03×3.26

7 곱의 소수점 위치

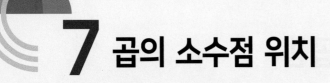

○ **자연수와 소수의 곱셈에서 곱의 소수점 위치**

• 소수에 곱하는 수가 10, 100, 1000으로 10배씩 될 때, 곱의 소수점 위치

> **곱하는 수가 10배 될 때마다**
> **곱의 소수점 위치가**
> **오른쪽으로 한 자리씩 옮겨집니다.**

$2.35 \times 1 = 2.35$
$2.35 \times 10 = 23.5$ → 소수점이 오른쪽으로 한 자리 이동
$2.35 \times 100 = 235$ → 소수점이 오른쪽으로 두 자리 이동
$2.35 \times 1000 = 2350$ → 소수점이 오른쪽으로 세 자리 이동

• 자연수에 곱하는 수가 0.1, 0.01, 0.001로 $\frac{1}{10}$배씩 될 때, 곱의 소수점 위치

> **곱하는 수가 $\frac{1}{10}$배 될 때마다**
> **곱의 소수점 위치가**
> **왼쪽으로 한 자리씩 옮겨집니다.**

$742 \times 1 = 742$
$742 \times 0.1 = 74.2$ → 소수점이 왼쪽으로 한 자리 이동
$742 \times 0.01 = 7.42$ → 소수점이 왼쪽으로 두 자리 이동
$742 \times 0.001 = 0.742$ → 소수점이 왼쪽으로 세 자리 이동

○ **소수끼리의 곱셈에서 곱의 소수점 위치**

> 곱하는 두 수의 소수점 아래 자리 수를 더한 것은 곱의 소수점 아래 자리 수와 같습니다.

$0.7 \times 0.8 = 0.56$ → (소수 한 자리 수)×(소수 한 자리 수)=(소수 두 자리 수)
$0.7 \times 0.08 = 0.056$ → (소수 한 자리 수)×(소수 두 자리 수)=(소수 세 자리 수)
$0.07 \times 0.08 = 0.0056$ → (소수 두 자리 수)×(소수 두 자리 수)=(소수 네 자리 수)

예제 5

곱의 소수점 위치를 생각하여 □ 안에 알맞은 수를 써넣으시오.

(1) $3.72 \times 10 = 37.2$

$3.72 \times 100 = \boxed{}$

$3.72 \times 1000 = \boxed{}$

(2) $916 \times 0.1 = 91.6$

$916 \times 0.01 = \boxed{}$

$916 \times 0.001 = \boxed{}$

예제 6

〈보기〉를 보고 □ 안에 알맞은 수를 써넣으시오.

> 〈보기〉
> $83 \times 14 = 1162$

(1) $8.3 \times 1.4 = \boxed{}$

(2) $8.3 \times 0.14 = \boxed{}$

한번 더 **확인**

❺~❻ (소수) × (소수)

1
$$\begin{array}{r} 0.6 \\ \times\ 0.4 \\ \hline \end{array}$$

2
$$\begin{array}{r} 2.3 \\ \times\ 1.7 \\ \hline \end{array}$$

3
$$\begin{array}{r} 0.5\,1 \\ \times\ \ \ 0.8 \\ \hline \end{array}$$

4
$$\begin{array}{r} 3.9 \\ \times\ 2.2 \\ \hline \end{array}$$

5
$$\begin{array}{r} 0.2 \\ \times\ 0.4\,5 \\ \hline \end{array}$$

6
$$\begin{array}{r} 1.0\,3 \\ \times\ \ \ 6.4 \\ \hline \end{array}$$

7
$$\begin{array}{r} 0.1\,3 \\ \times\ 0.8\,5 \\ \hline \end{array}$$

8
$$\begin{array}{r} 5.7 \\ \times\ 3.8\,1 \\ \hline \end{array}$$

9
$$\begin{array}{r} 4.5\,8 \\ \times\ 2.1\,6 \\ \hline \end{array}$$

10 0.14×0.9

11 6.1×2.9

12 3.62×7.5

13 0.3×0.48

14 0.46×0.27

15 2.5×4.09

1 빈칸에 알맞은 수를 써넣으시오.

×	
0.65	0.7
8.2	3.4

2 어림하여 0.71×0.46의 계산 결과를 찾아 기호를 써 보시오.

㉠ 32.66　　㉡ 3.266　　㉢ 0.3266

( )

3 어림하여 계산 결과가 14보다 큰 것을 찾아 ○표 하시오.

6.2×1.9　　3.6×4.1　　4.5×2.7

( )　( )　( )

4 계산 결과가 다른 것을 찾아 기호를 써 보시오.

㉠ 1.41×10　　㉡ 141×0.01
㉢ 0.141×100　　㉣ 14100×0.001

( )

5 〔보기〕를 이용하여 식을 완성해 보시오.

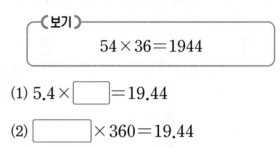
〔보기〕
$54 \times 36 = 1944$

(1) $5.4 \times \boxed{} = 19.44$

(2) $\boxed{} \times 360 = 19.44$

6 가장 큰 수와 가장 작은 수의 곱을 구해 보시오.

| 2.08 | 1.9 | 4.46 | 1.955 |

( )

7 ☐ 안에 알맞은 수가 가장 큰 것을 찾아 기호를 써 보시오.

㉠ $295 \times \square = 29.5$
㉡ $40.6 \times \square = 406$
㉢ $0.083 \times \square = 8.3$

( )

8 정사각형의 넓이는 몇 m^2입니까?

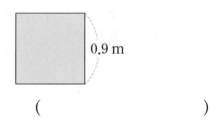
0.9 m

( )

9 교과 역량 문제 해결, 정보 처리

무게가 1 m에 1.56 kg인 철근이 있습니다. 이 철근의 길이가 10 m, 100 m, 111 m일 때, 각각의 무게는 몇 kg입니까? (단, 철근의 굵기는 일정합니다.)

철근의 길이(m)	철근의 무게(kg)
10	
100	
111	

10 ☐ 안에 들어갈 수 있는 가장 큰 자연수는 얼마입니까?

☐ < 6.4 × 3.8

( )

11 교과 역량 문제 해결 [서술형]

학교에서 은행까지의 거리는 집에서 학교까지의 거리의 0.36배입니다. 집에서 학교를 지나 은행까지 가는 거리는 몇 km인지 풀이 과정을 쓰고 답을 구해 보시오.

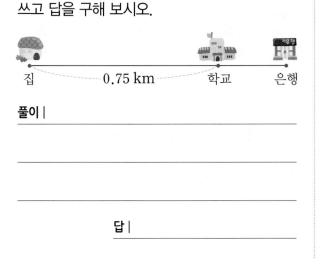

집 0.75 km 학교 은행

풀이 |

답 |

12 지민이가 계산기로 0.45 × 0.2를 계산하려고 두 수를 눌렀는데 수 하나의 소수점 위치를 잘못 눌러서 계산 결과가 0.9가 나왔습니다. 지민이가 계산기에 누른 두 수를 써 보시오.

☐ × ☐

13 한 시간에 0.04 m씩 일정한 빠르기로 타는 양초가 있습니다. 이 양초에 불을 붙이고 45분 동안 태웠다면 탄 양초의 길이는 몇 m입니까?

( )

14 사과는 한 상자에 4.25 kg씩 10상자 있고, 딸기는 한 상자에 409 g씩 100상자 있습니다. 전체 사과와 전체 딸기 중 어느 것이 몇 kg 더 무겁습니까?

(,)

예제 **1**
현아의 몸무게는 41 kg입니다. 아버지의 몸무게는 현아의 몸무게의 1.8배이고, 어머니의 몸무게는 아버지의 몸무게의 0.7배입니다. 어머니의 몸무게는 몇 kg입니까?

( )

유제 **1**
일주일 동안 마신 물을 비교해 보니 세미는 승민이의 0.9배만큼 마셨고, 태강이는 세미의 1.3배만큼 마셨습니다. 승민이가 일주일 동안 물 3 L를 마셨다면 태강이가 일주일 동안 마신 물은 몇 L입니까?

( )

예제 **2**
$21 \times 16 = 336$임을 이용하여 ㉠은 ㉡의 몇 배인지 구해 보시오.

| ㉠ 2.1×1.6 | ㉡ 0.21×0.16 |

( )

유제 **2**
$109 \times 47 = 5123$임을 이용하여 ㉠은 ㉡의 몇 배인지 구해 보시오.

| ㉠ 1.09×47 | ㉡ 10.9×0.47 |

( )

교과서 pick

예제 **3**
어떤 소수에 7.2를 곱해야 할 것을 잘못하여 더했더니 11.07이 되었습니다. 바르게 계산한 값은 얼마입니까?

( )

유제 **3**
어떤 소수에 0.15를 곱해야 할 것을 잘못하여 뺐더니 0.67이 되었습니다. 바르게 계산한 값은 얼마입니까?

( )

교과서 pick

예제 4
다음과 같은 직사각형의 가로를 1.2배, 세로를 1.7배 하여 새로운 직사각형을 만들려고 합니다. 새로운 직사각형의 넓이는 몇 m²입니까?

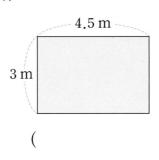

4.5 m

3 m

(   )

유제 4
다음과 같은 정사각형의 가로를 1.3배, 세로를 0.75배 하여 새로운 직사각형을 만들려고 합니다. 새로운 직사각형의 넓이는 몇 cm²입니까?

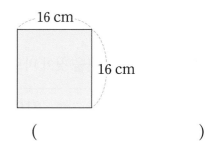

16 cm

16 cm

(   )

예제 5
직선 도로의 한쪽에 처음부터 끝까지 나무 14그루를 8.3 m 간격으로 심었습니다. 이 도로의 길이는 몇 m입니까? (단, 나무의 두께는 생각하지 않습니다.)

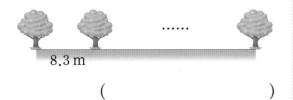

8.3 m

(   )

유제 5
직선 도로의 한쪽에 처음부터 끝까지 화분 15개를 2.9 m 간격으로 놓았습니다. 이 도로의 길이는 몇 m입니까? (단, 화분의 두께는 생각하지 않습니다.)

2.9 m

(   )

예제 6
수 카드 4장을 한 번씩 모두 사용하여 소수 한 자리 수의 곱셈식을 만들려고 합니다. 곱이 가장 큰 곱셈식을 만들고, 계산해 보시오.

| 1 | 4 | 6 | 7 |

□.□ × □.□ = □

유제 6
수 카드 4장을 한 번씩 모두 사용하여 소수 한 자리 수의 곱셈식을 만들려고 합니다. 곱이 가장 작은 곱셈식을 만들고, 계산해 보시오.

| 2 | 3 | 5 | 8 |

□.□ × □.□ = □

1 28×56=1568입니다. □ 안에 알맞은 수를 써넣으시오.

$$28 \times 0.056 = \boxed{}$$

2 <u>잘못</u> 계산한 곳을 찾아 바르게 계산해 보시오.

$$3 \times 2.16 = 3 \times \frac{216}{10} = \frac{3 \times 216}{10}$$
$$= \frac{648}{10} = 64.8$$

$3 \times 2.16 =$ _____

_____

3 계산 결과를 찾아 선으로 이어 보시오.

0.7×25 •

6.5×3 •

• 19.5

• 17.5

• 15.5

4 빈칸에 두 수의 곱을 써넣으시오.

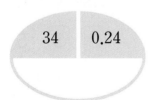

5 빈칸에 알맞은 수를 써넣으시오.

6 곱의 소수점을 <u>잘못</u> 찍은 것은 어느 것입니까? ( )
① 12.6×35=441
② 1.26×3.5=4.41
③ 126×0.35=44.1
④ 12.6×3.5=4.41
⑤ 0.126×0.35=0.0441

7 계산 결과가 13보다 큰 것을 모두 찾아 기호를 써 보시오.

| ㉠ 13×1.02 | ㉡ 13×0.87 |
| ㉢ 13×2.6 | ㉣ 13×0.9 |

( )

8 계산 결과의 크기를 비교하여 ◯ 안에 >, =, <를 써넣으시오.

$$7.6 \times 4 \bigcirc 5.8 \times 4.7$$

• 정답 26쪽

교과서에 꼭 나오는 문제

9 계산 결과가 가장 작은 것을 찾아 기호를 써 보시오.

> ㉠ 457×0.1 ㉡ 45.7×0.001
> ㉢ 0.0457×10 ㉣ 457×0.01

(　　　　　　)

10 강훈이가 밀가루 0.8 kg의 0.4배만큼을 사용하여 식빵을 만들었습니다. 식빵을 만드는 데 사용한 밀가루는 몇 kg입니까?

(　　　　　　)

교과서에 꼭 나오는 문제

11 가진이는 매일 운동장에서 1.2 km씩 걷기 운동을 합니다. 가진이가 일주일 동안 걷기 운동을 한 거리는 몇 km입니까?

(　　　　　　)

잘 틀리는 문제

12 종인이는 물을 4 L의 0.26배만큼 마셨고 민기는 물을 1.2 L 마셨습니다. 물을 누가 몇 L 더 많이 마셨습니까?

(　　　　, 　　　　)

13 수 카드 4장 중에서 3장을 뽑아 한 번씩만 사용하여 가장 큰 소수 한 자리 수를 만들었습니다. 사용하지 않은 수 카드의 수와 만든 소수 한 자리 수의 곱은 얼마입니까?

3   9   4   6

(　　　　　　)

14 평행사변형의 넓이는 몇 cm^2입니까?

4.1 cm

2.9 cm

(　　　　　　)

15 철사를 한 사람에게 1.35 m씩 25명에게 나누어 주었더니 60 cm가 남았습니다. 처음 철사의 길이는 몇 m입니까?

(   )

16 어떤 소수에 0.26을 곱해야 할 것을 잘못하여 더했더니 1.01이 되었습니다. 바르게 계산한 값은 얼마입니까?

(   )

17 직선 도로의 한쪽에 처음부터 끝까지 가로등 12개를 20.4 m 간격으로 세웠습니다. 이 도로의 길이는 몇 m입니까? (단, 가로등의 두께는 생각하지 않습니다.)

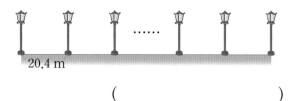
20.4 m

(   )

서술형 **문제**

18 □ 안에 알맞은 수가 더 큰 것의 기호를 쓰려고 합니다. 풀이 과정을 쓰고 답을 구해 보시오.

> ㉠ $27.8 \times \square = 2780$
> ㉡ $\square \times 278 = 2.78$

풀이 |

답 |

19 □ 안에 들어갈 수 있는 자연수를 모두 구하려고 합니다. 풀이 과정을 쓰고 답을 구해 보시오.

> $12 \times 3.4 < \square < 43.7$

풀이 |

답 |

20 가로가 4 m, 세로가 1.8 m인 직사각형이 있습니다. 이 직사각형의 가로를 0.9배, 세로를 1.5배 하여 만든 새로운 직사각형의 넓이는 몇 m²인지 풀이 과정을 쓰고 답을 구해 보시오.

풀이 |

답 |

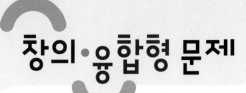

창의·융합형 문제

정답 27쪽

4
단원

1 태극기 알아보기

태극기는 1883년 조선의 정식 국기로 제정된 후 지금까지 우리 나라를 상징하는 국기로 사용되고 있습니다.
태극기는 흰색 바탕에 가운데 원 모양의 태극 문양과 네 모서리의 건곤감리 사괘로 구성되어 있으며 태극 문양의 지름에 따라 태극기의 가로와 세로의 길이가 정해집니다.

(지름)×3
(지름)×2
지름

민희는 원 모양의 태극 문양의 반지름이 0.15 m인 태극기를 만들려고 합니다. 민희가 만들려고 하는 직사각형 모양의 태극기의 둘레는 몇 m입니까?

(   )

2 탄소 발자국 알아보기

탄소 발자국은 인간이나 동물이 걸을 때 발자국을 남기는 것처럼 우리가 생활하면서 직접적 또는 간접적으로 발생시키는 이산화 탄소의 총량을 의미합니다.
탄소 발자국은 무게의 단위인 kg 또는 우리가 심어야 하는 나무 수로 나타냅니다.

창준이는 전기 사용량을 줄여 탄소 발자국 줄이기 실천 운동을 하려고 합니다. 다음은 각 방법에 따른 이산화 탄소 감소량을 나타낸 표입니다. 창준이가 TV 시청을 2시간, 컴퓨터 사용을 3시간 줄였을 때 감소한 이산화 탄소는 모두 몇 kg입니까?

각 방법에 따른 이산화 탄소 감소량

TV 시청 1시간 줄이기	이산화 탄소 0.59 kg 감소
컴퓨터 사용 1시간 줄이기	이산화 탄소 0.48 kg 감소

(   )

퍼즐 속 단어를 맞혀라!

↻ 가로 힌트와 세로 힌트를 보고 퍼즐 속 단어를 맞혀 보세요.

→ 가로 힌트

2 장소, 미술품, 전시

4 학교, 여름, 휴식

6 동물, 긴 목, 얼룩점

8 학용품, 연필, 고무

↓ 세로 힌트

1 꽃, 가시, 덩굴○○

3 직업, 불, 호스

5 이동 수단, 날개, 하늘

7 동물, 코, 저금통

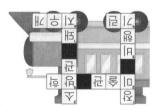

도형
길잡이

도형을
재미있게
공부하기

5

직육면체

1 직육면체

|도형 길잡이|

🔄 직육면체 → 直六面體(곧을 직, 여섯 육, 낯 면, 몸 체)

> **직육면체: 직사각형 6개로 둘러싸인 도형**

직육면체의 면 읽는 방법

면의 한 점을 기준으로 시계 방향 또는 시계 반대 방향으로 기호를 읽습니다.

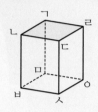

🔄 직육면체의 구성 요소

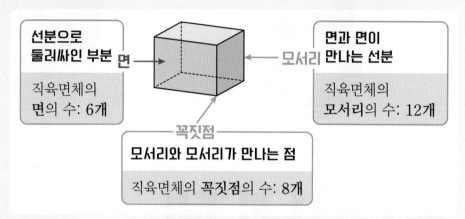

선분으로 둘러싸인 부분 **면** →

직육면체의 **면의 수: 6개**

모서리 ← 면과 면이 만나는 선분

직육면체의 **모서리의 수: 12개**

꼭짓점
모서리와 모서리가 만나는 점

직육면체의 **꼭짓점**의 수: 8개

⇨ 면 ㄱㄴㄷㄹ, 면 ㄴㄷㄹㄱ,
   면 ㄱㄹㄷㄴ……

예제 1

직육면체를 모두 찾아 써 보시오.

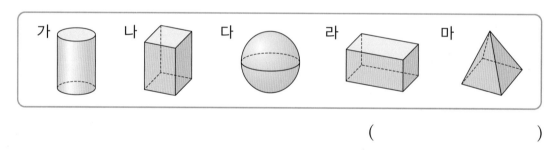

가   나   다   라   마

(   )

예제 2

직육면체를 보고 ☐ 안에 각 부분의 이름을 써넣으시오.

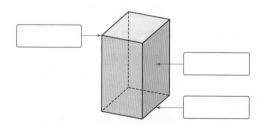

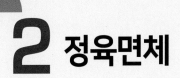

2 정육면체

|도형 길잡이|

● **정육면체** → 正六面體(바를 정, 여섯 육, 낯 면, 몸 체)

정육면체: 정사각형 6개로 둘러싸인 도형

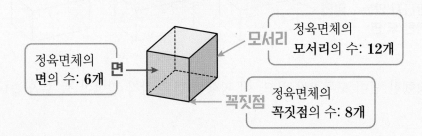

정육면체의
면의 수: **6개**

모서리

정육면체의
모서리의 수: **12개**

꼭짓점

정육면체의
꼭짓점의 수: **8개**

● **직육면체와 정육면체의 비교**

같은 점	다른 점		
직육면체와 정육면체는 **면, 모서리, 꼭짓점**의 수가 6개 12개 8개 각각 서로 **같습니다.**		면의 모양	모서리의 길이
	직육면체	직사각형	다를 수 있습니다. ← 길이가 같은 모서리가 4개씩 3쌍 있습니다.
	정육면체	정사각형	모두 같습니다.

참고 **직육면체와 정육면체의 관계**
• 정육면체는 직육면체라고 할 수 있습니다. → 정사각형은 직사각형이라고 할 수 있기 때문입니다.
• 직육면체는 정육면체라고 할 수 없습니다. → 직사각형은 정사각형이라고 할 수 없기 때문입니다.

예제
3 정육면체를 모두 찾아 써 보시오.

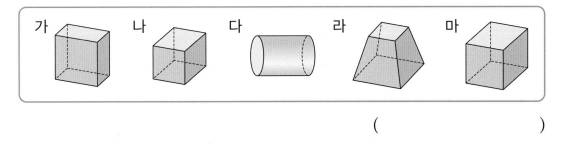

가   나   다   라   마

(   )

유제
4 정육면체를 보고 빈칸에 알맞게 써넣으시오.

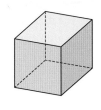

면의 모양	
면의 수(개)	
모서리의 수(개)	
꼭짓점의 수(개)	

3 직육면체의 성질

직육면체의 밑면

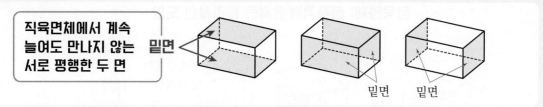

직육면체에서 계속
늘여도 만나지 않는 **밑면**
서로 평행한 두 면

밑면 밑면

➡ 직육면체에는 평행한 면이 모두 **3쌍** 있고, 이 평행한 면은 각각 밑면이 될 수 있습니다.

직육면체의 옆면

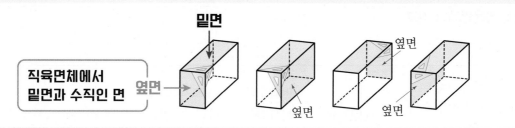

밑면

직육면체에서
밑면과 수직인 면 옆면

옆면 옆면

옆면

➡ 직육면체에서 한 면과 수직인 면은 모두 **4개**입니다.

예제

5 직육면체에서 색칠한 면과 평행한 면을 찾아 각각 색칠해 보시오.

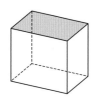 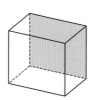 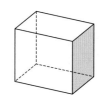

예제

6 (보기)의 직육면체에서 색칠한 면과 수직인 면을 바르게 색칠한 것을 모두 찾아 기호를 써 보시오.

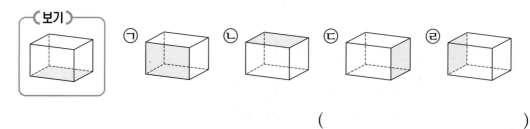

(   )

한번 더 확인

❶~❸ 직육면체와 정육면체

❶ 직육면체 / ❷ 정육면체

1 직육면체를 모두 찾아 '직'이라고 쓰고, 정육면체를 모두 찾아 '정'이라고 써 보시오.

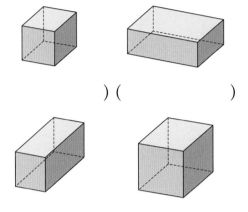

(   ) (   )

(   ) (   )

❷ 정육면체

(2~4) 직육면체와 정육면체에 대하여 바르게 설명한 것에 ◯표, 틀리게 설명한 것에 ✕표 하시오.

2
> 직육면체와 정육면체는 면의 수가 같습니다.

(   )

3
> 직육면체는 모든 모서리의 길이가 같습니다.

(   )

4
> 정육면체는 직육면체라고 할 수 있습니다.

(   )

❸ 직육면체의 성질

(5~6) 직육면체를 보고 물음에 답하시오.

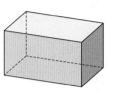

5 직육면체에서 서로 평행한 면은 모두 몇 쌍입니까?

(   )

6 직육면체에서 한 면과 수직인 면은 모두 몇 개입니까?

(   )

❸ 직육면체의 성질

(7~8) 정육면체를 보고 물음에 답하시오.

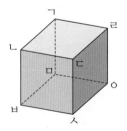

7 면 ㄱㄴㄷㄹ과 서로 평행한 면을 찾아 써 보시오.

(   )

8 면 ㄴㅂㅁㄱ과 수직인 면을 모두 찾아 써 보시오.

_____

실전문제

1 직육면체가 아닌 것을 찾아 써 보시오.

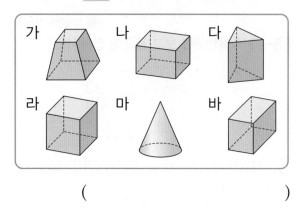

( )

2 직육면체에서 밑면이 될 수 있는 두 면은 모두 몇 쌍입니까?

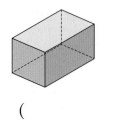

( )

3 직육면체의 ☐ 안에 알맞은 수를 써넣으시오.

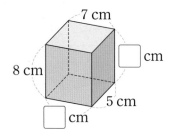

4 정육면체를 위에서 본 모양은 어떤 도형입니까?

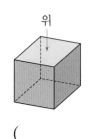

( )

5 직육면체의 성질에 대하여 잘못 설명한 사람의 이름을 쓰고, 바르게 고쳐 보시오.

- 성원: 서로 평행한 면은 모두 3쌍이야.
- 승용: 한 모서리에서 만나는 두 면은 서로 수직이야.
- 도현: 한 면과 수직으로 만나는 면은 모두 5개야.

( )

바르게 고치기 |

6 직육면체와 정육면체의 공통점을 모두 찾아 기호를 써 보시오.

㉠ 꼭짓점이 모두 8개입니다.
㉡ 면이 모두 정사각형입니다.
㉢ 모서리의 길이가 모두 다릅니다.
㉣ 평행한 면이 모두 3쌍 있습니다.

( )

개념 확인 **서술형**

7 다음 도형이 직육면체가 아닌 이유를 써 보시오.

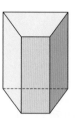

이유 |

교과 역량 문제 해결, 추론

8 직육면체에서 색칠한 두 면에 공통으로 수직인 면은 모두 몇 개입니까?

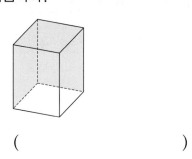

( )

9 정육면체에서 면, 모서리, 꼭짓점의 수의 합은 몇 개입니까?

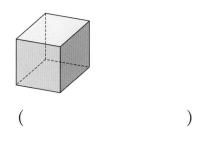

( )

10 한 모서리의 길이가 7 cm인 정육면체의 모든 모서리의 길이의 합은 몇 cm입니까?

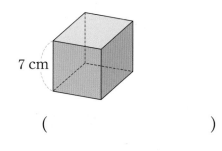

7 cm

( )

11 오른쪽 직육면체에서 두 면 사이의 관계가 다른 하나를 찾아 기호를 써 보시오.

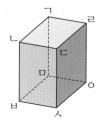

㉠ 면 ㄱㄴㄷㄹ과 면 ㄷㅅㅇㄹ
㉡ 면 ㄴㅂㅁㄱ과 면 ㄴㅂㅅㄷ
㉢ 면 ㄴㅂㅅㄷ과 면 ㄱㅁㅇㄹ
㉣ 면 ㅁㅂㅅㅇ과 면 ㄷㅅㅇㄹ

( )

교과서 pick

12 직육면체에서 색칠한 면과 평행한 면의 모든 모서리의 길이의 합은 몇 cm입니까?

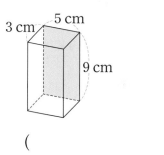

5 cm
3 cm
9 cm

( )

교과 역량 창의·융합

13 주사위의 마주 보는 면의 눈의 수의 합은 7입니다. 4의 눈이 그려진 면과 수직인 면의 눈의 수를 모두 써 보시오.

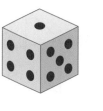

( )

4 직육면체의 겨냥도

○ 직육면체의 겨냥도

직육면체의 겨냥도: 직육면체 모양을 잘 알 수 있도록 나타낸 그림

겨냥도에서 보이는 모서리는 실선으로, 보이지 않는 모서리는 점선으로 그립니다.

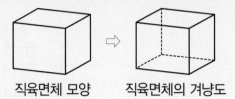

직육면체 모양　　　직육면체의 겨냥도

○ 직육면체의 겨냥도에서 구성 요소의 수

보이는 부분			보이지 않는 부분		
면의 수(개)	모서리의 수(개)	꼭짓점의 수(개)	면의 수(개)	모서리의 수(개)	꼭짓점의 수(개)
3	9	7	3	3	1

예제

1 직육면체의 겨냥도를 바르게 그린 것을 찾아 써 보시오.

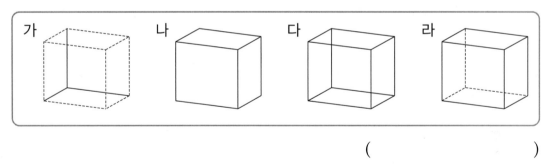

(　　　　　　　　　　)

예제

2 정육면체의 겨냥도를 보고 빈칸에 알맞은 수를 써넣으시오.

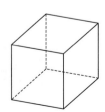

	보이는 부분	보이지 않는 부분
면의 수(개)		
모서리의 수(개)		
꼭짓점의 수(개)		

5 직육면체의 전개도

○ 직육면체의 전개도 → 展開圖(펼 전, 열 개, 그림 도)

> **직육면체의 전개도:**
> **직육면체의 모서리를 잘라서 펼친 그림**
>
> 전개도에서 **잘린 모서리는 실선**으로,
> **잘리지 않은 모서리는 점선**으로 나타냅니다.

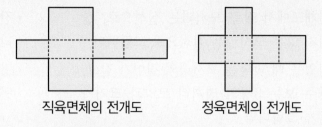

직육면체의 전개도   정육면체의 전개도

○ **직육면체의 전개도 알아보기**

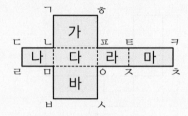

전개도를 접었을 때
• 점 ㅎ과 만나는 점: 점 ㅌ
• 선분 ㄴㄷ과 맞닿는 선분: 선분 ㄴㄱ
• 면 가와 평행한 면: 면 바

○ **정육면체의 전개도 알아보기**

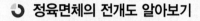
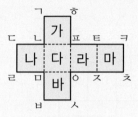

전개도를 접었을 때
• 점 ㄹ과 만나는 점: 점 ㅂ, 점 ㅊ
• 선분 ㄷㄹ과 맞닿는 선분: 선분 ㅋㅊ
• 면 마와 평행한 면: 면 다

예제 3 직육면체의 전개도를 모두 찾아 써 보시오.

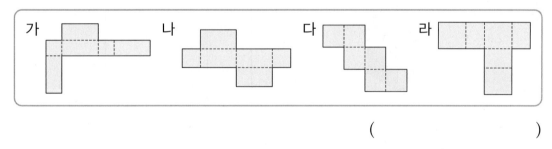

가   나   다   라

(   )

예제 4 정육면체의 전개도를 모두 찾아 써 보시오.

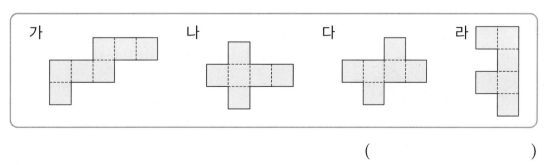

가   나   다   라

(   )

6 직육면체의 전개도 그리기

직육면체의 전개도 그리기

• 전개도에서 잘린 모서리는 실선으로, 잘리지 않은 모서리는 점선으로 그립니다.

• 접었을 때 맞닿는 모서리의 길이가 같고, 마주 보는 3쌍의 면끼리 모양과 크기가 같게 그립니다.

• 접었을 때 서로 겹치는 면이 없게 그립니다.

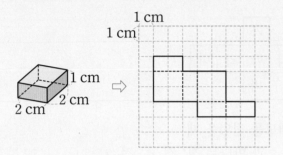

정육면체의 전개도 그리기

• 전개도에서 잘린 모서리는 실선으로, 잘리지 않은 모서리는 점선으로 그립니다.

• 정사각형 모양의 면 6개를 서로 겹치는 면이 없게 그립니다.

• 모든 모서리의 길이를 같게 그립니다.

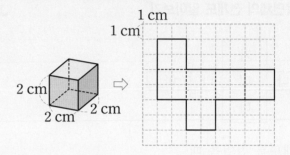

예제 5 직육면체를 보고 전개도를 완성해 보시오.

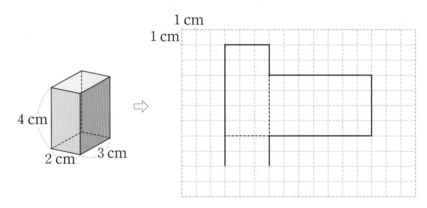

예제 6 정육면체를 보고 전개도를 완성해 보시오.

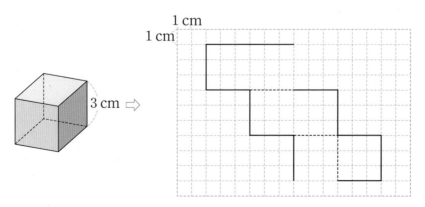

한 번 더 **확인**

④~⑥ 직육면체의 겨냥도와 전개도

④ 직육면체의 겨냥도

(1~2) 빠진 부분을 그려 넣어 **직육면체의 겨냥도를** 완성해 보시오.

1

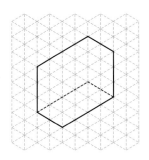

2

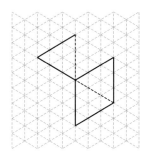

⑤ 직육면체의 전개도

(3~4) 전개도를 접어서 직육면체를 만들려고 합니다. 물음에 답하시오.

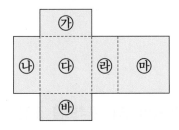

3 면 ㉮와 평행한 면을 찾아 써 보시오.

( )

4 면 ㉰와 수직인 면을 모두 찾아 써 보시오.

_____

⑥ 직육면체의 전개도 그리기

5 직육면체의 겨냥도를 보고 전개도를 완성해 보시오.

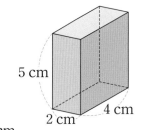

5 cm
2 cm 4 cm

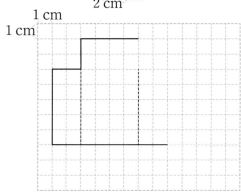

1 cm
1 cm

⑥ 직육면체의 전개도 그리기

6 정육면체의 겨냥도를 보고 전개도를 완성해 보시오.

2 cm

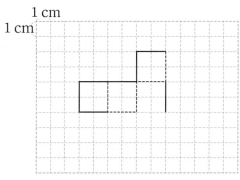

1 cm
1 cm

교과서 pick   교과서에 자주 나오는 문제
교과 역량   생각하는 힘을 키우는 문제

1 직육면체에서 보이지 않는 모서리를 점선으로 그려 넣으시오.

(1) 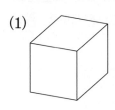   (2)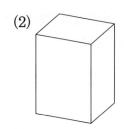

2 전개도를 접어서 직육면체를 만들었을 때 색칠한 면과 평행한 면에 색칠해 보시오.

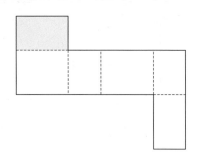

3 전개도를 접어서 정육면체를 만들었을 때 면 ㉮ 와 수직인 면에 모두 색칠해 보시오.

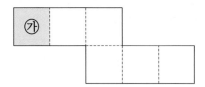

4 전개도를 접어서 직육면체를 만들려고 합니다. 선분 ㄷㄹ과 맞닿는 선분을 찾아 써 보시오.

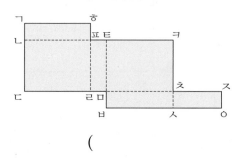

(   )

교과서 pick

5 직육면체의 전개도를 보고 ☐ 안에 알맞은 수를 써넣으시오.

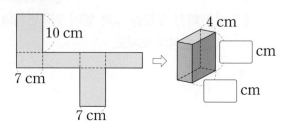

6 전개도를 접어서 만들 수 있는 직육면체의 기호를 써 보시오.

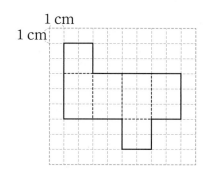

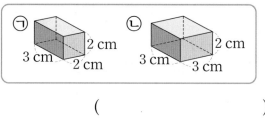

(   )

개념 확인 서술형

7 직육면체의 겨냥도를 잘못 그린 것입니다. 그 이유를 써 보시오.

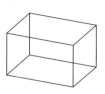

이유 |

8 직육면체에서 보이지 않는 모서리의 길이의 합은 몇 cm입니까?

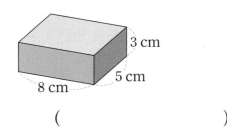

(   )

9 직육면체의 겨냥도에 대해 잘못 말한 친구는 누구입니까?

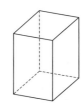

- 선주: 보이지 않는 면은 3개야.
- 민호: 보이는 면의 수와 보이지 않는 꼭 짓점 수의 합은 5개야.
- 인우: 보이지 않는 모서리의 수는 보이는 모서리의 수보다 6개 더 적어.

(   )

10 정육면체의 모서리를 잘라서 정육면체의 전개도를 만들었습니다. ▢ 안에 알맞은 기호를 써넣으시오.

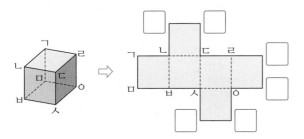

교과 역량   문제 해결, 정보 처리

11 다음은 잘못 그려진 정육면체의 전개도입니다. 면 1개를 옮겨 올바른 전개도를 그려 보시오.

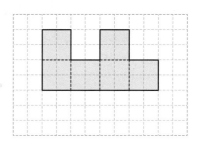

12 직육면체의 겨냥도를 보고 전개도를 그려 보시오.

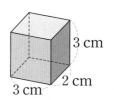

1 cm
1 cm

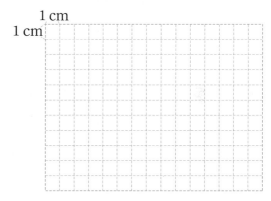

교과 역량   문제 해결, 추론

13 오른쪽 정육면체의 모든 모서리의 길이의 합은 72 cm입니다. 보이지 않는 모서리의 길이의 합은 몇 cm입니까?

(   )

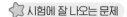
교과서 pick

예제 1

전개도를 접어서 주사위를 만들었을 때 주사위의 마주 보는 면의 눈의 수의 합은 7입니다. 전개도의 빈칸에 주사위의 눈을 알맞게 그려 보시오.

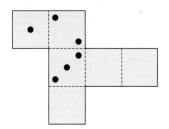

유제 1

전개도를 접어서 주사위를 만들었을 때 주사위의 마주 보는 면의 눈의 수의 합은 7입니다. 전개도의 빈칸에 주사위의 눈을 알맞게 그려 보시오.

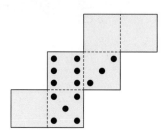

예제 2

직육면체 모양의 상자에 그림과 같이 색 테이프를 겹치지 않게 한 바퀴 둘러 붙였습니다. 직육면체의 전개도가 다음과 같을 때 색 테이프가 지나가는 자리를 바르게 그려 보시오.

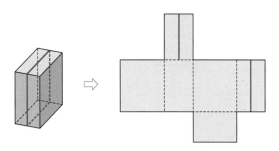

유제 2

직육면체 모양의 상자에 그림과 같이 색 테이프를 겹치지 않게 한 바퀴 둘러 붙였습니다. 직육면체의 전개도가 다음과 같을 때 색 테이프가 지나가는 자리를 바르게 그려 보시오.

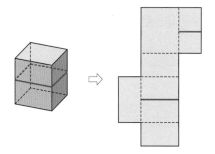

예제 3

직육면체를 위, 앞, 옆에서 본 모양을 그린 것입니다. ⬜ 안에 알맞은 수를 써넣으시오.

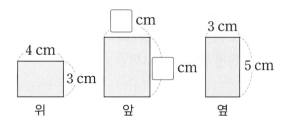

유제 3

직육면체를 위, 앞, 옆에서 본 모양을 그린 것입니다. ☐ 안에 알맞은 수를 써넣으시오.

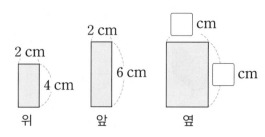

예제
4
정육면체의 전개도에서 색칠한 부분의 넓이의 합은 몇 cm²입니까?

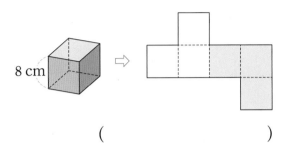

( )

유제
4
직육면체의 전개도에서 색칠한 부분의 넓이의 합은 몇 cm²입니까?

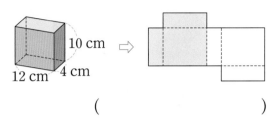

( )

예제
5
직육면체의 모든 모서리의 길이의 합이 112 cm일 때 ☐ 안에 알맞은 수를 써넣으시오.

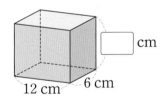

유제
5
직육면체의 모든 모서리의 길이의 합이 168 cm일 때 ☐ 안에 알맞은 수를 써넣으시오.

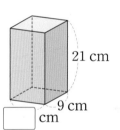

교과서 pick

예제
6
오른쪽 그림과 같이 직육면체 모양의 상자를 끈으로 묶었습니다. 매듭으로 사용한 끈의 길이가 20 cm일 때 사용한 끈의 길이는 모두 몇 cm입니까?

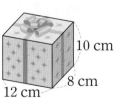

( )

유제
6
오른쪽 그림과 같이 직육면체 모양의 상자를 끈으로 묶었습니다. 매듭으로 사용한 끈의 길이가 25 cm일 때 사용한 끈의 길이는 모두 몇 cm입니까?

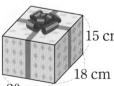

( )

1 직육면체와 정육면체를 각각 모두 찾아 써 보시오.

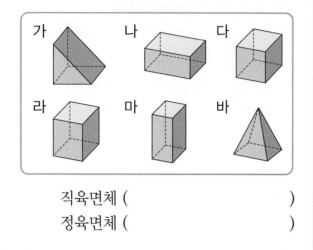

직육면체 (   )

정육면체 (   )

2 직육면체에서 색칠한 면과 평행한 면을 찾아 색칠해 보시오.

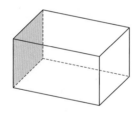

3 정육면체의 ☐ 안에 알맞은 수를 써넣으시오.

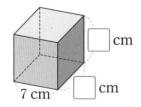

4 빠진 부분을 그려 넣어 직육면체의 겨냥도를 완성해 보시오.

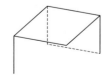

5 정육면체의 전개도가 <u>아닌</u> 것을 찾아 기호를 써 보시오.

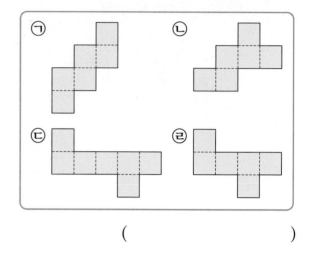

(   )

6 직육면체에서 색칠한 면과 수직인 면을 모두 찾아 써 보시오.

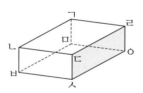

교과서에 꼭 나오는 문제

7 직육면체와 정육면체의 같은 점을 모두 찾아 기호를 써 보시오.

> ㉠ 면은 6개입니다.
> ㉡ 모서리는 12개입니다.
> ㉢ 면은 모두 정사각형 모양입니다.
> ㉣ 모서리의 길이가 모두 같습니다.

(   )

8 오른쪽 전개도를 접어서 정육면체를 만들려고 합니다. 색칠한 면을 밑면이라고 할 때 옆면을 모두 찾아 색칠해 보시오.

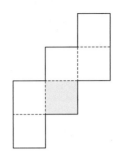

(9~10) 전개도를 접어서 직육면체를 만들었을 때 물음에 답하시오.

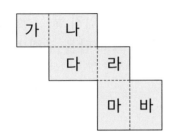

9 면 **나**와 평행한 면을 찾아 써 보시오.

( )

잘 틀리는 문제

10 면 **가**와 만나지 않는 면을 찾아 써 보시오.

( )

11 직육면체에서 면, 모서리, 꼭짓점의 수의 합은 몇 개입니까?

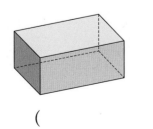

( )

12 직육면체에서 보이지 않는 모서리의 길이의 합은 몇 cm입니까?

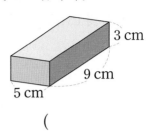

( )

13 직육면체의 전개도를 그린 것입니다. ☐ 안에 알맞은 수를 써넣으시오.

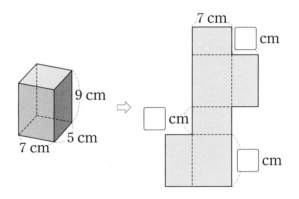

교과서에 꼭 나오는 문제

14 오른쪽 직육면체의 겨냥도를 보고 전개도를 그려 보시오.

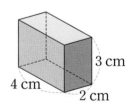

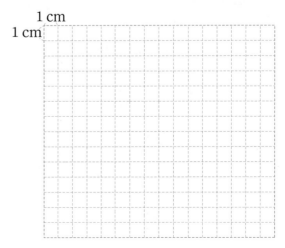

서술형 **문제**

15 오른쪽 정육면체에서 보이지 않는 모서리의 길이의 합은 36 cm입니다. 모든 모서리의 길이의 합은 몇 cm입니까?

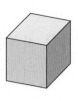

( )

16 전개도를 접어서 주사위를 만들었을 때 주사위의 마주 보는 면의 눈의 수의 합은 7입니다. 전개도의 빈칸에 주사위의 눈을 알맞게 그려 보시오.

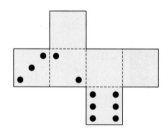

17 다음 직육면체의 모든 모서리의 길이의 합은 64 cm입니다. □ 안에 알맞은 수를 써넣으시오.

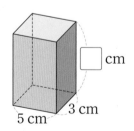

18 직육면체의 전개도가 될 수 있는지 없는지 쓰고, 그 이유를 설명해 보시오.

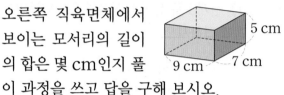

답 |

19 오른쪽 직육면체에서 보이는 모서리의 길이의 합은 몇 cm인지 풀이 과정을 쓰고 답을 구해 보시오.

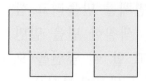

풀이 |

답 |

20 직육면체 모양의 상자를 끈으로 묶었습니다. 매듭으로 사용한 끈의 길이가 12 cm일 때 사용한 끈의 길이는 모두 몇 cm인지 풀이 과정을 쓰고 답을 구해 보시오.

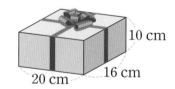

풀이 |

답 |

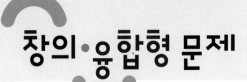

1 루빅큐브 알아보기

루빅큐브는 헝가리의 건축가 루빈이 여러 개의 작은 정육면체를 모아 만든 하나의 큰 정육면체 모양의 장난감입니다. 루빅큐브는 6면이 서로 다른 색으로 된 블록을 흩어 놓았다가 각 방향으로 돌려 각 면의 색깔을 같게 맞추는 것입니다.

선호는 오른쪽과 같은 정육면체 모양의 루빅큐브를 담을 상자를 만들었습니다. 상자는 각 모서리의 길이가 루빅큐브의 한 모서리보다 2 cm씩 긴 정육면체 모양입니다. 선호가 만든 상자의 모든 모서리의 길이의 합은 몇 cm입니까?

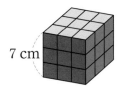

7 cm

(   )

2 청사초롱 알아보기

청사초롱은 붉은 천과 푸른 천으로 위, 아래를 두른 초롱으로 조선 후기에 궁중에서는 주로 왕세손이 밤에 거닐 때 조명기구로 사용하였고, 일반에서는 혼례식에 사용하던 등입니다.

은수는 도화지에 오른쪽 그림과 같은 전개도를 그려서 청사초롱 모양을 만들려고 합니다. 은수가 청사초롱 모양을 만드는 데 사용하는 도화지의 넓이는 몇 cm²입니까?

(   )

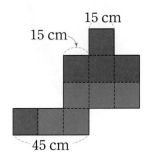

15 cm

15 cm

45 cm

엉킨 선을 풀어라!

↻ 마이크 줄이 서로 엉켜 있습니다. 각 마이크의 끝을 찾아보세요.

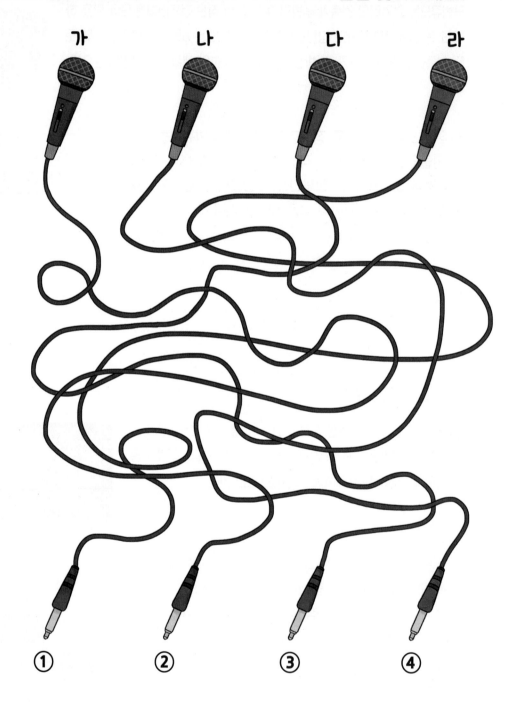

6

평균과 가능성

1 평균

픽均(평평할 평, 고를 균)

평균: 자료의 값을 고르게 하여 그 자료를 대표하는 값

📖 칭찬 도장 수를 고르게 하여 월별 칭찬 도장 수의 평균 구하기

월별 칭찬 도장 수

월	8월	9월	10월	11월
칭찬 도장 수(개)	5	4	6	5

10월의 칭찬 도장 수에서 9월로 1개를 옮기면 칭찬 도장 수가 모두 5개로 고르게 됩니다.

⇨ 월별 칭찬 도장 수의 평균은 5개입니다.

예제
1 상자 4개에 들어 있는 구슬 수의 평균을 정하는 올바른 방법에 ○표 하시오.

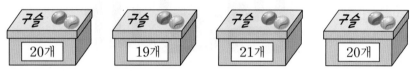

각 상자의 구슬 수 20, 19, 21, 20 중 가장 큰 수인 21로 정합니다.   (　　　　)

각 상자의 구슬 수 20, 19, 21, 20을 고르게 하면 20이므로 20으로 정합니다.   (　　　　)

유제
2 은호네 학교 5학년의 반별 학생 수를 나타낸 표입니다. 은호네 학교 5학년 반별 학생 수의 평균은 몇 명입니까?

반별 학생 수

반	1반	2반	3반	4반
학생 수(명)	22	25	23	22

(　　　　　　　　　　　)

2 평균 구하기

(평균)＝(자료의 값을 모두 더한 수)÷(자료의 수)

예 제기차기 기록의 평균 구하기

제기차기 기록

이름	미호	나예	동우	상규
제기차기 기록(개)	10	13	10	7

방법1 평균을 예상하고, 자료의 값을 고르게 하여 구하기

❶ 평균 예상하기: 10개

❷ 수를 옮기고 짝 지어 자료의 값을 고르게 하기: (10, 10), (13, 7)

$13-3=10$　$7+3=10$

⇨ 제기차기 기록의 평균: 10개

방법2 자료의 값을 모두 더해 자료의 수로 나누어 구하기

(제기차기 기록의 평균)

$=(10+13+10+7)÷4$

$=40÷4=10(개)$

6 단원

예제 3

지민이의 턱걸이 기록을 나타낸 표입니다. 턱걸이 기록의 평균을 여러 가지 방법으로 알아보시오.

턱걸이 기록

회	1회	2회	3회	4회	5회
턱걸이 수(번)	2	4	5	3	1

방법1 평균을 예상하고, 자료의 값을 고르게 하여 구하기

• 지민이의 턱걸이 기록의 평균을 예상하면 ☐번입니다.

• 예상한 평균을 기준으로 ○를 옮겨 턱걸이 수의 평균을 구해 보시오.

		○		
	○	○		
	○	○	○	
○	○	○	○	
○	○	○	○	○
1회	2회	3회	4회	5회

⇨ 지민이의 턱걸이 기록의 평균은 ☐번입니다.

방법2 자료의 값을 모두 더해 자료의 수로 나누어 구하기

(턱걸이 기록의 평균)＝$(2+4+☐+☐+☐)÷☐$

$=☐÷☐=☐(번)$

3 평균을 이용하여 문제 해결하기

평균 비교하기

예 1인당 가진 구슬이 가장 많은 모둠 찾기

모둠별 학생 수와 구슬 수

모둠	가	나	다
학생 수(명)	6	5	4
구슬 수(개)	36	35	32

- (가 모둠의 구슬 수의 평균)=36÷6=6(개)
- (나 모둠의 구슬 수의 평균)=35÷5=7(개)
- (다 모둠의 구슬 수의 평균)=32÷4=8(개)

⇨ 1인당 가진 구슬이 가장 많은 모둠은 다 모둠입니다.

평균을 이용하여 자료의 값 구하기

예 슬아네 모둠의 팔 굽혀 펴기 기록의 평균이 6회일 때, 진우의 팔 굽혀 펴기 기록 구하기

팔 굽혀 펴기 기록

이름	슬아	진우	서율	수호
기록(회)	4		6	7

(팔 굽혀 펴기 기록의 합)
$=6\times4=24$(회)
평균 ┘ └ 자료의 수

⇨ (진우의 팔 굽혀 펴기 기록)
$=24-(4+6+7)=7$(회)

예제 **4** 선재네 반에서 모둠별로 일주일 동안 읽은 책 수를 나타낸 표입니다. 물음에 답하시오.

모둠별 학생 수와 읽은 책 수

모둠	가	나	다	라
학생 수(명)	3	3	4	4
읽은 책 수(권)	15	12	12	16

(1) 모둠별 읽은 책 수의 평균을 구해 보시오.

가 모둠 (   )
나 모둠 (   )
다 모둠 (   )
라 모둠 (   )

(2) 1인당 읽은 책 수가 가장 많은 모둠은 어느 모둠입니까?

(   )

예제 **5** 어느 미술관의 지난주 일주일 동안 입장객 수를 나타낸 표입니다. 지난주 일주일 동안 입장객 수의 평균은 85명입니다. 물음에 답하시오.

미술관의 입장객 수

요일	월	화	수	목	금	토	일
입장객 수(명)	70	85	75	90		95	100

(1) 일주일 동안 입장한 사람은 모두 몇 명입니까?

(   )

(2) 금요일에 입장한 사람은 몇 명입니까?

(   )

정답 34쪽

❶~❸ 평균

❷ 평균 구하기

(1~5) 자료의 평균을 구해 보시오.

1

| 10 | 4 | 13 | 5 |

(   )

2

| 11 | 14 | 9 | 18 |

(   )

3

| 21 | 15 | 20 | 16 |

(   )

4

| 17 | 23 | 28 | 22 | 20 |

(   )

5

| 31 | 28 | 21 | 16 | 29 |

(   )

❸ 평균을 이용하여 문제 해결하기

(6~7) 자료의 평균을 비교하여 ◯ 안에 >, =, <를 알맞게 써넣으시오.

6

14 18 8 12 ◯ 19 16 10

7

25 15 20 ◯ 13 25 17 29

❸ 평균을 이용하여 문제 해결하기

(8~9) 자료의 평균을 이용하여 ■의 값을 구해 보시오.

8

■ 31 15 26   평균: 27

(   )

9

28 23 ■ 34 30   평균: 31

(   )

(1~2) 준희네 학교 5학년의 반별 안경을 쓴 학생 수를 나타낸 표입니다. 물음에 답하시오.

반별 안경을 쓴 학생 수

반	1반	2반	3반	4반	5반
학생 수(명)	7	8	7	5	8

1 반별 안경을 쓴 학생 수를 막대그래프로 나타내고, 막대의 높이를 고르게 해 보시오.

2 반별 안경을 쓴 학생 수의 평균은 몇 명입니까?

( )

3 채원이네 모둠 학생들이 지난 주말에 한 운동 시간을 나타낸 표입니다. 채원이네 모둠 학생들의 운동 시간의 평균은 몇 분입니까?

운동 시간

이름	채원	정훈	연서	민결	슬아
운동 시간(분)	50	60	58	52	55

( )

(4~5) 태준이네 모둠과 준혁이네 모둠이 고리 던지기를 하여 말뚝에 건 고리의 수를 나타낸 표입니다. 한 사람당 고리를 10개씩 던졌습니다. 물음에 답하시오.

태준이네 모둠이 건 고리의 수

이름	태준	한솔	하린	지혜
고리의 수(개)	8	4	7	5

준혁이네 모둠이 건 고리의 수

이름	준혁	소은	설아	서윤	민재
고리의 수(개)	7	5	4	3	6

4 태준이네 모둠과 준혁이네 모둠의 고리 던지기 기록의 평균은 각각 몇 개입니까?

태준이네 모둠 ( )
준혁이네 모둠 ( )

교과 역량 추론, 의사소통   서술형

5 두 모둠의 고리 던지기 기록에 대해 잘못 말한 친구의 이름을 쓰고, 그 이유를 써 보시오.

- 진선: 태준이네 모둠은 총 24개, 준혁이네 모둠은 총 25개의 고리를 걸었으니까 준혁이네 모둠이 더 잘했어.
- 세호: 두 모둠의 최고 기록과 최저 기록만으로는 어느 모둠이 더 잘했는지 판단하기 어려워.
- 혜린: 두 모둠의 고리 던지기 기록의 평균을 구하면 어느 모둠이 더 잘했는지 알 수 있어.

답 |

(6~7) 윤우가 1분씩 4회 동안 기록한 타자 수를 나타낸 표입니다. 물음에 답하시오.

회별 타자 수

회	1회	2회	3회	4회
타자 수(타)	120	135	117	112

6 윤우가 1분씩 4회 동안 기록한 타자 수의 평균은 몇 타입니까?

(   )

교과 역량   추론, 정보 처리

7 윤우가 1분씩 5회 동안 기록한 타자 수의 평균이 1분씩 4회 동안 기록한 평균보다 높으려면 5회에서는 몇 타를 쳐야 하는지 예상해 보시오.

(   )

8 민혜네 학교 5학년의 반별 학생 수를 나타낸 표입니다. 한 반당 학생 수의 평균이 35명일 때, 5반 학생은 몇 명입니까?

반별 학생 수

반	1반	2반	3반	4반	5반
학생 수(명)	35	34	36	37	

(   )

9 재민이가 투호에 넣은 화살 수를 나타낸 표입니다. 넣은 화살 수의 평균은 5개입니다. 기록이 가장 좋은 때는 몇 회입니까?

투호에 넣은 화살 수

회	1회	2회	3회	4회	5회
화살 수(개)	5	4		7	3

(   )

(10~11) 송이네 학교에서 100 m 달리기 대회를 했습니다. 100 m 달리기 기록의 평균이 17초 이하이어야 예선을 통과할 수 있습니다. 물음에 답하시오.

100 m 달리기 기록

회	1회	2회	3회	4회	5회
송이(초)	18	17	18	18	19
한준(초)	15	17	16	18	

10 송이는 예선을 통과할 수 있습니까?

(   )

교과서 pick

11 한준이가 예선을 통과하려면 5회의 기록이 몇 초 이하이어야 합니까?

(   )

교과 역량   문제 해결

12 ㉮ 상자에 들어 있는 사과 10개의 무게의 평균은 240 g이고, ㉯ 상자에 들어 있는 사과 15개의 무게의 평균은 200 g입니다. 두 상자에 들어 있는 사과 전체의 무게의 평균은 몇 g입니까?

(   )

6
단원

4 일이 일어날 가능성을 말로 표현하기

- **가능성**: 어떠한 상황에서 특정한 일이 일어나길 기대할 수 있는 정도
- **가능성의 정도는** 불가능하다, ~아닐 것 같다, 반반이다, ~일 것 같다, 확실하다 **등으로 표현할 수 있습니다.**

예

일	가능성
주사위 1개를 굴리면 주사위 눈의 수가 7이 나올 것입니다.	불가능하다
3월은 1월보다 더 추울 것입니다.	~아닐 것 같다
100원짜리 동전 1개를 던지면 숫자 면이 나올 것입니다.	반반이다
어린이날에 놀이공원에 가면 사람이 많을 것입니다.	~일 것 같다
내일 아침에 동쪽에서 해가 뜰 것입니다.	확실하다

예제 1

일이 일어날 가능성을 생각해 보고, 알맞게 표현한 곳에 ○표 하시오.

일 \ 가능성	불가능하다	~아닐 것 같다	반반이다	~일 것 같다	확실하다
월요일 다음에 화요일이 올 것입니다.					
지금은 오전 9시니까 2시간 후에는 오전 10시가 될 것입니다.					
오늘 학교에 전학생이 올 것입니다.					
파란색 구슬 9개와 빨간색 구슬 1개가 들어 있는 주머니에서 구슬 1개를 꺼낼 때, 꺼낸 구슬은 파란색일 것입니다.					
우체국에서 뽑은 대기 번호표의 번호가 홀수일 것입니다.					

유제 2

주머니에서 공 1개를 꺼낼 때, 꺼낸 공이 파란색일 가능성이 각각 '확실하다', '반반이다', '불가능하다'가 되도록 색칠해 보시오.

5 일이 일어날 가능성을 비교하기

(예) 회전판을 돌릴 때 화살이 초록색에 멈출 가능성 비교하기

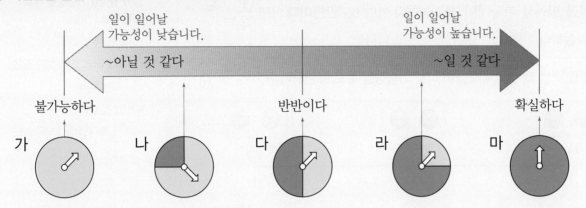

⇨ 화살이 초록색에 멈출 가능성이 높은 회전판부터 순서대로 쓰면 마, 라, 다, 나, 가입니다.

예제 3

서준이네 모둠 친구들이 말한 일이 일어날 가능성을 비교해 보시오.

- 서준: 내일 공룡이 우리집에 놀러 올 거야.
- 지윤: 500원짜리 동전 8개를 동시에 던졌을 때 모두 숫자 면이 나올 거야.
- 아린: 내년에는 4월이 5월보다 빨리 올 거야.
- 승현: 주사위 1개를 굴리면 주사위 눈의 수가 홀수가 나올 거야.
- 정우: 여름에는 반소매를 입은 사람이 많을 거야.

(1) 친구들이 말한 일이 일어날 가능성을 판단하여 해당하는 □ 안에 친구의 이름을 써넣으시오.

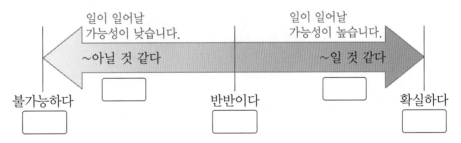

(2) 일이 일어날 가능성이 높은 순서대로 친구의 이름을 써 보시오.

(,   ,   ,   ,   )

6 일이 일어날 가능성을 수로 표현하기

일이 일어날 가능성이 '**불가능하다**'이면 **0**, '**반반이다**'이면 $\frac{1}{2}$, '**확실하다**'이면 **1**로 표현할 수 있습니다.

일이 일어날 가능성을 수로 표현하기

• '~아닐 것 같다'
⇒ 0보다 크고 $\frac{1}{2}$보다 작은 수로 표현

• '~일 것 같다'
⇒ $\frac{1}{2}$보다 크고 1보다 작은 수로 표현

예 구슬 1개를 꺼낼 때 빨간색 구슬이 나올 가능성을 수로 표현하기

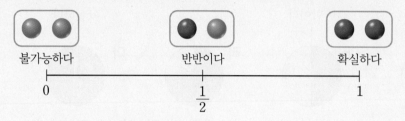

불가능하다   반반이다   확실하다

0             $\frac{1}{2}$ 1

예제
4

검은색 바둑돌만 들어 있는 통에서 바둑돌 1개를 꺼내려고 합니다. 일이 일어날 가능성이 '불가능하다'이면 0, '반반이다'이면 $\frac{1}{2}$, '확실하다'이면 1로 표현할 때, 꺼낸 바둑돌이 검은색일 가능성을 ↓로 나타내어 보시오.

0             $\frac{1}{2}$ 1

유제
5

회전판을 돌릴 때 일이 일어날 가능성을 알아보려고 합니다. 물음에 답하시오.

가    나 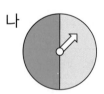   다

(1) 회전판 가를 돌릴 때 화살이 초록색에 멈출 가능성을 수로 표현해 보시오.

(   )

(2) 회전판 나를 돌릴 때 화살이 노란색에 멈출 가능성을 수로 표현해 보시오.

(   )

(3) 회전판 다를 돌릴 때 화살이 초록색에 멈출 가능성을 수로 표현해 보시오.

(   )

한번더 확인

④~⑥ 일이 일어날 가능성

❹ 일이 일어날 가능성을 말로 표현하기

(1~2) 일이 일어날 가능성을 알맞게 표현한 곳에 ○표 하시오.

1

내일 저녁에 달이 2개 뜰 것입니다.

불가능하다	~아닐 것 같다	반반이다	~일 것 같다	확실하다

2

5와 5를 더하면 10이 될 것입니다.

불가능하다	~아닐 것 같다	반반이다	~일 것 같다	확실하다

❺ 일이 일어날 가능성을 비교하기

(3~4) 회전판을 돌릴 때 화살이 빨간색에 멈출 가능성이 높은 회전판부터 순서대로 써 보시오.

3
가   나   다

(   )

4
가   나   다

(   )

❻ 일이 일어날 가능성을 수로 표현하기

(5~8) 일이 일어날 가능성을 수로 표현해 보시오.

5

100원짜리 동전 2개가 들어 있는 주머니에서 동전 1개를 꺼낼 때, 꺼낸 동전이 500원짜리일 가능성

(   )

6

노란색 젤리만 들어 있는 봉지에서 젤리 1개를 꺼낼 때, 꺼낸 젤리가 노란색일 가능성

(   )

7

주사위 1개를 굴릴 때, 나온 주사위 눈의 수가 짝수일 가능성

(   )

8

주황색 구슬 1개와 분홍색 구슬 1개가 들어 있는 상자에서 구슬 1개를 꺼낼 때, 꺼낸 구슬이 파란색일 가능성

(   )

교과서 pick 교과서에 자주 나오는 문제
교과 역량 생각하는 힘을 키우는 문제

1 일이 일어날 가능성이 '확실하다'인 경우를 찾아 기호를 써 보시오.

> ㉠ 계산기에서 '1＋2＝'를 누르면 2가 나올 것입니다.
> ㉡ 367명의 사람들 중 서로 생일이 같은 사람이 있을 것입니다.
> ㉢ 아기가 한 명 태어난다면 남자일 것입니다.

(   )

2 1번부터 10번까지의 번호표가 들어 있는 상자에서 번호표 1개를 꺼낼 때 12번 번호표를 꺼낼 가능성을 말로 표현해 보시오.

(   )

3 오른쪽 주머니에서 공 1개를 꺼낼 때, 꺼낸 공이 검은색일 가능성을 ↓로 나타내어 보시오.

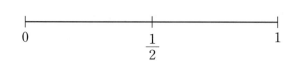

(4~6) 지혜네 반 친구들이 말한 일이 일어날 가능성을 비교하려고 합니다. 물음에 답하시오.

지혜	지금이 12월이니까 이번 달만 지나면 새해가 될거야.
윤우	노란색 공 3개와 빨간색 공 1개가 들어 있는 주머니에서 공 1개를 꺼내면 꺼낸 공은 노란색일 거야.
희영	10원짜리 동전 1개를 던지면 숫자 면이 나올 거야.
동현	우리 형은 6학년이야. 내년에는 유치원에 입학할 거야.
재혁	주사위를 10번 굴리면 주사위 눈의 수가 모두 짝수가 나올 거야.

4 윤우가 말한 일이 일어날 가능성보다 일어날 가능성이 높은 일을 말한 친구는 누구입니까?

(   )

5 일이 일어날 가능성이 높은 순서대로 이름을 써 보시오.

(   )

교과 역량 추론, 의사소통   서술형
6 친구들이 말한 일이 일어날 가능성 중 '불가능하다'인 문장을 '확실하다'가 되도록 바꾸어 보시오.

답 | _____

_____

7 당첨 제비만 3개 들어 있는 상자에서 제비 1개를 뽑을 때 뽑은 제비가 당첨 제비일 가능성을 말과 수로 표현해 보시오.

말 (   )

수 (   )

8 상자에서 구슬 1개를 꺼낼 때, 빨간색 구슬이 나올 가능성이 높은 상자부터 순서대로 써 보시오.

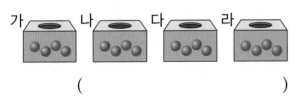

(   )

9 오른쪽과 같은 회전판이 있습니다. 회전판을 100번 돌려 화살이 멈춘 횟수를 나타낸 표 중에서 일이 일어날 가능성이 가장 비슷한 것을 찾아 기호를 써 보시오.

㉠ 색깔	초록	주황	노랑
횟수(회)	50	26	24

㉡ 색깔	초록	주황	노랑
횟수(회)	76	13	11

㉢ 색깔	초록	주황	노랑
횟수(회)	32	35	33

(   )

10 회전판에서 화살이 노란색에 멈출 가능성이 '~아닐 것 같다'가 되도록 회전판을 색칠해 보시오.

11 1부터 10까지의 수가 각각 하나씩 쓰인 수 카드 10장 중에서 1장을 뽑았습니다. 뽑은 수 카드에 쓰인 수가 3 이상 8 미만인 수일 가능성과 회전판을 돌릴 때 화살이 파란색에 멈출 가능성이 같도록 회전판을 색칠해 보시오.

12 회전판 돌리기에서 점수를 얻는 두 가지 방식을 설명한 것입니다. 공정하지 <u>않은</u> 방식의 기호를 써 보시오.

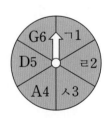

> ㉠ 유하는 화살이 한글 자음이 적혀 있는 칸에 멈추면 1점을 얻고, 수호는 화살이 알파벳이 적혀 있는 칸에 멈추면 1점을 얻습니다.
>
> ㉡ 유하는 화살이 4 이하인 수가 적혀 있는 칸에 멈추면 1점을 얻고, 수호는 화살이 4 초과인 수가 적혀 있는 칸에 멈추면 1점을 얻습니다.

(   )

교과서 pick

예제 1
민희와 선미의 오래 매달리기 기록의 평균이 같을 때, 선미의 1회 오래 매달리기 기록은 몇 초입니까?

민희의 기록

회	기록(초)
1회	12
2회	16
3회	11

선미의 기록

회	기록(초)
1회	
2회	11
3회	13
4회	14

( )

유제 1
준규와 진수의 멀리뛰기 기록의 평균이 같을 때, 진수의 3회 멀리뛰기 기록은 몇 cm입니까?

준규의 기록

회	기록(cm)
1회	198
2회	210
3회	245
4회	203

진수의 기록

회	기록(cm)
1회	234
2회	178
3회	

( )

예제 2
1부터 6까지의 눈이 그려진 주사위를 한 번 굴릴 때 일이 일어날 가능성이 낮은 순서대로 기호를 써 보시오.

㉠ 눈의 수가 2의 배수로 나올 가능성
㉡ 눈의 수가 2 이상 6 이하로 나올 가능성
㉢ 눈의 수가 7 이상으로 나올 가능성

( )

유제 2
1부터 6까지의 눈이 그려진 주사위를 한 번 굴릴 때 일이 일어날 가능성이 높은 순서대로 기호를 써 보시오.

㉠ 눈의 수가 6의 배수로 나올 가능성
㉡ 눈의 수가 9보다 작은 수로 나올 가능성
㉢ 눈의 수가 4의 약수로 나올 가능성

( )

예제 3
100원짜리 동전 2개를 동시에 던질 때 한 동전만 숫자 면이 나올 가능성을 수로 표현해 보시오.

( )

유제 3
500원짜리 동전 2개를 동시에 던질 때 한 동전만 그림 면이 나올 가능성을 수로 표현해 보시오.

( )

교과서 pick

예제 **4**

유이가 푼 수학 문제 수를 나타낸 표입니다. 금요일에는 수학 문제를 더 많이 풀어서 월요일부터 목요일까지 푼 수학 문제 수의 평균보다 전체 평균을 1문제라도 더 높이려고 합니다. 유이는 금요일에 적어도 몇 문제를 풀어야 합니까?

유이가 푼 수학 문제 수

요일	월	화	수	목	금
문제 수(문제)	16	20	28	32	

( )

유제 **4**

지우의 단원평가 점수를 나타낸 표입니다. 5단원 점수를 더 잘 받아서 1단원부터 4단원까지 단원평가 점수의 평균보다 전체 평균을 1점이라도 더 높이려고 합니다. 지우는 5단원에서 적어도 몇 점을 받아야 합니까?

지우의 단원평가 점수

단원	1단원	2단원	3단원	4단원	5단원
점수(점)	85	70	90	75	

( )

예제 **5**

제비가 12개 들어 있는 상자에서 제비 한 개를 뽑을 때 당첨 제비를 뽑을 가능성을 수로 표현하면 $\frac{1}{2}$입니다. 당첨 제비를 뽑을 가능성이 1이 되게 하려면 당첨 제비가 아닌 제비를 몇 개 빼내야 합니까?

( )

유제 **5**

제비가 30개 들어 있는 상자에서 제비 한 개를 뽑을 때 당첨 제비를 뽑을 가능성을 수로 표현하면 $\frac{1}{2}$입니다. 당첨 제비를 뽑을 가능성을 1이 되게 하려면 당첨 제비가 아닌 제비를 몇 개 빼내야 합니까?

( )

예제 **6**

민우는 2시간 동안 자전거를 타고 23 km를 간 후, 2시간 동안 걸어서 7 km를 갔습니다. 민우가 1 km를 가는 데 평균 몇 분이 걸렸습니까?

( )

유제 **6**

정국이는 처음 4 km를 1시간 10분 동안 걸었고, 다음 3 km는 56분 동안 걸었습니다. 정국이가 1 km를 걷는 데 평균 몇 분이 걸렸습니까?

( )

(1~2) 호준이네 학교 5학년의 반별 동생이 있는 학생 수를 나타낸 표입니다. 물음에 답하시오.

반별 동생이 있는 학생 수

반	인	의	예	지	신
학생 수(명)	9	5	12	8	11

1 5학년 학생 중 동생이 있는 학생은 모두 몇 명입니까?

( )

교과서에 꼭 나오는 문제
2 반별 동생이 있는 학생 수의 평균은 몇 명입니까?

( )

3 일이 일어날 가능성을 말로 표현해 보시오.

> 2월 31일이 있을 것입니다.

( )

4 일이 일어날 가능성이 '확실하다'인 경우를 말한 친구는 누구입니까?

> • 승기: 강아지가 알을 낳을 거야.
> • 지영: 금요일 다음날은 토요일일 거야.
> • 현우: 은행에서 뽑은 대기 번호표의 번호는 짝수일 거야.

( )

5 지난주 월요일부터 금요일까지 성진이 방의 온도를 나타낸 표입니다. 요일별 방의 온도의 평균은 몇 ℃입니까?

요일별 방의 온도

요일	월	화	수	목	금
온도(℃)	20	19	22	21	23

( )

6 오른쪽 회전판을 돌릴 때 화살이 초록색에 멈출 가능성을 ↓로 나타내어 보시오.

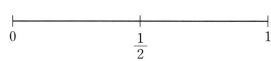

7 4장의 카드 중에서 1장을 뽑을 때 ★ 카드를 뽑을 가능성을 수로 표현해 보시오.

★ ★ ★ ★

( )

8 영희는 다트 던지기를 5번 하여 평균 16점을 얻었습니다. 영희가 다트 던지기에서 얻은 점수는 모두 몇 점입니까?

( )

• 정답 38쪽

《9~10》 준기네 모둠 학생들의 멀리뛰기 기록을 나타낸 표입니다. 물음에 답하시오.

멀리뛰기 기록

이름	준기	선희	민용	연정	태호
기록(cm)	165	176	183	174	182

9 준기네 모둠 학생들의 멀리뛰기 기록의 평균은 몇 cm입니까?

( )

10 평균보다 기록이 높은 학생은 모두 몇 명입니까?

( )

교과서에 ^꼭 나오는 문제

11 지영이가 ○× 문제를 풀고 있습니다. ×라고 답했을 때 정답을 맞혔을 가능성을 말과 수로 표현해 보시오.

말 ( )
수 ( )

12 일이 일어날 가능성이 더 높은 것에 ○표 하시오.

주사위 1개를 굴릴 때, 눈의 수가 6 초과로 나올 가능성	50원짜리 동전 1개를 던질 때, 숫자 면이 나올 가능성
( )	( )

13 민정이네 모둠 학생들의 수학 점수의 평균이 86점일 때, 선아의 수학 점수는 몇 점입니까?

수학 점수

이름	민정	진호	혁준	선아
점수(점)	95	76	88	

( )

잘 틀리는 문제

14 구슬 6개가 들어 있는 주머니에서 구슬을 1개 이상 꺼냈습니다. 꺼낸 구슬의 개수가 홀수일 가능성과 회전판을 돌릴 때 화살이 빨간색에 멈출 가능성이 같도록 회전판에 색칠해 보시오.

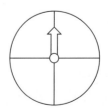

6 단원

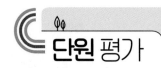

15 주머니에서 바둑돌 1개를 꺼낼 때 일이 일어날 가능성이 높은 순서대로 기호를 써 보시오.

> ㉠ 흰색 바둑돌 4개가 들어 있는 주머니에서 흰색 바둑돌을 꺼낼 가능성
>
> ㉡ 흰색 바둑돌 1개와 검은색 바둑돌 3개가 들어 있는 주머니에서 흰색 바둑돌을 꺼낼 가능성
>
> ㉢ 검은색 바둑돌 4개가 들어 있는 주머니에서 흰색 바둑돌을 꺼낼 가능성

(   )

(16~17) 현서와 재구의 피아노 연습 시간을 나타낸 표입니다. 물음에 답하시오.

현서의 연습 시간

요일	시간(분)
월	38
화	22
수	40
목	36

재구의 연습 시간

요일	시간(분)
월	27
화	35
수	

16 현서와 재구의 연습 시간의 평균이 같으려면 재구는 수요일에 몇 분을 연습해야 합니까?

(   )

잘 틀리는 문제

17 재구의 연습 시간의 평균이 현서의 연습 시간의 평균보다 1분이라도 더 길려면 재구는 수요일에 적어도 몇 분을 연습해야 합니까?

(   )

◀ 서술형 **문제**

18 어느 반 학생들이 하루 동안 똑같은 모양의 컵으로 마신 물의 양의 평균은 8컵입니다. 잘못 말한 학생의 이름을 쓰고, 그 이유를 써 보시오.

> • 윤아: 하루 동안 물을 8컵 마신 학생들이 가장 많다는 말이야.
> • 준현: 학생들이 마신 물의 양을 고르게 하면 8컵이라는 말이야.

답 |

19 도서관에 있는 책 수를 종류별로 나타낸 표입니다. 책 수가 평균보다 적은 종류의 책은 각각 10권씩 더 구입하기로 했습니다. 더 구입해야 할 책은 모두 몇 권인지 풀이 과정을 쓰고 답을 구해 보시오.

도서관에 있는 종류별 책 수

종류	동화책	위인전	소설책	시집	과학책
책 수(권)	145	157	120	165	113

풀이 |

답 |

20 1시간 20분 동안 자전거를 타고 20 km를 간 후, 30분 동안 걸어서 2 km를 갔습니다. 1 km를 가는 데 평균 몇 분이 걸렸는지 풀이 과정을 쓰고 답을 구해 보시오.

풀이 |

답 |

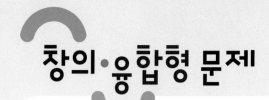

창의·융합형 문제

정답 39쪽

1 일기 예보 알아보기

일기의 변화를 예측하여 미리 알리는 일을 일기 예보라고 합니다.
일기 상태의 시간에 따른 변화를 분석하고 앞으로의 대기 상태를
예측합니다. 기상청 누리집이나 모바일 날씨알리미 앱을 통해 확인
할 수 있습니다.

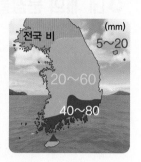

어느 지역의 일기 예보입니다. 하루 종일 비가 올 가능성이 높은 순서대로 요일을 써
보시오.

날짜	월요일		화요일		수요일	
	오전	오후	오전	오후	오전	오후
날씨	🌧	☁	☀	☀	🌧	🌧

( )

2 피겨 스케이팅 알아보기

피겨 스케이팅 점수는 기술 점수와 구성 점수 그리고 감점의 합계
점수로 결정됩니다. 기술 점수는 심사 위원 12명의 점수 중 9명의
점수가 무작위로 선정되며 그중 최고점과 최저점을 제외한 나머지
7명의 점수의 평균으로 결정됩니다. 이는 어떤 심사 위원이 한 선수
에게 특별히 낮거나 높은 점수를 준다면 공정한 경기라 할 수 없기
때문입니다.

연주가 피겨 스케이팅 경기에서 심사 위원 5명에게 받은 점수를 나타낸 표입니다. 심
사 위원 5명의 점수 중 최고점과 최저점을 제외한 나머지 3명의 점수의 평균으로 기
술 점수를 정한다고 합니다. 연주의 기술 점수는 몇 점입니까?

연주가 받은 피겨 스케이팅 점수

심사 위원	가	나	다	라	마
점수(점)	64	78	72	69	66

( )

단어를 맞혀라!

↺ 네 개의 문장을 읽고 떠오르는 단어를 맞혀 보세요.

 ◑ 꿀은 있지만 나비는 없습니다.

 ◑ 개는 있지만 고양이는 없습니다.

 ◑ 집은 있지만 호텔은 없습니다.

 ◑ 고물은 있지만 새 것은 없습니다.

 힌트

✔ 한 글자입니다.

✔ '먹는 것'과 관련이 있습니다.

정답: 물

개념﹢유형

파워 정답과 풀이

초등 수학

5·2

visang

우리는 남다른 상상과 혁신으로
교육 문화의 새로운 전형을 만들어
모든 이의 행복한 경험과 성장에 기여한다

ABOVE IMAGINATION

우리는 남다른 상상과 혁신으로
교육 문화의 새로운 전형을 만들어
모든 이의 행복한 경험과 성장에 기여한다

개념┿유형

파워

정답과 풀이

초등 수학 ———

5·2

1. 수의 범위와 어림하기

개념책 6~8쪽

❶ 이상, 이하

예제 1 (1) 19, 23, 15에 ◯표
(2) 43, 1, 42, 39에 ◯표

예제 2 (1) ┼─┼─┼─┼─┼─◆─┼─┼─┼─┼
15 16 17 18 19 20 21 22 23 24

(2) ┼─┼─┼─┼─┼─◆─┼─┼─┼
27 28 29 30 31 32 33 34 35 36

❷ 초과, 미만

예제 3 (1) 58, 60, 81, 99에 ◯표
(2) 34, 18에 ◯표

예제 4 (1) ┼─┼─┼─◇─┼─┼─┼─┼─┼
45 46 47 48 49 50 51 52 53 54

(2) ┼─┼─┼─◇─┼─┼─┼─┼─┼
9 10 11 12 13 14 15 16 17 18

❸ 수의 범위의 활용

예제 5 초과, 미만

유제 6 (1) 34 kg 초과 36 kg 이하

(2) ┼─┼─┼─◇─┼─◆─┼
31 32 33 34 35 36 37

예제 1 (1) 15 이상인 수는 15와 같거나 큰 수이므로 19, 23, 15입니다.
(2) 43 이하인 수는 43과 같거나 작은 수이므로 43, 1, 42, 39입니다.

예제 2 (1) 20 이상인 수는 수직선에 20을 점 ●을 사용하여 나타내고 오른쪽으로 선을 긋습니다.
(2) 33 이하인 수는 수직선에 33을 점 ●을 사용하여 나타내고 왼쪽으로 선을 긋습니다.

예제 3 (1) 56 초과인 수는 56보다 큰 수이므로 58, 60, 81, 99입니다.
(2) 35 미만인 수는 35보다 작은 수이므로 34, 18입니다.

예제 4 (1) 48 초과인 수는 수직선에 48을 점 ◯을 사용하여 나타내고 오른쪽으로 선을 긋습니다.
(2) 12 미만인 수는 수직선에 12를 점 ◯을 사용하여 나타내고 왼쪽으로 선을 긋습니다.

예제 5 11을 점 ◯을 사용하여 나타냈고, 15를 점 ◯을 사용하여 나타냈으므로 11 초과 15 미만인 수입니다.

유제 6 (1) 준서가 속한 체급은 밴텀급이므로 밴텀급의 몸무게 범위는 34 kg 초과 36 kg 이하입니다.
(2) 34 초과 36 이하인 수는 수직선에 34를 점 ◯을 사용하여 나타내고, 36을 점 ●을 사용하여 나타냅니다.

개념책 9쪽 한번 더 확인

1 26, 47에 ◯표 / 8, 13, 2, 9에 △표
2 56, 63, 72에 ◯표 / 14, 35, 30에 △표
3 62, 65, 66, 70 **4** 76, 77
5 77, 81, 83
6 ┼─┼─┼─┼─┼─┼─◆─┼
41 42 43 44 45 46 47 48
7 ┼─┼─◇─┼─┼─┼─┼─┼
28 29 30 31 32 33 34 35
8 ┼─●─┼─┼─●─┼─┼─┼
40 41 42 43 44 45 46 47
9 ┼─┼─●─┼─┼─┼─◇─┼
27 28 29 30 31 32 33 34
10 ┼─◇─┼─┼─┼─┼─◇─┼
9 10 11 12 13 14 15 16

1 24 이상인 수는 24와 같거나 큰 수이므로 26, 47이고, 13 이하인 수는 13과 같거나 작은 수이므로 8, 13, 2, 9입니다.

2 55 초과인 수는 55보다 큰 수이므로 56, 63, 72이고, 38 미만인 수는 38보다 작은 수이므로 14, 35, 30입니다.

3 62 이상 70 이하인 수는 62와 같거나 크고 70과 같거나 작은 수이므로 62, 65, 66, 70입니다.

4 75 초과 79 이하인 수는 75보다 크고 79와 같거나 작은 수이므로 76, 77입니다.

5 76 초과 85 미만인 수는 76보다 크고 85보다 작은 수이므로 77, 81, 83입니다.

8 41 이상 44 이하인 수는 수직선에 41을 점 ●을 사용하여 나타내고, 44를 점 ●을 사용하여 나타냅니다.

9 29 이상 33 미만인 수는 수직선에 29를 점 ●을 사용하여 나타내고, 33을 점 ◯을 사용하여 나타냅니다.

10 10 초과 15 미만인 수는 수직선에 10을 점 ◯을 사용하여 나타내고, 15를 점 ◯을 사용하여 나타냅니다.

9 15 초과인 수는 15보다 큰 수이므로 무게가 15 kg보다 무거운 수하물을 찾으면 가, 라입니다.

10 진우의 몸무게는 53 kg이므로 용장급입니다.
따라서 진우와 같은 체급에 속하는 학생은 몸무게의 범위가 50 kg 초과 55 kg 이하에 속하는 지욱 (55 kg)입니다.

11 • 다비: 수직선에 나타낸 수의 범위는 29 초과 36 미만인 수입니다.
• 미소: 수의 범위에 속하는 자연수는 30, 31, 32, 33, 34, 35로 모두 6개입니다.
• 지훈: 수의 범위에 속하는 자연수 중에서 가장 작은 수는 30입니다.

12 □와 같거나 작은 자연수가 12개이므로 1, 2, 3, 4, 5, 6, 7, 8, 9, 10, 11, 12입니다.
따라서 □ 안에 알맞은 자연수는 12입니다.

13 동생은 8세이므로 8세 이상 11세 미만의 범위에 속합니다. 동생이 먹어야 하는 감기약은 10 mL이므로 한 번 먹이고 남은 감기약은 50−10＝40(mL)입니다.

✎ 서술형 문제는 풀이를 꼭 확인하세요.

1 3개

2

3 소리　　　　　**4** ㉡

5 원주, 목포, 제주　　**6** 3곳

✎**7** 21　　　　　**8** ㉠

9 가, 라　　　　**10** 용장급, 지욱

11 미소　　　　　**12** 12

13 40 mL

---

1 10과 같거나 큰 수는 10, 16, 12.1로 모두 3개입니다.

2 60 초과인 수는 수직선에 60을 점 ○을 사용하여 나타내고 오른쪽으로 선을 긋습니다.

3 75 미만인 수는 75보다 작은 수이므로 75는 포함되지 않습니다.

4 7을 점 ●을 사용하여 나타냈고, 11을 점 ○을 사용하여 나타냈으므로 7 이상 11 미만인 수입니다.

5 20 초과인 수는 20보다 큰 수이므로 최고 기온이 20 ℃보다 높은 도시를 찾으면 원주(20.1 ℃), 목포 (21.6 ℃), 제주(22.3 ℃)입니다.

6 수직선에 나타낸 수의 범위는 18 이상 21 미만입니다. 18 이상 21 미만인 수는 18과 같거나 크고 21보다 작은 수이므로 최고 기온이 18 ℃와 같거나 높고 21 ℃보다 낮은 도시를 찾으면 서울(19.5 ℃), 원주 (20.1 ℃), 부여(19.9 ℃)로 모두 3곳입니다.

✎**7** (예) 7 미만인 자연수는 7보다 작은 자연수이므로 1, 2, 3, 4, 5, 6입니다. ❶
따라서 7 미만인 자연수의 합은
1＋2＋3＋4＋5＋6＝21입니다. ❷

채점 기준
❶ 7 미만인 자연수 모두 구하기
❷ 7 미만인 자연수의 합 구하기

8 ㉠ 44 이상 47 미만인 수　㉡ 45 초과 48 미만인 수

㉢ 44 초과 49 이하인 수　㉣ 47 이상 50 이하인 수

---

❹ **올림**

예제 1 (1) 8, 0, 0　(2) 7, 0, 0, 0

유제 2 (1) 140에 ○표　(2) 580에 ○표

유제 3 (1) 300　(2) 3200

❺ **버림**

예제 4 (1) 3, 0　(2) 2, 0, 0, 0

유제 5 (1) 220에 ○표　(2) 760에 ○표

유제 6 (1) 500　(2) 7100

❻ **반올림**

예제 7 (1) 2, 0　(2) 7, 0, 0

유제 8 (1) 600에 ○표　(2) 800에 ○표

유제 9 (1) 5000　(2) 8000

❼ **올림, 버림, 반올림의 활용**

예제 10 올림, 24

예제 11 버림, 3

예제 12 146

예제 1 (1) 6710 ⇨ 6800
└• 올립니다.
(2) 6710 ⇨ 7000
└• 올립니다.

유제 2 (1) 134 ⇨ 140
└• 올립니다.
(2) 572 ⇨ 580
└• 올립니다.

유제 3 (1) 238 ⇨ 300
└• 올립니다.
(2) 3101 ⇨ 3200
└• 올립니다.

예제 4 (1) 2834 ⇨ 2830
└• 버립니다.
(2) 2834 ⇨ 2000
└• 버립니다.

유제 5 (1) 226 ⇨ 220
└• 버립니다.
(2) 764 ⇨ 760
└• 버립니다.

유제 6 (1) 522 ⇨ 500
└• 버립니다.
(2) 7109 ⇨ 7100
└• 버립니다.

예제 7 (1) 3719 ⇨ 3720
└• 5보다 크므로 올립니다.
(2) 3719 ⇨ 3700
└• 5보다 작으므로 버립니다.

유제 8 (1) 625 ⇨ 600
└• 5보다 작으므로 버립니다.
(2) 773 ⇨ 800
└• 5보다 크므로 올립니다.

유제 9 (1) 4783 ⇨ 5000
└• 5보다 크므로 올립니다.
(2) 8249 ⇨ 8000
└• 5보다 작으므로 버립니다.

예제 10 마지막에 남는 10명이 안 되는 사람들도 케이블카를 타야 하므로 올림해야 합니다.
따라서 케이블카는 최소 24번 운행해야 합니다.

예제 11 1 m=100 cm보다 짧은 끈은 사용할 수 없으므로 버림해야 합니다.
따라서 선물 상자는 최대 3개까지 포장할 수 있습니다.

예제 12 145.8을 반올림하여 일의 자리까지 나타내면 146이므로 서우의 키는 약 146 cm라고 할 수 있습니다.

개념책 16쪽 한 번 더 확인

1 700	**2** 4000
3 3.9	**4** 7.62
5 1020	**6** 5000
7 0.49	**8** 5
9 2700	**10** 3360
11 7000	**12** 8500
13 0.9	**14** 2.36
15 8.6	**16** 10

1 684 ⇨ 700
└• 올립니다.

3 3.84 ⇨ 3.9
└• 올립니다.

5 1028 ⇨ 1020
└• 버립니다.

8 5.138 ⇨ 5
└• 버립니다.

9 2740 ⇨ 2700
└• 5보다 작으므로 버립니다.

11 6684 ⇨ 7000
└• 5보다 크므로 올립니다.

13 0.94 ⇨ 0.9
└• 5보다 작으므로 버립니다.

16 9.56 ⇨ 10
└• 5이므로 올립니다.

개념책 17~19쪽 실전문제

✎ 서술형 문제는 풀이를 꼭 확인하세요.

1 (위에서부터) 3500, 3000 / 8700, 8000
2 ㉢   **3** 2589, 2584에 ◯표
4 >   **5** 1851, 1850, 1850
6 ㉠   ✎**7** 풀이 참조
8 민우
9 41만 명(또는 410000명)
10 4상자   **11** 459
12 슬아   **13** 7000
14 0, 1, 2, 3, 4   **15** 2679, 2697
16 4, 5
17

```
++++++++++++++++++++++++
   50        60        70
```

18 1.5 km   **19** 120, 121, 122

1 · 3558 ⇨ 3500   3558 ⇨ 3000
　　└➤ 버립니다.　　　└➤ 버립니다.
　· 8701 ⇨ 8700   8701 ⇨ 8000
　　└➤ 버립니다.　　　└➤ 버립니다.

2 ㉠ 63000 ⇨ 63000   ㉡ 62954 ⇨ 63000
　　　└➤ 올릴 수가 없으므로　　└➤ 올립니다.
　　　　　그대로 씁니다.
　㉢ 63100 ⇨ 64000   ㉣ 62001 ⇨ 63000
　　　└➤ 올립니다.　　　　└➤ 올립니다.

3 2589 ⇨ 2580   2575 ⇨ 2570
　　　└➤ 버립니다.　　└➤ 버립니다.
　2584 ⇨ 2580   2590 ⇨ 2590
　　　└➤ 버립니다.　　└➤ 버릴 수가 없으므로
　　　　　　　　　　　　그대로 씁니다.

4 · 3617을 올림하여 백의 자리까지 나타낸 수: 3700
　· 3621을 버림하여 십의 자리까지 나타낸 수: 3620
　⇨ 3700 > 3620

5 · 올림: 1850.3 ⇨ 1851
　　　　　　　└➤ 올립니다.
　· 버림: 1850.3 ⇨ 1850
　　　　　　　└➤ 버립니다.
　· 반올림: 1850.3 ⇨ 1850
　　　　　　　　└➤ 5보다 작으므로 버립니다.

6 36.194를 반올림하여 각각 주어진 자리까지 나타내면
　㉠ 36, ㉡ 36.2, ㉢ 36.19입니다.
　⇨ 36 < 36.19 < 36.2

✎7 【방법 1】 **예** 6.253을 버림하여 소수 둘째 자리까지 나
　타내면 6.25입니다.」❶
　【방법 2】 **예** 6.253을 반올림하여 소수 둘째 자리까지
　나타내면 6.25입니다.」❷

채점 기준
❶ 한 가지 방법으로 어떻게 어림했는지 설명하기
❷ 다른 한 가지 방법으로 어떻게 어림했는지 설명하기

8 · 하윤: 16.2 ⇨ 16   · 슬기: 14.9 ⇨ 15
　　　　└➤ 5보다 작으므로　　　└➤ 5보다 크므로
　　　　　버립니다.　　　　　　　올립니다.
　· 서준: 16.7 ⇨ 17   · 민우: 15.5 ⇨ 16
　　　　└➤ 5보다 크므로　　　└➤ 5이므로
　　　　　올립니다.　　　　　　　올립니다.

9 (한별이네 자치구의 전체 인구수)
　= 194819 + 212853 = 407672(명)
　전체 인구수를 반올림하여 몇만 명으로 나타내야 하
　므로 반올림하여 만의 자리까지 나타냅니다.
　407672 ⇨ 410000
　　　　└➤ 5보다 크므로 올립니다.
　따라서 한별이가 사는 자치구의 전체 인구수를 반올
　림하여 몇만 명으로 나타내면 41만 명입니다.

10 탁구공을 모자라게 살 수 없으므로 올림을 이용합니다.
　365를 올림하여 백의 자리까지 나타내면 400이므로
　탁구공을 최소 400개 사야 합니다.
　따라서 탁구공을 최소 4상자 사야 합니다.

11 버림하여 십의 자리까지 나타내면 450이 되는 자연수는
　45☐이고 ☐에는 0부터 9까지의 수가 들어갈 수 있
　습니다.
　따라서 이 중에서 가장 큰 수는 459입니다.

12 소민이와 민결이는 버림의 방법으로 어림해야 하고,
　슬아는 반올림의 방법으로 어림해야 합니다.
　따라서 어림하는 방법이 다른 한 친구는 슬아입니다.

13 82513 ⇨ 83000   82513 ⇨ 90000
　　　　└➤ 올립니다.　　　　└➤ 올립니다.
　⇨ 90000 - 83000 = 7000

14 72☐6의 백의 자리 숫자가 2이고 반올림하여 백의
　자리까지 나타낸 수가 7200이므로 ☐ 안에 들어갈
　수 있는 숫자는 5보다 작은 수입니다.
　따라서 ☐ 안에 들어갈 수 있는 숫자는 0, 1, 2, 3, 4
　입니다.

15 올림하여 백의 자리까지 나타내면 2700이 되는 네 자
　리 수는 26☐☐입니다.
　26☐☐의 ☐ 안에 7과 9를 한 번씩만 써서 만들 수
　있는 네 자리 수는 2679, 2697입니다.

16 ☐☐18을 올림하여 백의 자리까지 나타내면 4600
　이므로 올림하기 전의 수는 45■■입니다.
　주어진 수인 ☐☐18과 올림하기 전의 수인 45■■
　는 같은 수이므로 올림하기 전의 수는 4518입니다.

17 반올림하여 십의 자리까지 나타냈을 때 60이 되는 수
　의 범위는 55 이상 65 미만인 수이므로 수직선에 55
　를 점 ●을 사용하여 나타내고, 65를 점 ○을 사용하여
　나타냅니다.

18 은빈이네 집에서 우체국을 거쳐 공원까지의 거리는
　815 + 635 = 1450(m)입니다.
　1450 m = 1.45 km이므로 1.45를 반올림하여 소수
　첫째 자리까지 나타내면 1.5입니다.
　따라서 은빈이가 집에서 공원까지 자전거를 탄 거리
　를 반올림하여 소수 첫째 자리까지 나타내면 1.5 km
　입니다.

19 버림하여 십의 자리까지 나타내면 120인 자연수는 120, 121······128, 129입니다. 이 중에서 115 초과 122 이하인 수는 120, 121, 122입니다.

개념책 20~21쪽	응용문제
예제1 2.36, 9.53	유제1 15, 85
예제2 207장	유제2 30장
예제3 비행열차	유제3 라
예제4 6개	유제4 6개
예제5 21000	유제5 54500
예제6 7300원	유제6 25000원

예제1 2<3<5<9이므로 만들 수 있는 가장 작은 소수 세 자리 수는 2.359이고, 가장 큰 소수 세 자리 수는 9.532입니다.
2.359 ⇨ 2.36
　　└• 5보다 크므로 올립니다.
9.532 ⇨ 9.53
　　└• 5보다 작으므로 버립니다.

유제1 1<4<5<8이므로 만들 수 있는 가장 작은 소수 두 자리 수는 14.58이고, 가장 큰 소수 두 자리 수는 85.41입니다.
14.58 ⇨ 15
　　└• 5이므로 올립니다.
85.41 ⇨ 85
　　└• 5보다 작으므로 버립니다.

예제2 (저금통에 들어 있는 돈)
＝500×300＋100×564＋10×75
＝150000＋56400＋750
＝207150(원)
따라서 1000원짜리 지폐로 바꾼다면 최대 207장까지 바꿀 수 있습니다.

유제2 (자동판매기에 들어 있는 돈)
＝500×450＋100×760＋10×80
＝225000＋76000＋800
＝301800(원)
따라서 10000원짜리 지폐로 바꾼다면 최대 30장까지 바꿀 수 있습니다.

예제3 비행열차는 키가 135 cm와 같거나 커야 탈 수 있으므로 키가 125 cm인 지현이는 탈 수 없습니다.

유제3 라 화물 승강기는 무게가 450 kg과 같거나 무겁고 530 kg보다 가벼운 물건을 실을 수 있으므로 무게가 530 kg인 물건은 실을 수 없습니다.

예제4 자연수 부분이 될 수 있는 수는 3, 4, 5이고 소수 첫째 자리 수가 될 수 있는 수는 6, 7입니다.
따라서 만들 수 있는 소수 한 자리 수는 3.6, 3.7, 4.6, 4.7, 5.6, 5.7로 모두 6개입니다.

유제4 자연수 부분이 될 수 있는 수는 2, 3이고 소수 첫째 자리 수가 될 수 있는 수는 7, 8, 9입니다.
따라서 만들 수 있는 소수 한 자리 수는 2.7, 2.8, 2.9, 3.7, 3.8, 3.9로 모두 6개입니다.

예제5 올림하여 천의 자리까지 나타내었을 때 22000이 되는 자연수는 21001부터 22000까지이고, 이 중에서 가장 작은 수는 21001입니다.
따라서 21001을 버림하여 백의 자리까지 나타내면 21001 ⇨ 21000입니다.
　　　　　└• 버립니다.

유제5 반올림하여 천의 자리까지 나타내었을 때 54000이 되는 자연수는 53500부터 54499까지이고, 이 중에서 가장 큰 수는 54499입니다.
따라서 54499를 올림하여 백의 자리까지 나타내면 54499 ⇨ 54500입니다.
　　　　　└• 올립니다.

예제6 47세, 46세는 19세 이상에 속하므로 아버지와 어머니의 요금은 각각 2900원입니다.
11세는 6세 이상 13세 미만에 속하므로 수환이의 요금은 1500원입니다.
⇨ (세 사람이 내야 하는 요금)
＝2900＋2900＋1500
＝7300(원)

유제6 70세는 65세 이상에 속하므로 할머니의 요금은 9000원입니다.
12세, 11세는 3세 이상 13세 미만에 속하므로 오빠와 소라의 요금은 각각 8000원입니다.
⇨ (세 사람이 내야 하는 요금)
＝9000＋8000＋8000
＝25000(원)

◎ 서술형 문제는 풀이를 꼭 확인하세요.

1 30.5, 45, 36, 34 　　**2** 4개

3 미주 　　**4** 10 초과 14 미만인 수

5 ㉠ 　　**6** 올림

7 ②

8 33000, 32000, 32000

9 39.7, 40.1

10

```
  +--+--+--◆--+--+--◇--+--+--+
 33 34 35 36 37 38 39 40 41 42
```
/ 35, 36, 37, 38

11 ㉠, ㉢ 　　**12** 형욱

13 25판 　　**14** 12

15 5, 6, 7, 8, 9 　　**16** 1.35 km

17 다 　　◎**18** 40

◎**19** 19묶음 　　◎**20** 8개

---

1 30 초과인 수는 30보다 큰 수이므로 30.5, 45, 36, 34입니다.

2 28 이하인 수는 28과 같거나 작은 수이므로 23, 17, 28, 21로 모두 4개입니다.

3 미주: 구하려는 자리 바로 아래 자리 숫자가 0, 1, 2, 3, 4이면 버리고, 5, 6, 7, 8, 9이면 올리는 방법은 반올림입니다.

참고 올림은 구하려는 자리 아래의 수를 올려서 나타내는 방법입니다.

4 10을 점 ○을 사용하여 나타냈고, 14를 점 ○을 사용하여 나타냈으므로 10 초과 14 미만인 수입니다.

5 42 이상인 수는 42와 같거나 큰 수이므로 42 이상인 수로 이루어진 것은 ㉠입니다.

6 남는 상자 없이 모두 실어야 하므로 올림의 방법으로 어림해야 합니다.

7 ② 37580 ⇨ 37600
　　　└▶ 올립니다.

8 ・올림: 32148 ⇨ 33000
　　　　　　└▶ 올립니다.
　・버림: 32148 ⇨ 32000
　　　　　　└▶ 버립니다.
　・반올림: 32148 ⇨ 32000
　　　　　　└▶ 5보다 작으므로 버립니다.

9 39.7 ⇨ 40 　　　　40.1 ⇨ 40
　　└▶ 5보다 크므로 올립니다. 　　└▶ 5보다 작으므로 버립니다.

다른풀이 반올림하여 일의 자리까지 나타내면 40이 되는 수는 39.5 이상 40.5 미만인 수입니다.
⇨ 39.7, 40.1

10 35 이상 39 미만인 수는 수직선에 35를 점 ●을 사용하여 나타내고, 39를 점 ○을 사용하여 나타냅니다.
따라서 35 이상 39 미만인 자연수는 35, 36, 37, 38입니다.

11 ㉠ 37 이상 39 미만인 수
```
 +--+--●--+--◇--+--+
35 36 37 38 39 40
```
㉡ 37 초과 38 이하인 수
```
 +--+--○--●--+--+--+
35 36 37 38 39 40
```
㉢ 36 초과 40 미만인 수
```
 +--○--+--+--+--◇--+
35 36 37 38 39 40
```
㉣ 35 이상 36 이하인 수
```
 ●--●--+--+--+--+
35 36 37 38 39 40
```

12 준수의 기록은 14.2초이므로 2등급입니다.
따라서 준수와 같은 등급에 속하는 학생은 기록의 범위가 14초 초과 16.5초 이하에 속하는 형욱(16.3초)입니다.

13 달걀이 10개보다 적으면 포장하여 팔 수 없으므로 버림을 이용합니다. 256을 버림하여 십의 자리까지 나타내면 250이므로 포장할 수 있는 달걀은 250개입니다.
따라서 하루네 양계장에서 팔 수 있는 달걀은 최대 25판입니다.

14 □보다 작은 자연수는 11개이므로 1, 2, 3, 4, 5, 6, 7, 8, 9, 10, 11입니다.
따라서 □ 안에 알맞은 자연수는 12입니다.

15 37□81의 천의 자리 숫자가 7이고 반올림하여 천의 자리까지 나타낸 수가 38000이므로 □ 안에 들어갈 수 있는 숫자는 5 이상인 수입니다.
따라서 □ 안에 들어갈 수 있는 숫자는 5, 6, 7, 8, 9입니다.

16 학교에서 서점을 거쳐 준원이네 집까지의 거리는 618+734=1352(m)입니다.
1352 m=1.352 km이므로 1.352를 반올림하여 소수 둘째 자리까지 나타내면 1.35입니다.
따라서 준원이가 학교에서 집까지 걸어간 거리를 반올림하여 소수 둘째 자리까지 나타내면 1.35 km입니다.

17 다는 나이가 18세와 같거나 많아야 관람 가능하므로 16세인 소라는 관람할 수 없습니다.

18 예 5 초과 10 이하인 자연수는 5보다 크고 10과 같거나 작은 자연수이므로 6, 7, 8, 9, 10입니다.」❶
따라서 5 초과 10 이하인 자연수의 합은
6+7+8+9+10=40입니다.」❷

채점 기준	
❶ 5 초과 10 이하인 자연수 모두 구하기	3점
❷ 5 초과 10 이하인 자연수의 합 구하기	2점

19 예 공책을 학생 수보다 모자라게 살 수 없으므로 올림을 이용해야 합니다.」❶
186을 올림하여 십의 자리까지 나타내면 190이므로 공책을 190권 사야 합니다.
따라서 공책을 최소 19묶음 사야 합니다.」❷

채점 기준	
❶ 어떤 방법으로 어림해야 하는지 구하기	2점
❷ 공책을 최소 몇 묶음 사야 하는지 구하기	3점

20 예 자연수 부분이 될 수 있는 수는 5, 6, 7, 8이고 소수 첫째 자리 수가 될 수 있는 수는 2, 3입니다.」❶
따라서 조건을 만족하는 소수 한 자리 수는 5.2, 5.3, 6.2, 6.3, 7.2, 7.3, 8.2, 8.3으로 모두 8개입니다.」❷

채점 기준	
❶ 각 자리 수가 될 수 있는 수 구하기	3점
❷ 조건을 만족하는 소수 한 자리 수는 모두 몇 개인지 구하기	2점

개념책 25쪽 창의•융합형 문제

1 20000원, 7300원 **2** 453 mm

1 요금을 모자라게 낼 수 없으므로 올림을 이용해야 합니다. 12세는 6세 이상 13세 미만의 범위에 속하므로 나윤이가 내야 하는 요금은 12700원입니다.
12700을 올림하여 만의 자리까지 나타내면 20000이므로 나윤이는 20000원을 내야 하고, 거스름돈으로 받아야 할 돈은 20000−12700=7300(원)입니다.

2 연도별 7월의 강수량을 반올림하여 일의 자리까지 나타내면 다음과 같습니다.

연도(년)	2016	2017	2018	2019	2020	2021
강수량(mm)	358	621	186	194	207	168

따라서 강수량이 가장 많은 해의 강수량은 621 mm이고 가장 적은 해의 강수량은 168 mm이므로 강수량의 차는 621−168=453(mm)입니다.

---

2. 분수의 곱셈

개념책 28~31쪽

❶ (진분수) × (자연수)

예제 1 (1) 8, 8, $2\frac{2}{3}$ (2) 4, 4, 8, $2\frac{2}{3}$

유제 2 (1) $\frac{5}{7}$ (2) $3\frac{1}{2}$

유제 3 (1) $1\frac{2}{3}$ (2) $5\frac{1}{3}$

❷ (대분수) × (자연수)

예제 4 방법1 1, 1, 1, $6\frac{1}{2}$

방법2 13, 1, 13, 1, 13, $6\frac{1}{2}$

유제 5 (1) $8\frac{3}{4}$ (2) $6\frac{1}{3}$

유제 6 (1) $9\frac{1}{2}$ (2) $41\frac{1}{3}$

❸ (자연수) × (진분수)

예제 7 (1) 28, 5, 28, $5\frac{3}{5}$ (2) 4, 4, 28, $5\frac{3}{5}$

유제 8 (1) $2\frac{2}{5}$ (2) $1\frac{1}{2}$

유제 9 (1) $2\frac{2}{3}$ (2) $6\frac{2}{3}$

❹ (자연수) × (대분수)

예제 10 방법1 1, 7, 7, $7\frac{1}{3}$

방법2 1, 22, 1, 22, 22, $7\frac{1}{3}$

유제 11 (1) $12\frac{3}{5}$ (2) $11\frac{1}{4}$

유제 12 (1) $3\frac{1}{2}$ (2) $4\frac{1}{4}$

유제 2 (1) $\frac{1}{7} \times 5 = \frac{1 \times 5}{7} = \frac{5}{7}$

(2) $\frac{7}{\underset{2}{8}} \times \overset{1}{4} = \frac{7 \times 1}{2} = \frac{7}{2} = 3\frac{1}{2}$

유제 3 (1) $\frac{5}{\underset{3}{6}} \times \overset{1}{2} = \frac{5 \times 1}{3} = \frac{5}{3} = 1\frac{2}{3}$

(2) $\frac{8}{\underset{3}{15}} \times \overset{2}{10} = \frac{8 \times 2}{3} = \frac{16}{3} = 5\frac{1}{3}$

유제 5 (1) $1\dfrac{3}{4} \times 5 = \dfrac{7}{4} \times 5 = \dfrac{7 \times 5}{4} = \dfrac{35}{4} = 8\dfrac{3}{4}$

(2) $2\dfrac{1}{9} \times 3 = \dfrac{19}{\overset{}{\underset{3}{9}}} \times \overset{1}{3} = \dfrac{19 \times 1}{3} = \dfrac{19}{3} = 6\dfrac{1}{3}$

유제 6 (1) $2\dfrac{3}{8} \times 4 = \dfrac{19}{\overset{}{\underset{2}{8}}} \times \overset{1}{4} = \dfrac{19 \times 1}{2} = \dfrac{19}{2} = 9\dfrac{1}{2}$

(2) $5\dfrac{1}{6} \times 8 = \dfrac{31}{\overset{}{\underset{3}{6}}} \times \overset{4}{8} = \dfrac{31 \times 4}{3}$

$= \dfrac{124}{3} = 41\dfrac{1}{3}$

유제 8 (1) $4 \times \dfrac{3}{5} = \dfrac{4 \times 3}{5} = \dfrac{12}{5} = 2\dfrac{2}{5}$

(2) $\overset{1}{2} \times \dfrac{3}{\overset{}{\underset{2}{4}}} = \dfrac{1 \times 3}{2} = \dfrac{3}{2} = 1\dfrac{1}{2}$

유제 9 (1) $\overset{1}{3} \times \dfrac{8}{\overset{}{\underset{3}{9}}} = \dfrac{1 \times 8}{3} = \dfrac{8}{3} = 2\dfrac{2}{3}$

(2) $\overset{2}{14} \times \dfrac{10}{\overset{}{\underset{3}{21}}} = \dfrac{2 \times 10}{3} = \dfrac{20}{3} = 6\dfrac{2}{3}$

유제 11 (2) $6 \times 1\dfrac{7}{8} = \overset{3}{6} \times \dfrac{15}{\overset{}{\underset{4}{8}}} = \dfrac{3 \times 15}{4} = \dfrac{45}{4} = 11\dfrac{1}{4}$

유제 12 (2) $3 \times 1\dfrac{5}{12} = \overset{1}{3} \times \dfrac{17}{\overset{}{\underset{4}{12}}} = \dfrac{1 \times 17}{4} = \dfrac{17}{4} = 4\dfrac{1}{4}$

개념책 32쪽 한번 더 **확인**

1 $\dfrac{1}{2}$ **2** $4\dfrac{1}{2}$

3 $6\dfrac{1}{6}$ **4** $12\dfrac{3}{5}$

5 $1\dfrac{1}{3}$ **6** $8\dfrac{1}{3}$

7 $5\dfrac{7}{9}$ **8** $3\dfrac{3}{7}$

9 $14\dfrac{1}{2}$ **10** $8\dfrac{1}{4}$

11 $4\dfrac{4}{5}$ **12** 32

13 $5\dfrac{5}{6}$ **14** $19\dfrac{1}{3}$

개념책 33~34쪽 실전문제

✎ 서술형 문제는 풀이를 꼭 확인하세요.

1 ④

2

3 $12\dfrac{1}{2}$ / $17\dfrac{1}{2}$ **4** $9 \times 1\dfrac{1}{18}$에 ◯표

5 < ✎**6** 풀이 참조

7 ㉢, ㉠, ㉡ **8** $6\dfrac{4}{5}$ / $20\dfrac{2}{5}$

9 30장 **10** $7\dfrac{1}{3}$ cm

11 $4\dfrac{4}{5}$ m **12** 6개

13 태리 **14** 5 km

1 ④ $2\dfrac{5}{7} \times 3 = (2 \times 3) + \left(\dfrac{5}{7} \times 3\right) = 6 + \dfrac{5 \times 3}{7}$

2 • $\dfrac{4}{5} \times 8 = \dfrac{4 \times 8}{5} = \dfrac{32}{5} = 6\dfrac{2}{5}$

• $1\dfrac{4}{15} \times 5 = \dfrac{19}{\overset{}{\underset{3}{15}}} \times \overset{1}{5} = \dfrac{19 \times 1}{3} = \dfrac{19}{3} = 6\dfrac{1}{3}$

3 • $\overset{5}{20} \times \dfrac{5}{\overset{}{\underset{2}{8}}} = \dfrac{25}{2} = 12\dfrac{1}{2}$

• $5 \times 3\dfrac{1}{2} = 5 \times \dfrac{7}{2} = \dfrac{35}{2} = 17\dfrac{1}{2}$

4 • 9에 진분수를 곱하면 곱한 결과는 9보다 작습니다.

• 9에 1을 곱하면 곱한 결과는 그대로 9입니다.

• 9에 대분수를 곱하면 곱한 결과는 9보다 큽니다.

➡ 계산 결과가 9보다 큰 식은 $9 \times 1\dfrac{1}{18}$입니다.

5 • $\dfrac{3}{4} \times 11 = \dfrac{3 \times 11}{4} = \dfrac{33}{4} = 8\dfrac{1}{4}$

• $\overset{3}{12} \times \dfrac{13}{\overset{}{\underset{4}{16}}} = \dfrac{3 \times 13}{4} = \dfrac{39}{4} = 9\dfrac{3}{4}$

➡ $8\dfrac{1}{4} < 9\dfrac{3}{4}$

✎**6** **예** 대분수를 가분수로 바꾼 다음 가분수의 분모와 자연수를 약분해야 하는데 대분수의 분모와 자연수를 약분하여 계산해서 잘못되었습니다.」❶

$3\dfrac{1}{6} \times 9 = \dfrac{19}{\overset{}{\underset{2}{6}}} \times \overset{3}{9} = \dfrac{19 \times 3}{2} = \dfrac{57}{2} = 28\dfrac{1}{2}$」❷

채점 기준

❶ 잘못 계산한 부분을 찾아 이유 쓰기
❷ 바르게 계산하기

7 ㉠ $10 \times 1\frac{1}{5} = \overset{2}{10} \times \frac{6}{\underset{1}{5}} = 12$

㉡ $6 \times 2\frac{1}{2} = \overset{3}{6} \times \frac{5}{\underset{1}{2}} = 15$

㉢ $2 \times 4\frac{2}{3} = 2 \times \frac{14}{3} = \frac{28}{3} = 9\frac{1}{3}$

⇨ $\underset{㉢}{9\frac{1}{3}} < \underset{㉠}{12} < \underset{㉡}{15}$

8 가장 큰 대분수를 만들면 $6\frac{4}{5}$입니다.

⇨ $6\frac{4}{5} \times 3 = \frac{34}{5} \times 3 = \frac{102}{5} = 20\frac{2}{5}$

9 (필요한 색종이의 수)

$= 2\frac{1}{7} \times 14 = \frac{15}{\underset{1}{7}} \times \overset{2}{14} = 30(장)$

10 (정팔각형의 둘레) $= \frac{11}{\underset{3}{12}} \times \overset{2}{8} = \frac{22}{3} = 7\frac{1}{3}(cm)$

11 사용하고 남은 철사는 전체의 $1 - \frac{7}{10} = \frac{3}{10}$입니다.

⇨ (남은 철사의 길이) $= \overset{8}{16} \times \frac{3}{\underset{5}{10}} = \frac{24}{5} = 4\frac{4}{5}(m)$

12 $2 \times 3\frac{1}{8} = \overset{1}{2} \times \frac{25}{\underset{4}{8}} = \frac{25}{4} = 6\frac{1}{4}$

$6\frac{1}{4} > \square$이므로 $\square$ 안에 들어갈 수 있는 자연수는 6, 5, 4, 3, 2, 1로 모두 6개입니다.

13 • 준오: 1 m는 100 cm이므로

1 m의 $\frac{1}{4}$은 $\overset{25}{100} \times \frac{1}{\underset{1}{4}} = 25(cm)$입니다.

• 태리: 1시간은 60분이므로

1시간의 $\frac{1}{2}$은 $\overset{30}{60} \times \frac{1}{\underset{1}{2}} = 30(분)$입니다.

• 지아: 1 L는 1000 mL이므로

1 L의 $\frac{3}{5}$은 $\overset{200}{1000} \times \frac{3}{\underset{1}{5}} = 600(mL)$입니다.

14 1시간 40분 $= 1\frac{40}{60}$ 시간 $= 1\frac{2}{3}$ 시간입니다.

⇨ (소율이가 1시간 40분 동안 걸은 거리)

$= 3 \times 1\frac{2}{3} = \overset{1}{3} \times \frac{5}{\underset{1}{3}} = 5(km)$

개념책 35~36쪽

❺ (진분수)×(진분수)

예제 1 (1) 5, 12, $\frac{5}{12}$ (2) 1, 3, 1, 3, $\frac{5}{12}$

유제 2 (1) $\frac{1}{21}$ (2) $\frac{1}{36}$ (3) $\frac{1}{12}$ (4) $\frac{11}{24}$

❻ 여러 가지 분수의 곱셈

예제 3 **방법 1** 2, 1, $\frac{2}{5}$, $2\frac{4}{5}$

방법 2 2, 7, 1, $\frac{14}{5}$, $2\frac{4}{5}$

예제 4 **방법 1** 1, 3, $\frac{1}{21}$, $\frac{1}{42}$

방법 2 1, 3, $\frac{1}{42}$

유제 2 (1) $\frac{1}{7} \times \frac{1}{3} = \frac{1 \times 1}{7 \times 3} = \frac{1}{21}$

(2) $\frac{1}{9} \times \frac{1}{4} = \frac{1 \times 1}{9 \times 4} = \frac{1}{36}$

(3) $\frac{\overset{1}{5}}{12} \times \frac{1}{\underset{1}{5}} = \frac{1}{12}$

(4) $\frac{11}{\underset{3}{15}} \times \frac{\overset{1}{5}}{8} = \frac{11}{24}$

개념책 37쪽 한번 더 확인

1 $\frac{1}{45}$ **2** $\frac{1}{12}$

3 $1\frac{2}{5}$ **4** $\frac{3}{7}$

5 $\frac{1}{10}$ **6** $\frac{2}{3}$

7 $\frac{20}{27}$ **8** $5\frac{5}{8}$

9 $4\frac{2}{3}$ **10** $\frac{7}{90}$

11 4   **12** $9\frac{5}{7}$

13 $\frac{3}{7}$ **14** 18

✎ 서술형 문제는 풀이를 꼭 확인하세요.

1 (◯) (　) (　)　**2** $\dfrac{11}{28}$

3 (1) <　(2) >　(3) =

4 $\dfrac{8}{15}$　　　　　**5** ㉡

✎**6** $6\dfrac{1}{4}$　　　　**7** ㉢, ㉠, ㉡

8 $\dfrac{6}{25}$ m　　　　**9** 12 L

10 $1\dfrac{7}{8}$　　　　**11** 4, 5 또는 5, 4 / $\dfrac{1}{20}$

12 $\dfrac{1}{40}$　　　　**13** $8\dfrac{8}{15}$

14 $\dfrac{3}{10}$

---

1 ・$\dfrac{1}{7}\times\dfrac{1}{4}=\dfrac{1}{28}$

・$\dfrac{1}{8}\times\dfrac{1}{3}=\dfrac{1}{24}$ ⎤
  　　　　　　　　　　⎬ ⇨ 계산 결과가 같습니다.
・$\dfrac{1}{4}\times\dfrac{1}{6}=\dfrac{1}{24}$ ⎦

2 $1\dfrac{3}{8}\times\dfrac{2}{7}=\dfrac{11}{\overset{}{\underset{4}{8}}}\times\dfrac{\overset{1}{2}}{7}=\dfrac{11}{28}$

3 (1) 어떤 수에 진분수를 곱하면 곱한 결과는 어떤 수보다 작습니다.
  (2) 어떤 수에 큰 수를 곱할수록 더 큰 수가 나옵니다.
  $\dfrac{1}{3}>\dfrac{1}{9}$이므로 $\dfrac{4}{7}\times\dfrac{1}{3}>\dfrac{4}{7}\times\dfrac{1}{9}$입니다.
  (3) (진분수)×(진분수)는 분자는 분자끼리, 분모는 분모끼리 곱하므로 두 분수의 순서를 바꾸어 곱하여도 계산 결과는 같습니다.

4 색칠한 부분은 전체의 $\dfrac{2}{3}$입니다.
  ⇨ □ = $\dfrac{4}{5}\times\dfrac{2}{3}=\dfrac{8}{15}$

5 ㉠ $\dfrac{\overset{1}{2}}{\underset{3}{9}}\times\dfrac{\overset{1}{7}}{\underset{5}{10}}\times\dfrac{\overset{2}{6}}{\underset{1}{7}}=\dfrac{2}{15}$

  ㉡ $\dfrac{\overset{1}{3}}{\underset{2}{8}}\times\dfrac{\overset{1}{5}}{\underset{2}{6}}\times\dfrac{\overset{1}{4}}{\underset{1}{5}}=\dfrac{1}{4}$
  　　　　　　　　　└ 단위분수

✎**6** 예 $\dfrac{7}{2}=3\dfrac{1}{2}$이므로 가장 큰 분수는 $4\dfrac{3}{8}$, 가장 작은 분수는 $1\dfrac{3}{7}$입니다.」❶

따라서 가장 큰 분수와 가장 작은 분수의 곱은

$4\dfrac{3}{8}\times1\dfrac{3}{7}=\dfrac{\overset{5}{35}}{\underset{4}{8}}\times\dfrac{\overset{5}{10}}{\underset{1}{7}}=\dfrac{25}{4}=6\dfrac{1}{4}$입니다.」❷

채점 기준
❶ 가장 큰 분수와 가장 작은 분수 찾기
❷ 가장 큰 분수와 가장 작은 분수의 곱 구하기

7 ㉠ $1\dfrac{2}{3}\times1\dfrac{1}{6}=\dfrac{5}{3}\times\dfrac{7}{6}=\dfrac{35}{18}=1\dfrac{17}{18}$

  ㉡ $1\dfrac{1}{8}\times\dfrac{4}{9}=\dfrac{\overset{1}{9}}{\underset{2}{8}}\times\dfrac{\overset{1}{4}}{\underset{1}{9}}=\dfrac{1}{2}$

  ㉢ $\dfrac{5}{6}\times3\dfrac{3}{7}=\dfrac{5}{\underset{1}{6}}\times\dfrac{\overset{4}{24}}{7}=\dfrac{20}{7}=2\dfrac{6}{7}$

  ⇨ $\underset{㉢}{2\dfrac{6}{7}}>\underset{㉠}{1\dfrac{17}{18}}>\underset{㉡}{\dfrac{1}{2}}$

8 (사용한 끈의 길이) = $\dfrac{\overset{3}{9}}{\underset{5}{10}}\times\dfrac{\overset{2}{4}}{\underset{5}{15}}=\dfrac{6}{25}$ (m)

9 (받은 물의 양) = $2\dfrac{2}{7}\times5\dfrac{1}{4}=\dfrac{\overset{4}{16}}{\underset{1}{7}}\times\dfrac{\overset{3}{21}}{\underset{1}{4}}=12$ (L)

10 (어떤 수) = $2\dfrac{2}{5}\times\dfrac{5}{8}=\dfrac{\overset{3}{12}}{\underset{1}{5}}\times\dfrac{\overset{1}{5}}{\underset{2}{8}}=\dfrac{3}{2}=1\dfrac{1}{2}$

  ⇨ $1\dfrac{1}{2}\times1\dfrac{1}{4}=\dfrac{3}{2}\times\dfrac{5}{4}=\dfrac{15}{8}=1\dfrac{7}{8}$

11 4<5<6<7<8이므로 계산 결과가 가장 큰 분수의 곱셈식은 $\dfrac{1}{4}\times\dfrac{1}{5}=\dfrac{1}{20}$ 또는 $\dfrac{1}{5}\times\dfrac{1}{4}=\dfrac{1}{20}$입니다.

12 음악을 좋아하는 5학년 남학생은 전체 학생의
  $\dfrac{1}{\underset{2}{6}}\times\dfrac{\overset{1}{3}}{5}\times\dfrac{1}{4}=\dfrac{1}{40}$입니다.

13 만들 수 있는 가장 큰 대분수는 $5\dfrac{1}{3}$, 가장 작은 대분수는 $1\dfrac{3}{5}$입니다.
  ⇨ $5\dfrac{1}{3}\times1\dfrac{3}{5}=\dfrac{16}{3}\times\dfrac{8}{5}=\dfrac{128}{15}=8\dfrac{8}{15}$

14 지민이가 어제 읽고 남은 책의 양은 전체의

$1-\dfrac{1}{4}=\dfrac{3}{4}$ 입니다.

⇨ 오늘 읽은 양은 전체의 $\dfrac{3}{\overset{}{\underset{2}{4}}}\times\dfrac{\overset{1}{2}}{5}=\dfrac{3}{10}$ 입니다.

개념책 40~41쪽	응용문제

예제 1 ㉮, $2\dfrac{5}{8}$ cm²	유제 1 ㉯, $2\dfrac{11}{40}$ cm²
예제 2 4	유제 2 2개
예제 3 $\dfrac{1}{9}$	유제 3 $3\dfrac{4}{7}$
예제 4 $4\dfrac{2}{3}$, 5, $23\dfrac{1}{3}$	유제 4 $7\dfrac{8}{9}$, 6, $47\dfrac{1}{3}$
예제 5 영수, $\dfrac{1}{15}$ kg	유제 5 현우, $\dfrac{7}{20}$ L
예제 6 145개	유제 6 40 kg

예제 1
· (㉮의 넓이)$=3\times1\dfrac{5}{8}=3\times\dfrac{13}{8}$
$\qquad\qquad=\dfrac{39}{8}=4\dfrac{7}{8}$ (cm²)

· (㉯의 넓이)$=1\dfrac{1}{2}\times1\dfrac{1}{2}=\dfrac{3}{2}\times\dfrac{3}{2}$
$\qquad\qquad=\dfrac{9}{4}=2\dfrac{1}{4}$ (cm²)

⇨ ㉮의 넓이가
$4\dfrac{7}{8}-2\dfrac{1}{4}=4\dfrac{7}{8}-2\dfrac{2}{8}=2\dfrac{5}{8}$ (cm²)
더 넓습니다.

유제 1
· (㉮의 넓이)$=1\dfrac{4}{5}\times1\dfrac{1}{6}=\dfrac{9}{5}\times\dfrac{\overset{}{\underset{2}{6}}}{\overset{7}{}}$

$=1\dfrac{4}{5}\times1\dfrac{1}{6}=\dfrac{9}{5}\times\dfrac{7}{\underset{2}{6}}$
$\qquad\qquad=\dfrac{21}{10}=2\dfrac{1}{10}$ (cm²)

· (㉯의 넓이)$=2\dfrac{1}{2}\times1\dfrac{3}{4}=\dfrac{5}{2}\times\dfrac{7}{4}$
$\qquad\qquad=\dfrac{35}{8}=4\dfrac{3}{8}$ (cm²)

⇨ ㉯의 넓이가
$4\dfrac{3}{8}-2\dfrac{1}{10}=4\dfrac{15}{40}-2\dfrac{4}{40}=2\dfrac{11}{40}$ (cm²)
더 넓습니다.

예제 2 $\dfrac{1}{3}\times\dfrac{1}{\square}=\dfrac{1}{3\times\square}$ 이고 $\dfrac{1}{3\times\square}>\dfrac{1}{15}$ 이므로
$3\times\square<15$ 입니다.

⇨ □ 안에 들어갈 수 있는 자연수는 1, 2, 3, 4 이고, 이 중 가장 큰 수는 4입니다.

유제 2 $2\dfrac{1}{3}\times5\dfrac{1}{4}=\dfrac{7}{3}\times\dfrac{\overset{7}{21}}{4}=\dfrac{49}{4}=12\dfrac{1}{4}$ 이고

$12\dfrac{1}{4}<12\dfrac{1}{\square}$ 이므로 $4>\square$ 입니다.

⇨ □ 안에 들어갈 수 있는 1보다 큰 자연수는 2, 3이므로 모두 2개입니다.

예제 3 어떤 수를 □라 하면 $\square+\dfrac{1}{4}=\dfrac{25}{36}$ 이므로

$\square=\dfrac{25}{36}-\dfrac{1}{4}=\dfrac{25}{36}-\dfrac{9}{36}=\dfrac{\overset{4}{16}}{\underset{9}{36}}=\dfrac{4}{9}$ 입니다.

⇨ 바르게 계산하면 $\dfrac{\overset{1}{4}}{9}\times\dfrac{1}{\underset{1}{4}}=\dfrac{1}{9}$ 입니다.

유제 3 어떤 수를 □라 하면 $\square-\dfrac{5}{7}=4\dfrac{2}{7}$ 이므로

$\square=4\dfrac{2}{7}+\dfrac{5}{7}=5$ 입니다.

⇨ 바르게 계산하면 $5\times\dfrac{5}{7}=\dfrac{25}{7}=3\dfrac{4}{7}$ 입니다.

예제 4 가장 큰 수인 5를 자연수에 놓고, 나머지 수로 가장 큰 대분수를 만들면 $4\dfrac{2}{3}$ 입니다.

⇨ $4\dfrac{2}{3}\times5=\dfrac{14}{3}\times5=\dfrac{70}{3}=23\dfrac{1}{3}$

유제 4 가장 작은 수인 6을 자연수에 놓고, 나머지 수로 가장 작은 대분수를 만들면 $7\dfrac{8}{9}$ 입니다.

⇨ $7\dfrac{8}{9}\times6=\dfrac{71}{\underset{3}{9}}\times\overset{2}{6}=\dfrac{142}{3}=47\dfrac{1}{3}$

예제 5 영수: $\dfrac{\overset{1}{3}}{5}\times\dfrac{4}{\underset{3}{9}}=\dfrac{4}{15}$ (kg),

대희: $\dfrac{\overset{1}{3}}{5}\times\dfrac{1}{\underset{1}{3}}=\dfrac{1}{5}$ (kg)

⇨ 영수가 $\dfrac{4}{15}-\dfrac{1}{5}=\dfrac{4}{15}-\dfrac{3}{15}=\dfrac{1}{15}$ (kg)
더 많이 사용했습니다.

유제 5 진서: $\overset{3}{\cancel{9}}_{10} \times \dfrac{1}{\cancel{6}_{2}} = \dfrac{3}{20}$ (L),

현우: $\overset{1}{\cancel{9}}_{10} \times \dfrac{\overset{}{5}}{\cancel{9}_{1}} = \dfrac{1}{2}$ (L)

⇨ 현우가 $\dfrac{1}{2} - \dfrac{3}{20} = \dfrac{10}{20} - \dfrac{3}{20} = \dfrac{7}{20}$ (L)
더 많이 마셨습니다.

예제 6 • (동생에게 준 구슬의 수) $= \overset{50}{\cancel{150}} \times \dfrac{2}{\cancel{3}_{1}} = 100$ (개)

• (동생에게 주고 남은 구슬의 수)
$= 150 - 100 = 50$ (개)

• (형에게 준 구슬의 수) $= \overset{5}{\cancel{50}} \times \dfrac{9}{\cancel{10}_{1}} = 45$ (개)

⇨ (동생과 형에게 준 구슬의 수)
$= 100 + 45 = 145$ (개)

유제 6 • (지난달에 먹은 쌀의 양) $= \overset{8}{\cancel{64}} \times \dfrac{3}{\cancel{8}_{1}} = 24$ (kg)

• (지난달에 먹고 남은 쌀의 양)
$= 64 - 24 = 40$ (kg)

• (이번 달에 먹은 쌀의 양) $= \overset{8}{\cancel{40}} \times \dfrac{2}{\cancel{5}_{1}} = 16$ (kg)

⇨ (지난달과 이번 달에 먹은 쌀의 양)
$= 24 + 16 = 40$ (kg)

개념책 42~44쪽 | **단원 평가**

✎ 서술형 문제는 풀이를 꼭 확인하세요.

1 $2\dfrac{2}{3}$

2 $2\dfrac{3}{8} \times 6 = \dfrac{19}{\cancel{8}_{4}} \times \dfrac{\cancel{6}^{3}}{1} = \dfrac{57}{4} = 14\dfrac{1}{4}$

3 •⟋⟍•

4 $7 \times \dfrac{16}{11}$, $7 \times 3\dfrac{1}{7}$ 에 ◯표, $7 \times \dfrac{21}{25}$ 에 △표

---

5 $2\dfrac{2}{9} \times 1\dfrac{1}{4}$ 에 ◯표

$2\dfrac{2}{9} \times 1\dfrac{1}{4} = \dfrac{\overset{5}{\cancel{20}}}{9} \times \dfrac{5}{\cancel{4}_{1}} = \dfrac{25}{9} = 2\dfrac{7}{9}$

6 $1\dfrac{13}{27}$

7 (위에서부터) $4\dfrac{1}{6}$, $\dfrac{11}{20}$, $\dfrac{1}{8}$, $18\dfrac{1}{3}$

8 ㉡   **9** 영우

10 $\dfrac{3}{10}$ L   **11** 35

12 6개   **13** $\dfrac{2}{35}$

14 8 m   **15** 60000원

16 1200원   **17** $5\dfrac{6}{7}$, 4, $23\dfrac{3}{7}$

✎**18** $9\dfrac{1}{2}$ km   ✎**19** $\dfrac{1}{18}$

✎**20** 8

---

1 $\dfrac{4}{\cancel{15}_{3}} \times \overset{2}{\cancel{10}} = \dfrac{8}{3} = 2\dfrac{2}{3}$

2 대분수와 자연수를 각각 가분수로 바꾸어 계산하는 방법입니다.

3 • $\dfrac{\overset{1}{\cancel{3}}}{\cancel{10}_{5}} \times \dfrac{\overset{1}{\cancel{2}}}{\cancel{9}_{3}} = \dfrac{1}{15}$ • $\dfrac{7}{\cancel{12}_{4}} \times \overset{3}{\cancel{9}} = \dfrac{21}{4} = 5\dfrac{1}{4}$

• $\overset{1}{\cancel{6}} \times \dfrac{5}{\cancel{12}_{2}} = \dfrac{5}{2} = 2\dfrac{1}{2}$

4 • $7 \times \dfrac{16}{11}$ 은 7에 가분수를 곱했으므로 곱한 결과는 7 보다 큽니다.

• $7 \times 3\dfrac{1}{7}$ 은 7에 대분수를 곱했으므로 곱한 결과는 7 보다 큽니다.

• $7 \times \dfrac{21}{25}$ 은 7에 진분수를 곱했으므로 곱한 결과는 7 보다 작습니다.

5 대분수를 가분수로 바꾼 다음 약분하여 계산해야 하는데 대분수를 가분수로 바꾸기 전에 약분하여 계산했습니다.

6 $\dfrac{2}{9} \times 8 \times \dfrac{5}{6} = \dfrac{2}{9} \times \dfrac{8}{1} \times \dfrac{\overset{1}{5}}{\underset{3}{6}} = \dfrac{40}{27} = 1\dfrac{13}{27}$

7 ・ $\dfrac{5}{\underset{6}{12}} \times \overset{5}{10} = \dfrac{25}{6} = 4\dfrac{1}{6}$

・ $\dfrac{3}{10} \times 1\dfrac{5}{6} = \dfrac{\overset{1}{3}}{10} \times \dfrac{11}{\underset{2}{6}} = \dfrac{11}{20}$

・ $\dfrac{\overset{1}{5}}{\underset{4}{12}} \times \dfrac{\overset{1}{3}}{\underset{2}{10}} = \dfrac{1}{8}$

・ $10 \times 1\dfrac{5}{6} = \overset{5}{10} \times \dfrac{11}{\underset{3}{6}} = \dfrac{55}{3} = 18\dfrac{1}{3}$

8 ㉠ $\dfrac{1}{8} \times \dfrac{1}{4} = \dfrac{1}{32}$　　㉡ $\dfrac{1}{5} \times \dfrac{1}{6} = \dfrac{1}{30}$

㉢ $\dfrac{1}{7} \times \dfrac{1}{7} = \dfrac{1}{49}$

⇨ $\underset{\underset{㉡}{}}{\dfrac{1}{30}} > \underset{\underset{㉠}{}}{\dfrac{1}{32}} > \underset{\underset{㉢}{}}{\dfrac{1}{49}}$

9 ・현주: 1 kg은 1000 g이므로

　　1 kg의 $\dfrac{3}{4}$은 $\overset{250}{1000} \times \dfrac{3}{\underset{1}{4}} = 750$(g)입니다.

・영우: 1시간은 60분이므로

　　1시간의 $\dfrac{5}{6}$는 $\overset{10}{60} \times \dfrac{5}{\underset{1}{6}} = 50$(분)입니다.

10 (연정이가 마신 주스의 양)$= \dfrac{3}{\underset{2}{4}} \times \dfrac{\overset{1}{2}}{5} = \dfrac{3}{10}$(L)

11 (어떤 수)$= \overset{7}{56} \times \dfrac{3}{\underset{1}{8}} = 21$

⇨ $21 \times 1\dfrac{2}{3} = \overset{7}{21} \times \dfrac{5}{\underset{1}{3}} = 35$

12 $3\dfrac{3}{8} \times 1\dfrac{5}{6} = \dfrac{\overset{9}{27}}{8} \times \dfrac{11}{\underset{2}{6}} = \dfrac{99}{16} = 6\dfrac{3}{16}$이고,

$6\dfrac{3}{16} > \square$이므로 $\square$ 안에 들어갈 수 있는 자연수는

1, 2, 3, 4, 5, 6으로 모두 6개입니다.

13 고양이를 좋아하는 5학년 여학생은 전체 학생의

$\dfrac{1}{5} \times \dfrac{\overset{1}{3}}{7} \times \dfrac{2}{\underset{1}{3}} = \dfrac{2}{35}$ 입니다.

14 1시간 20분 $= 1\dfrac{20}{60}$시간 $= 1\dfrac{1}{3}$시간

　⇨ (수민이가 1시간 20분 동안 사용한 털실의 길이)

　　$= 6 \times 1\dfrac{1}{3} = \overset{2}{6} \times \dfrac{4}{\underset{1}{3}} = 8$(m)

15 (어린이 3명의 입장료)$= 25000 \times 3 = 75000$(원)

　⇨ (오후 4시 이후 어린이 3명의 입장료)

　　$= \overset{15000}{75000} \times \dfrac{4}{\underset{1}{5}} = 60000$(원)

　다른 풀이 (오후 4시 이후 어린이 1명의 입장료)

　　$= \overset{5000}{25000} \times \dfrac{4}{\underset{1}{5}} = 20000$(원)

　⇨ (오후 4시 이후 어린이 3명의 입장료)

　　$= 20000 \times 3 = 60000$(원)

16 ・(필통을 사는 데 쓴 돈)$= \overset{1200}{6000} \times \dfrac{3}{\underset{1}{5}} = 3600$(원)

・(필통을 사고 남은 돈)$= 6000 - 3600 = 2400$(원)

　⇨ (공책을 사는 데 쓴 돈)

　　$= \overset{1200}{2400} \times \dfrac{1}{\underset{1}{2}} = 1200$(원)

17 가장 작은 수인 4를 자연수에 놓고, 나머지 수로 가장

작은 대분수를 만들면 $5\dfrac{6}{7}$입니다.

⇨ $5\dfrac{6}{7} \times 4 = \dfrac{41}{7} \times 4 = \dfrac{164}{7} = 23\dfrac{3}{7}$

18 **예** 일주일은 7일이므로 $1\dfrac{5}{14} \times 7$을 계산합니다. ❶

따라서 준우가 일주일 동안 산책한 거리는

$1\dfrac{5}{14} \times 7 = \dfrac{19}{\underset{2}{14}} \times \overset{1}{7} = \dfrac{19}{2} = 9\dfrac{1}{2}$(km)입니다. ❷

채점 기준	
❶ 문제에 알맞은 식 만들기	2점
❷ 준우가 일주일 동안 산책한 거리 구하기	3점

19 예 형민이가 어제 마시고 남은 우유는 전체의

$$1-\frac{5}{6}=\frac{1}{6}$$ 입니다. ❶

따라서 형민이가 오늘 마신 우유는 전체의

$$\frac{1}{6}\times\frac{1}{3}=\frac{1}{18}$$ 입니다. ❷

채점 기준	
❶ 어제 마시고 남은 우유는 전체의 몇 분의 몇인지 구하기	2점
❷ 오늘 마신 우유는 전체의 몇 분의 몇인지 구하기	3점

20 예 어떤 수를 □라 하면 $\square+2\frac{1}{2}=5\frac{7}{10}$ 이므로

$$\square=5\frac{7}{10}-2\frac{1}{2}=5\frac{7}{10}-2\frac{5}{10}=3\frac{\overset{1}{2}}{\underset{5}{10}}=3\frac{1}{5}$$

입니다. ❶

따라서 바르게 계산하면 $3\frac{1}{5}\times2\frac{1}{2}=\frac{\overset{8}{16}}{5}\times\frac{\overset{1}{5}}{\underset{1}{2}}=8$

입니다. ❷

채점 기준	
❶ 어떤 수 구하기	2점
❷ 바르게 계산한 값 구하기	3점

개념책 45쪽 창의·융합형 문제

1 $\frac{1}{5}$ 　　　　**2** $3\frac{21}{25}$ m²

1 육지의 $\frac{1}{3}$ 이 남반구에 있으므로 육지의 $1-\frac{1}{3}=\frac{2}{3}$ 는 북반구에 있습니다.

⇨ 북반구에 있는 육지는 지구 전체의

$$\frac{\overset{1}{3}}{\underset{5}{10}}\times\frac{\overset{1}{2}}{\underset{1}{3}}=\frac{1}{5}$$ 입니다.

2 (태극기의 세로)$=2\frac{2}{5}\times\frac{2}{3}=\frac{\overset{4}{12}}{5}\times\frac{2}{\underset{1}{3}}$

$$=\frac{8}{5}=1\frac{3}{5}(m)$$

⇨ (태극기의 넓이)$=2\frac{2}{5}\times1\frac{3}{5}=\frac{12}{5}\times\frac{8}{5}$

$$=\frac{96}{25}=3\frac{21}{25}(m^2)$$

---

3. 합동과 대칭

❶ 도형의 합동

예제 1 (　) (　) (○)

예제 2 (　) (　) (○)

❷ 합동인 도형의 성질

예제 3 (1) ㅂ, ㅁ 　(2) ㅂㅁ, ㅁㄹ
　　　(3) ㅂㅁㄹ, ㅁㄹㅂ

예제 4 (1) ㅅㅂ / 같습니다
　　　(2) ㅇㅅㅂ / 같습니다

예제 1 왼쪽 도형과 모양과 크기가 같아서 포개었을 때 완전히 겹치는 도형을 찾습니다.

참고 밀거나 뒤집거나 돌렸을 때 포개어지면 서로 합동이고, 크기가 다르면 서로 합동이 아닙니다.

예제 2 점선을 따라 잘라 만들어진 두 도형을 포개었을 때 완전히 겹치는 것을 찾습니다.

예제 4 (1) (변 ㄱㄴ)=(변 ㅇㅅ), (변 ㄴㄷ)=(변 ㅅㅂ),
　　　(변 ㄷㄹ)=(변 ㅂㅁ), (변 ㄹㄱ)=(변 ㅁㅇ)
　　　⇨ 각각의 대응변의 길이가 서로 같습니다.
　　(2) (각 ㄱㄴㄷ)=(각 ㅇㅅㅂ),
　　　(각 ㄴㄷㄹ)=(각 ㅅㅂㅁ),
　　　(각 ㄷㄹㄱ)=(각 ㅂㅁㅇ),
　　　(각 ㄹㄱㄴ)=(각 ㅁㅇㅅ)
　　　⇨ 각각의 대응각의 크기가 서로 같습니다.

개념책 50쪽 한번더 확인

1 바　　　　　**2** 마

3 점 ㅂ, 변 ㄷㄱ, 각 ㅂㅁㄹ

4 점 ㅈ, 변 ㄱㄴ, 각 ㅂㅅㅇ

5 (왼쪽에서부터) 50, 11

6 (왼쪽에서부터) 9, 70

7 (위에서부터) 8, 30

8 (위에서부터) 95, 10

1 도형 나와 서로 포개었을 때 완전히 겹치는 도형은 바 입니다.

2 도형 다와 서로 포개었을 때 완전히 겹치는 도형은 마 입니다.

3. 합동과 대칭 **15**

3 두 삼각형을 완전히 겹치도록 포개었을 때 점 ㄱ과 겹치는 점은 점 ㅂ, 변 ㄹㅂ과 겹치는 변은 변 ㄷㄱ, 각 ㄱㄴㄷ과 겹치는 각은 각 ㅂㅁㄹ입니다.

4 두 오각형을 완전히 겹치도록 포개었을 때 점 ㄷ과 겹치는 점은 점 ㅈ, 변 ㅂㅊ과 겹치는 변은 변 ㄱㄴ, 각 ㄱㅁㄹ과 겹치는 각은 각 ㅂㅅㅇ입니다.

5 • 변 ㄹㅁ의 대응변은 변 ㄱㄴ이므로 변 ㄹㅁ은 11 cm 입니다.
  • 각 ㄱㄴㄷ의 대응각은 각 ㄹㅁㅂ이므로 ㄱㄴㄷ은 50°입니다.

6 • 변 ㅁㅂ의 대응변은 변 ㄹㄷ이므로 변 ㅁㅂ은 9 cm입니다.
  • 각 ㅇㅅㅂ의 대응각은 각 ㄱㄴㄷ이므로 각 ㅇㅅㅂ은 70°입니다.

7 • 변 ㄹㅂ의 대응변은 변 ㄷㄴ이므로 변 ㄹㅂ은 8 cm입니다.
  • 각 ㄹㅁㅂ의 대응각은 각 ㄷㄱㄴ이므로 각 ㄹㅁㅂ은 30°입니다.

8 • 변 ㅂㅅ의 대응변은 변 ㄹㄱ이므로 변 ㅂㅅ은 10 cm 입니다.
  • 각 ㅁㅂㅅ의 대응각은 각 ㄷㄹㄱ이므로 각 ㅁㅂㅅ은 95°입니다.

---

2 대각선을 따라 잘라 만든 두 삼각형을 포개었을 때 완전히 겹치는 사각형은 평행사변형과 마름모입니다.

3 두 도형은 서로 합동인 오각형이므로 대응점, 대응변, 대응각이 각각 5쌍 있습니다.

4 주어진 도형과 포개었을 때 완전히 겹치도록 그립니다.

5 • 변 ㄷㄹ의 대응변은 변 ㅁㅂ이므로 변 ㄷㄹ은 6 cm 입니다.
  • 각 ㅅㅇㅁ의 대응각은 각 ㄱㄴㄷ이므로 각 ㅅㅇㅁ은 100°입니다.

6 두 도형은 서로 합동이 아닙니다.」❶
  예 두 도형은 크기가 달라 포개었을 때 완전히 겹치지 않습니다.」❷

채점 기준
❶ 두 도형이 서로 합동인지 아닌지 쓰기
❷ 위 ❶처럼 생각한 이유 쓰기

7 변 ㄴㄷ의 대응변은 변 ㅂㅅ이므로 9 cm이고, 변 ㄹㄱ의 대응변은 변 ㅇㅁ이므로 6 cm입니다.
  ⇨ (사각형 ㄱㄴㄷㄹ의 둘레)
  　＝8＋9＋11＋6＝34(cm)

8 (변 ㅁㅂ)＝(변 ㄴㄷ)＝13 cm
  ⇨ (직사각형 ㅁㅂㅅㅇ의 넓이)＝9×13＝117(cm²)

9 변 ㄱㄴ의 대응변은 변 ㅂㄹ이므로 14 cm이고,
  변 ㄷㄱ의 대응변은 변 ㅁㅂ이므로 10 cm입니다.
  ⇨ (변 ㄴㄷ)＝31−14−10＝7(cm)

10 각 ㄹㅂㅁ의 대응각은 각 ㄱㄴㄷ이므로 각 ㄹㅂㅁ은 40°입니다.
  ⇨ 삼각형의 세 각의 크기의 합은 180°이므로
  　(각 ㄹㅁㅂ)＝180°−110°−40°＝30°입니다.

11 ㉠ ㉡ ㉢ ㉣

  참고 마름모와 정사각형은 두 대각선이 서로 수직으로 만나고, 한 대각선이 다른 대각선을 이등분하므로 두 대각선으로 잘린 네 삼각형이 항상 서로 합동입니다.

12 삼각형 ㄱㄴㅁ과 삼각형 ㅁㄷㄹ이 서로 합동이므로
  (변 ㄱㄴ)＝(변 ㅁㄷ)＝2 cm,
  (변 ㄷㄹ)＝(변 ㄴㅁ)＝14 cm입니다.
  따라서 사각형 ㄱㄴㄷㄹ의 둘레는
  2＋14＋2＋14＋20＝52(cm)입니다.

개념책 51~52쪽 실전문제

🖋 서술형 문제는 풀이를 꼭 확인하세요.

1 가, 바 / 다, 라
2 (◯)(　)(◯)
3 5쌍, 5쌍, 5쌍
4 **예**

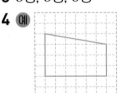

5 6 cm, 100°　　🖋**6** 풀이 참조
7 34 cm　　　　**8** 117 cm²
9 7 cm　　　　**10** 30°
11 ㉡, ㉣　　　　**12** 52 cm

1 모양과 크기가 같아서 포개었을 때 완전히 겹치는 두 도형을 찾으면 가와 바, 다와 라입니다.

③ 선대칭도형

예제 1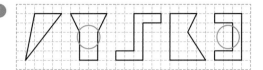

예제 2 (1) ㅁ (2) ㅁㄹ (3) ㅁㄹㅅ

④ 선대칭도형의 성질

예제 3 (1) ㅂㅁ / 같습니다
(2) ㅁㄹㅇ / 같습니다
(3) 수직 (4) ㄹㅇ

예제 4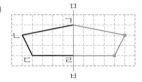

⑤ 점대칭도형

예제 5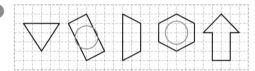

예제 6 (1) ㅂ (2) ㄹㅁ (3) ㄷㄹㅁ

⑥ 점대칭도형의 성질

예제 7 (1) ㅁㄹ / 같습니다
(2) ㅁㄹㄷ / 같습니다
(3) ㅇ (4) ㅅㅇ

예제 8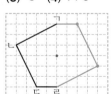

예제 1 한 직선을 따라 접었을 때 완전히 겹치는 도형을 찾습니다.

예제 3 (3) 대응점끼리 이은 선분은 대칭축과 수직으로 만나므로 선분 ㄱㅂ이 대칭축과 만나서 이루는 각은 90°입니다.
(4) 대칭축은 대응점끼리 이은 선분을 둘로 똑같이 나누므로 (선분 ㄷㅇ)=(선분 ㄹㅇ)입니다.

예제 4 (1) 점 ㄴ과 점 ㄷ에서 각각 대칭축에 수선을 긋고, 대칭축까지의 거리가 같도록 수선 위에 점 ㄴ과 점 ㄷ의 대응점을 각각 표시합니다.
(2) 대응점을 차례대로 이어 선대칭도형을 완성합니다.

예제 5 어떤 점을 중심으로 180° 돌렸을 때 처음 도형과 완전히 겹치는 도형을 찾습니다.

예제 7 (3) 대응점끼리 이은 선분은 항상 대칭의 중심인 점 ㅇ을 지납니다.
(4) 대칭의 중심은 대응점끼리 이은 선분을 둘로 똑같이 나누므로 (선분 ㄷㅇ)=(선분 ㅅㅇ)입니다.

예제 8 (1) 점 ㄴ과 점 ㄷ에서 각각 대칭의 중심을 지나는 직선을 긋고, 대칭의 중심까지의 거리가 같도록 직선 위에 점 ㄴ과 점 ㄷ의 대응점을 각각 표시합니다.
(2) 대응점을 차례대로 이어 점대칭도형을 완성합니다.

한 번 더 확인

1 ㉡, ㉢, ㉤

2 ㉠, ㉣

3

4

5

6

7 (왼쪽에서부터) 6, 80

8 (왼쪽에서부터) 95, 12

9 (왼쪽에서부터) 6, 8

10 (왼쪽에서부터) 80, 70

1 한 직선을 따라 접었을 때 완전히 겹치는 도형은 ㉡, ㉢, ㉤입니다.

2 어떤 점을 중심으로 180° 돌렸을 때 처음 도형과 완전히 겹치는 도형은 ㉠, ㉣입니다.

3 접었을 때 도형이 완전히 겹치는 직선을 그립니다.

5 대응점끼리 이은 선분이 만나는 점을 찾아 표시합니다.

7

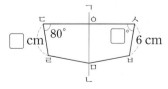

선대칭도형에서 대응변의 길이가 같으므로
(변 ㄷㄹ)=(변 ㅅㅂ)=6 cm이고, 대응각의 크기가 같으므로 (각 ㅇㅅㅂ)=(각 ㅇㄷㄹ)=80°입니다.

8

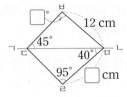

선대칭도형에서 대응변의 길이가 같으므로
(변 ㅁㄹ)=(변 ㅁㅂ)=12 cm이고, 대응각의 크기가
같으므로 (각 ㄷㅂㅁ)=(각 ㄷㄹㅁ)=95°입니다.

9

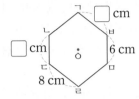

점대칭도형에서 대응변의 길이가 같으므로
(변 ㄴㄷ)=(변 ㅁㅂ)=6 cm,
(변 ㄱㅂ)=(변 ㄹㄷ)=8 cm입니다.

10

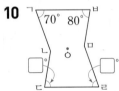

점대칭도형에서 대응각의 크기가 같으므로
(각 ㄴㄷㄹ)=(각 ㅁㅂㄱ)=80°,
(각 ㅁㄹㄷ)=(각 ㄴㄱㅂ)=70°입니다.

개념책 58~59쪽 │ 실전문제

✎ 서술형 문제는 풀이를 꼭 확인하세요.

1 점 ㅂ / 변 ㅅㅈ / 각 ㄹㅁㅂ

2 4개 **3** (위에서부터) 55, 10

4

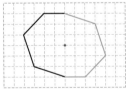

✎**5** 풀이 참조

6

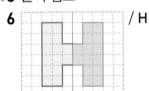 / H

7 ⊕, ⊛ /

8 ☐, ☲ **9** 115°

10 20° **11** 54 cm
12 4 cm

1 • 점 ㅇ을 중심으로 180° 돌렸을 때 점 ㄴ과 점 ㅂ이
겹칩니다.
• 점 ㅇ을 중심으로 180° 돌렸을 때 변 ㄷㄹ과 변 ㅅㅈ
이 겹칩니다.
• 점 ㅇ을 중심으로 180° 돌렸을 때 각 ㅈㄱㄴ과 각
ㄹㅁㅂ이 겹칩니다.

2

 접었을 때 도형이 완전히 겹치는 직선은
모두 4개입니다.

3 • 선대칭도형에서 대응변의 길이가 같으므로
(선분 ㄴㄹ)=(선분 ㄷㄹ)=5 cm입니다.
⇨ (변 ㄴㄷ)=5×2=10(cm)
• 선대칭도형에서 대응각의 크기가 같으므로
(각 ㄱㄷㄹ)=(각 ㄱㄴㄹ)=55°입니다.

4 대응점을 찾아 모두 표시한 후 대응점을 차례대로 이
어 점대칭도형을 완성합니다.

✎**5** 정세」❶
예 선대칭도형에서 대칭축의 수는 도형의 모양에 따라
달라집니다.」❷

채점 기준
❶ 잘못 말한 사람을 찾아 이름 쓰기
❷ 바르게 고치기

6 대응점을 찾아 모두 표시한 후 대응점을 차례대로 이
어 선대칭도형을 완성합니다.
⇨ 숨겨진 알파벳은 H입니다.

7 어떤 점을 중심으로 180° 돌렸을 때 처음 도형과 완
전히 겹치는 도형을 찾으면 ⊕, ⊛이고 대응점끼리
이은 선분이 만나는 점을 대칭의 중심으로 표시합니다.

8 • 선대칭도형인 글자: ☐, ☐, ☲
• 점대칭도형인 글자: ☐, ☐, ☲
⇨ 선대칭도형이면서 점대칭도형인 글자는 ☐, ☲입
니다.

9 삼각형 ㄴㄷㄹ에서
(각 ㄴㄷㄹ)=180°−40°−25°=115°입니다.
⇨ 점대칭도형에서 대응각의 크기가 같으므로
(각 ㄹㄱㄴ)=(각 ㄴㄷㄹ)=115°입니다.

10 선대칭도형에서 대응각의 크기가 같으므로

(각 ㄱㄷㄴ)=(각 ㄱㄷㄹ)=115°입니다.

⇨ 삼각형 ㄱㄴㄷ의 세 각의 크기의 합은 180°이므로

(각 ㄱㄴㄷ)=180°−45°−115°=20°입니다.

11 점대칭도형에서 대응변의 길이가 같으므로

(변 ㄴㄷ)=(변 ㅂㅅ)=5 cm,

(변 ㄷㄹ)=(변 ㅅㅇ)=4 cm,

(변 ㅁㅂ)=(변 ㄱㄴ)=6 cm,

(변 ㅈㄱ)=(변 ㄹㅁ)=12 cm입니다.

⇨ (도형의 둘레)

=6+5+4+12+6+5+4+12=54(cm)

12 점대칭도형에서 대칭의 중심은 대응점끼리 이은 선분을 둘로 똑같이 나누므로

(선분 ㄴㅇ)=(선분 ㅁㅇ)=7 cm입니다.

⇨ 선분 ㅁㅂ은 18−7−7=4(cm)이고, 선분 ㄴㄷ의 대응변은 선분 ㅁㅂ이므로 선분 ㄴㄷ은 4 cm입니다.

개념책 60~61쪽 응용문제

예제1 120°	유제1 120°
예제2 6 cm	유제2 9 cm
예제3 115°	유제3 50°

예제4
/ 48 cm²

유제4
/ 36 cm²

예제5 96 cm²	유제5 42 cm²
예제6 168 cm²	유제6 224 cm²

예제1 (각 ㄱㄷㄴ)=180°−100°−50°=30°

각 ㅁㄷㄹ의 대응각은 각 ㄱㄷㄴ이므로 각 ㅁㄷㄹ도 30°입니다.

⇨ (각 ㄱㄷㅁ)=180°−30°−30°=120°

유제1 (각 ㄱㄷㄴ)=180°−60°−90°=30°

각 ㄹㄷㄴ의 대응각은 각 ㄱㄷㄴ이므로 각 ㄹㄷㄴ도 30°입니다.

⇨ 삼각형 ㅁㄷㄴ에서 각 ㄴㅁㄷ은 180°−30°−30°=120°입니다.

예제2 선대칭도형에서 대응변의 길이가 같으므로

(변 ㄱㄴ)=(변 ㄱㄷ)=9 cm입니다.

⇨ (변 ㄴㄷ)=30−9−9=12(cm)이고, 대응점에서 대칭축까지의 거리는 같으므로

(선분 ㄴㄹ)=(선분 ㄷㄹ)=12÷2=6(cm)입니다.

유제2 선대칭도형에서 대응변의 길이가 같으므로

(변 ㄴㄷ)=(변 ㅁㄹ),

(선분 ㄷㅂ)=(선분 ㄹㅂ)=5 cm,

(선분 ㄱㅁ)=(선분 ㄱㄴ)=12 cm입니다.

⇨ (변 ㄴㄷ)+(변 ㅁㄹ)

=52−(12+5+5+12)=18(cm)이므로 변 ㅁㄹ은 18÷2=9(cm)입니다.

예제3 사각형 ㄱㄹㅁㅂ에서

(각 ㄹㅁㅂ)=180°−115°=65°이므로

(각 ㄱㅂㅁ)=360°−90°−90°−65°=115°입니다.

따라서 선대칭도형에서 대응각의 크기가 같으므로 (각 ㄱㄴㄷ)=(각 ㄱㅂㅁ)=115°입니다.

유제3 사각형 ㄱㄹㅁㅂ에서

(각 ㄱㅂㅁ)=180°−50°=130°이므로

(각 ㅂㅁㄹ)=360°−90°−90°−130°=50°입니다.

따라서 선대칭도형에서 대응각의 크기가 같으므로 (각 ㄴㄷㄹ)=(각 ㅂㅁㄹ)=50°입니다.

예제4 대응점을 찾아 모두 표시한 후 대응점을 차례대로 이어 점대칭도형을 완성하면 가로 8 cm, 세로 6 cm인 직사각형입니다.

⇨ (완성한 점대칭도형의 넓이)

=8×6=48(cm²)

유제4 대응점을 찾아 모두 표시한 후 대응점을 차례대로 이어 점대칭도형을 완성하면 가로 6 cm, 세로 3 cm인 직사각형 2개가 이어진 모양입니다.

⇨ (완성한 점대칭도형의 넓이)

=(6×3)×2=36(cm²)

예제 5 (삼각형 ㄱㄴㄷ의 넓이)
$=12\times8\div2=48(\text{cm}^2)$
⇨ (완성한 선대칭도형의 넓이)
$=48\times2=96(\text{cm}^2)$

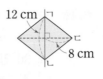

유제 5 (사다리꼴 ㄱㄴㄷㄹ의 넓이)
$=(3+4)\times6\div2=21(\text{cm}^2)$
⇨ (완성한 선대칭도형의 넓이)
$=21\times2=42(\text{cm}^2)$

예제 6 삼각형 ㄱㄴㅁ과 삼각형 ㄴㄹㄷ이 서로 합동이므로 (변 ㄴㄹ)=(변 ㄱㄴ)=14 cm입니다.
(삼각형 ㄱㄴㄹ의 넓이)
$=14\times14\div2=98(\text{cm}^2)$
(삼각형 ㄴㄹㄷ의 넓이)
$=10\times14\div2=70(\text{cm}^2)$
⇨ (사각형 ㄱㄴㄷㄹ의 넓이)
$=98+70=168(\text{cm}^2)$

유제 6 삼각형 ㄱㄴㄹ과 삼각형 ㅁㄹㄷ이 서로 합동이므로 (변 ㄴㄹ)=(변 ㄹㄷ)=16 cm입니다.
(삼각형 ㄱㄴㄹ의 넓이)
$=12\times16\div2=96(\text{cm}^2)$
(삼각형 ㄴㄹㄷ의 넓이)
$=16\times16\div2=128(\text{cm}^2)$
⇨ (사각형 ㄱㄴㄷㄹ의 넓이)
$=96+128=224(\text{cm}^2)$

개념책 62~64쪽 단원 평가

✎ 서술형 문제는 풀이를 꼭 확인하세요.

1 가와 마, 나와 바　**2** 나, 다, 라
3 나, 다　**4** 6쌍, 6쌍, 6쌍
5 4 cm　**6** 95°
7

8
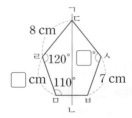
9 (위에서부터) 120, 7

10

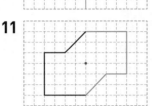

11

12 민호　**13** 6 cm
14 H　**15** 10 cm
16 14 cm　**17** 72 cm²
✎**18** 30°　✎**19** 115°
✎**20** 5 cm

1 모양과 크기가 같아서 포개었을 때 완전히 겹치는 두 도형을 찾으면 가와 마, 나와 바입니다.

2 한 직선을 따라 접었을 때 완전히 겹치는 도형은 나, 다, 라입니다.

3 도형 나, 다, 라 중에서 어떤 점을 중심으로 180° 돌렸을 때 처음 도형과 완전히 겹치는 도형은 나, 다입니다.

4 두 도형은 서로 합동인 육각형이므로 대응점, 대응변, 대응각이 각각 6쌍 있습니다.

5 변 ㄱㄴ의 대응변은 변 ㅂㄹ이므로 변 ㄱㄴ은 4 cm입니다.

6 각 ㅁㅂㄹ의 대응각은 각 ㄷㄱㄴ이므로 각 ㅁㅂㄹ은 95°입니다.

7 접었을 때 도형이 완전히 겹치는 직선을 그립니다.

8 대응점끼리 이은 선분이 만나는 점을 찾아 표시합니다.

9

선대칭도형에서 대응변의 길이가 같으므로 (변 ㄹㅁ)=(변 ㅅㅂ)=7 cm이고, 선대칭도형에서 대응각의 크기가 같으므로 (각 ㄷㅅㅂ)=(각 ㄷㄹㅁ)=120°입니다.

10 대응점을 찾아 모두 표시한 후 대응점을 차례대로 이어 선대칭도형을 완성합니다.

11 대응점을 찾아 모두 표시한 후 대응점을 차례대로 이어 점대칭도형을 완성합니다.

12 민호는 선대칭도형에 대한 설명을 말했습니다.

13 점대칭도형에서 대칭의 중심은 대응점끼리 이은 선분을 둘로 똑같이 나누므로
(선분 ㄱㅇ)=(선분 ㄹㅇ)=12÷2=6(cm)입니다.

14 • 선대칭도형인 알파벳: **A, D, H, E**
• 점대칭도형인 알파벳: **S, H**
⇨ 선대칭도형이면서 점대칭도형인 알파벳은 **H**입니다.

15 사각형 ㄱㄴㄷㄹ과 사각형 ㅇㅅㅂㅁ은 서로 합동이므로 각각의 대응변의 길이가 같습니다. 즉, 둘레도 같습니다.
따라서 (변 ㅁㅇ)=(변 ㄹㄱ)=8 cm,
(변 ㅇㅅ)=(변 ㄱㄴ)=7 cm이므로
변 ㅂㅅ은 34−(9+7+8)=10(cm)입니다.

16 선대칭도형에서 대응변의 길이가 같으므로
(변 ㄱㄴ)=(변 ㄹㄷ),
(선분 ㄴㅂ)=(선분 ㄷㅂ)=10 cm,
(선분 ㄹㅁ)=(선분 ㄱㅁ)=6 cm입니다.
⇨ (변 ㄱㄴ)+(변 ㄹㄷ)
=60−(6+10+10+6)=28(cm)이므로
변 ㄱㄴ은 28÷2=14(cm)입니다.

17 (삼각형 ㄱㄴㄷ의 넓이)
=8×9÷2=36(cm²)
⇨ (완성한 선대칭도형의 넓이)
=36×2=72(cm²)

18 📝 **예** 서로 합동인 도형에서 대응각의 크기가 같으므로
(각 ㄴㄱㄷ)=(각 ㄷㄹㄴ)=30°입니다.」❶
따라서 삼각형 ㄱㄴㄷ의 세 각의 크기의 합은 180°이므로 각 ㄱㄷㄴ은 180°−30°−120°=30°입니다.」❷

채점 기준	
❶ 각 ㄴㄱㄷ의 크기 구하기	3점
❷ 각 ㄱㄷㄴ의 크기 구하기	2점

19 📝 **예** 점대칭도형에서 대응각의 크기가 같으므로
(각 ㄴㄷㄹ)=(각 ㅁㅂㄱ)=80°,
(각 ㄹㅁㄴ)=(각 ㄱㄴㅁ)=75°입니다.」❶
따라서 사각형 ㄴㄷㄹㅁ의 네 각의 크기의 합은 360°이므로 각 ㄷㄹㅁ은 360°−90°−80°−75°=115°입니다.」❷

채점 기준	
❶ 각 ㄴㄷㄹ과 각 ㄹㅁㄴ의 크기 각각 구하기	4점
❷ 각 ㄷㄹㅁ의 크기 구하기	1점

20 📝 **예** 점대칭도형에서 대칭의 중심은 대응점끼리 이은 선분을 둘로 똑같이 나누므로
(선분 ㅅㅇ)=(선분 ㄷㅇ)=9 cm입니다.」❶
따라서 (선분 ㄹㄷ)=23−9−9=5(cm)이고,
선분 ㅈㅅ의 대응변은 선분 ㄹㄷ이므로
(선분 ㅈㅅ)=(선분 ㄹㄷ)=5 cm입니다.」❷

채점 기준	
❶ 선분 ㅅㅇ의 길이 구하기	2점
❷ 선분 ㅈㅅ의 길이 구하기	3점

개념책 65쪽 창의·융합형 문제

1 22 cm   **2** X, I

1 • (변 ㅂㅇ)=(변 ㄴㄷ)=(변 ㄱㄹ)=9 cm
• (변 ㅂㄴ)=(변 ㅇㄷ)=6÷3=2(cm)
⇨ (사각형 ㅂㄴㄷㅇ의 둘레)
=(9+2)×2=22(cm)

2 • 펜토미노 중에서 한 직선을 따라 접었을 때 완전히 겹치는 조각은 ![조각들] 입니다.
• 펜토미노 중에서 어떤 점을 중심으로 180° 돌렸을 때 처음 조각과 완전히 겹치는 조각은 ![조각들] 입니다.
⇨ 펜토미노 중에서 선대칭도형이면서 점대칭도형인 조각은 ![조각들]이므로 알파벳은 **X, I**입니다.

4. 소수의 곱셈

개념책 68~71쪽

❶ (1보다 작은 소수)×(자연수)

예제 1　방법 1　8, 8, 48, 4.8
　　　　방법 2　(위에서부터) 48, 4.8 / 48, 4.8

유제 2　(1) 1.5　(2) 2.4　(3) 1.52　(4) 4.15

❷ (1보다 큰 소수)×(자연수)

예제 3　방법 1　137, 137, 411, 4.11
　　　　방법 2　(위에서부터) 411, 4.11
　　　　　　　　/ 411, 4.11

유제 4　(1) 19　(2) 18.8　(3) 19.67　(4) 29.52

❸ (자연수)×(1보다 작은 소수)

예제 5　방법 1　9, 9, 63, 6.3
　　　　방법 2　(위에서부터) 63, 6.3 / 63, 6.3

유제 6　(1) 3.2　(2) 22.2　(3) 0.36　(4) 4.05

❹ (자연수)×(1보다 큰 소수)

예제 7　방법 1　128, 128, 384, 3.84
　　　　방법 2　(위에서부터) 384, 3.84
　　　　　　　　/ 384, 3.84

유제 8　(1) 11.7　(2) 16.8　(3) 26.1　(4) 50.25

유제 2
(1) $0.5 \times 3 = \frac{5}{10} \times 3 = \frac{5 \times 3}{10} = \frac{15}{10} = 1.5$

(2) $0.6 \times 4 = \frac{6}{10} \times 4 = \frac{6 \times 4}{10} = \frac{24}{10} = 2.4$

(3) $0.19 \times 8 = \frac{19}{100} \times 8 = \frac{19 \times 8}{100}$
$= \frac{152}{100} = 1.52$

(4) $0.83 \times 5 = \frac{83}{100} \times 5 = \frac{83 \times 5}{100}$
$= \frac{415}{100} = 4.15$

유제 4
(1) $3.8 \times 5 = \frac{38}{10} \times 5 = \frac{38 \times 5}{10} = \frac{190}{10} = 19$

(2) $9.4 \times 2 = \frac{94}{10} \times 2 = \frac{94 \times 2}{10} = \frac{188}{10} = 18.8$

(3) $2.81 \times 7 = \frac{281}{100} \times 7 = \frac{281 \times 7}{100}$
$= \frac{1967}{100} = 19.67$

(4) $4.92 \times 6 = \frac{492}{100} \times 6 = \frac{492 \times 6}{100}$
$= \frac{2952}{100} = 29.52$

유제 6
(1) $4 \times 0.8 = 4 \times \frac{8}{10} = \frac{4 \times 8}{10} = \frac{32}{10} = 3.2$

(2) $37 \times 0.6 = 37 \times \frac{6}{10} = \frac{37 \times 6}{10}$
$= \frac{222}{10} = 22.2$

(3) $9 \times 0.04 = 9 \times \frac{4}{100} = \frac{9 \times 4}{100}$
$= \frac{36}{100} = 0.36$

(4) $81 \times 0.05 = 81 \times \frac{5}{100} = \frac{81 \times 5}{100}$
$= \frac{405}{100} = 4.05$

유제 8
(1) $9 \times 1.3 = 9 \times \frac{13}{10} = \frac{9 \times 13}{10}$
$= \frac{117}{10} = 11.7$

(2) $14 \times 1.2 = 14 \times \frac{12}{10} = \frac{14 \times 12}{10}$
$= \frac{168}{10} = 16.8$

(3) $6 \times 4.35 = 6 \times \frac{435}{100} = \frac{6 \times 435}{100}$
$= \frac{2610}{100} = 26.1$

(4) $25 \times 2.01 = 25 \times \frac{201}{100} = \frac{25 \times 201}{100}$
$= \frac{5025}{100} = 50.25$

개념책 72쪽　한번 더 확인

1 2.7　　　　　**2** 9.5
3 4.8　　　　　**4** 14.7
5 3.5　　　　　**6** 5.88
7 6.3　　　　　**8** 16.32
9 1164.4　　　 **10** 0.68

11 26.6   **12** 8.28
13 1.5   **14** 35.2
15 64.5

개념책 73~75쪽 　실전문제

✎ 서술형 문제는 풀이를 꼭 확인하세요.

1 6.3   **2** ㉢

3 （선으로 연결）

4 45, 13.5

5 $29 \times 0.05 = 29 \times \dfrac{5}{100} = \dfrac{29 \times 5}{100} = \dfrac{145}{100} = 1.45$

6 0.29×9 **7** ㉡, ㉢
8 (1) > (2) <   **9** ㉣
10 15.58   ✎**11** 풀이 참조
12 42세   **13** 11.2 mm
14 80.4 cm   **15** 51.4리라
16 금성   **17** 8.4 km
18 0.5 L   **19** 21, 22, 23
20 172.2   **21** 연희, 0.02 kg

---

1 $0.7 \times 9 = 6.3$

2 ㉠ $0.29 + 0.29 = 0.58$
　㉡ $0.29 \times 2 = 0.58$
　㉢ $\dfrac{29 \times 2}{10} = \dfrac{58}{10} = 5.8$
　㉣ $\dfrac{29}{100} \times 2 = \dfrac{29 \times 2}{100} = \dfrac{58}{100} = 0.58$

3 • $1.3 \times 6 = 7.8$
　• $4 \times 1.7 = 6.8$
　• $1.4 \times 7 = 9.8$

4 • $18 \times 2.5 = 45.0$
　• $45 \times 0.3 = 13.5$

5 소수 두 자리 수는 분모가 100인 분수로 나타내어 계산해야 하는데 분모가 1000인 분수로 잘못 나타내었습니다.

6 0.51×7은 0.5와 7의 곱인 3.5보다 크고, 0.29×9는 0.3과 9의 곱인 2.7보다 작고, 0.9×9는 8.1입니다. 따라서 계산 결과가 3보다 작은 것은 0.29×9입니다.

---

7 비법 （자연수）×（소수）의 크기 비교

■가 자연수일 때 ⇨ [■×(1보다 작은 소수) < ■
　　　　　　　　　　 ■×(1보다 큰 소수) > ■

35에 곱하는 소수 중에서 1보다 작은 소수는 0.7, 0.98이므로 계산 결과가 35보다 작은 것은 ㉡, ㉢입니다.

8 (1) $0.8 \times 13 = 10.4$, $14 \times 0.6 = 8.4$
　　 ⇨ $10.4 > 8.4$
　(2) $1.2 \times 8 = 9.6$, $2 \times 4.83 = 9.66$
　　 ⇨ $9.6 < 9.66$

9 ㉣ $29 \times 0.65 = 18.85$

10 0.01이 19개인 수: 0.19
　　 ⇨ $0.19 \times 82 = 15.58$

✎**11** 정훈, ❶
　예 78과 5의 곱은 약 400이니까 0.78과 5의 곱은 4 정도가 돼. ❷

채점 기준
❶ 계산 결과를 잘못 어림한 사람 찾기
❷ 바르게 고치기

12 （윤지 아버지의 나이）$= 12 \times 3.5 = 42$（세）

13 （기념주화 7개를 쌓은 높이）$= 1.6 \times 7 = 11.2$（mm）

14 정육각형은 6개의 변의 길이가 모두 같습니다.
　（정육각형의 둘레）$= 13.4 \times 6 = 80.4$（cm）

15 （우리나라 돈 1000원）=（튀르키예 돈 12.85리라）
　⇨ （우리나라 돈 4000원）
　　=（튀르키예 돈 12.85리라）$\times 4$
　　$= 12.85 \times 4 = 51.4$（리라）

16 37 kg의 0.4배는 약 15 kg이고, 37 kg의 0.9배는 약 33 kg이므로 34 kg은 금성에서 잰 몸무게입니다.

17 일주일은 7일이므로 2주일은 14일입니다.
　⇨ （현우가 2주일 동안 달리기 운동을 한 거리）
　　$= 0.6 \times 14 = 8.4$（km）

18 （컵 6개에 따른 우유의 양）$= 0.75 \times 6 = 4.5$（L）
　⇨ （남는 우유의 양）$= 5 - 4.5 = 0.5$（L）

19 $24 \times 0.97 = 23.28$
　따라서 $20.8 < \square < 23.28$이므로 $\square$ 안에 들어갈 수 있는 자연수는 21, 22, 23입니다.

20
세 수 ㉠, ㉡, ㉢이 각각 한 자리 수이고 $0<㉠<㉡<㉢$
비법 일 때, 가장 큰(작은) 소수 한 자리 수 만들기

- 만들 수 있는 가장 큰 소수 한 자리 수: ㉢㉡.㉠
- 만들 수 있는 가장 작은 소수 한 자리 수: ㉠㉡.㉢

$2<4<6<7$이므로 수 카드 3장을 뽑아 한 번씩만
사용하여 만들 수 있는 가장 작은 소수 한 자리 수는
24.6입니다.

⇨ $7\times24.6=172.2$

21 • (진수의 찰흙의 무게) $=1.12\times4=4.48(\text{kg})$
• (연희의 찰흙의 무게) $=0.9\times5=4.5(\text{kg})$
따라서 $4.48<4.5$이므로 연희의 찰흙이
$4.5-4.48=0.02(\text{kg})$ 더 무겁습니다.

개념책 76~78쪽

❺ 1보다 작은 소수끼리의 곱셈

예제 1 **방법1** 8, 8, 64, 0.064
방법2 (위에서부터) 64, 0.064
/ 64, 0.064

유제 2 (1) 0.28 (2) 0.174
(3) 0.248 (4) 0.078

❻ 1보다 큰 소수끼리의 곱셈

예제 3 **방법1** 152, 152, 5168, 5.168
방법2 (위에서부터) 5168, 5.168
/ 5168, 5.168

유제 4 (1) 9.45 (2) 18.13
(3) 8.378 (4) 13.1378

❼ 곱의 소수점 위치

예제 5 (1) 372, 3720 (2) 9.16, 0.916
예제 6 (1) 11.62 (2) 1.162

유제 2 (1) $0.7\times0.4=\dfrac{7}{10}\times\dfrac{4}{10}=\dfrac{7\times4}{100}$
$=\dfrac{28}{100}=0.28$

(2) $0.29\times0.6=\dfrac{29}{100}\times\dfrac{6}{10}=\dfrac{29\times6}{1000}$
$=\dfrac{174}{1000}=0.174$

(3) $0.8\times0.31=\dfrac{8}{10}\times\dfrac{31}{100}=\dfrac{8\times31}{1000}$
$=\dfrac{248}{1000}=0.248$

---

(4) $0.65\times0.12=\dfrac{65}{100}\times\dfrac{12}{100}=\dfrac{65\times12}{10000}$
$=\dfrac{780}{10000}=0.078$

유제 4 (1) $3.5\times2.7=\dfrac{35}{10}\times\dfrac{27}{10}=\dfrac{35\times27}{100}$
$=\dfrac{945}{100}=9.45$

(2) $1.85\times9.8=\dfrac{185}{100}\times\dfrac{98}{10}=\dfrac{185\times98}{1000}$
$=\dfrac{18130}{1000}=18.13$

(3) $5.9\times1.42=\dfrac{59}{10}\times\dfrac{142}{100}=\dfrac{59\times142}{1000}$
$=\dfrac{8378}{1000}=8.378$

(4) $4.03\times3.26=\dfrac{403}{100}\times\dfrac{326}{100}=\dfrac{403\times326}{10000}$
$=\dfrac{131378}{10000}=13.1378$

개념책 79쪽 한번 더 확인

1 0.24 **2** 3.91
3 0.408 **4** 8.58
5 0.09 **6** 6.592
7 0.1105 **8** 21.717
9 9.8928 **10** 0.126
11 17.69 **12** 27.15
13 0.144 **14** 0.1242
15 10.225

개념책 80~81쪽 실전문제

✎ 서술형 문제는 풀이를 꼭 확인하세요.

1 0.455, 27.88 **2** ㉢
3 ( ) (○) ( )
4 ㉡ **5** (1) 3.6 (2) 0.054
6 8.474 **7** ㉢
8 0.81 m² **9** 15.6, 156, 173.16
10 24 ✎**11** 1.02 km
12 4.5, 0.2 또는 0.45, 2
13 0.03 m **14** 사과, 1.6 kg

1 ・$0.65 \times 0.7 = 0.455$　　　・$8.2 \times 3.4 = 27.88$

2 0.71을 0.7로, 0.46을 0.5로 어림하면
$0.7 \times 0.5 = 0.35$입니다.
따라서 0.71×0.46의 계산 결과는 0.35에 가장 가까운 ㉢입니다.

3 ・6.2×1.9는 6.2의 2배인 12.4보다 작습니다.
・3.6×4.1은 3.6의 4배인 14.4보다 큽니다.
・4.5×2.7은 4.5의 3배인 13.5보다 작습니다.
따라서 계산 결과가 14보다 큰 것은 3.6×4.1입니다.

4 ㉠ $1.41 \times 10 = 14.1$　　　㉡ $141 \times 0.01 = 1.41$
㉢ $0.141 \times 100 = 14.1$　　㉣ $14100 \times 0.001 = 14.1$

5 (1) 5.4는 54의 $\frac{1}{10}$배인데 19.44는 1944의 $\frac{1}{100}$배이므로 ☐ 안에 알맞은 수는 36의 $\frac{1}{10}$배인 3.6입니다.

(2) 360은 36의 10배인데 19.44는 1944의 $\frac{1}{100}$배이므로 ☐ 안에 알맞은 수는 54의 $\frac{1}{1000}$배인 0.054입니다.

6 $1.9 < 1.955 < 2.08 < 4.46$
⇨ $4.46 \times 1.9 = 8.474$

7 ㉠ 295의 소수점이 왼쪽으로 한 자리 옮겨진 것이므로 0.1을 곱한 것입니다.
㉡ 40.6의 소수점이 오른쪽으로 한 자리 옮겨진 것이므로 10을 곱한 것입니다.
㉢ 0.083의 소수점이 오른쪽으로 두 자리 옮겨진 것이므로 100을 곱한 것입니다.
따라서 ☐ 안에 알맞은 수가 가장 큰 것은 ㉢입니다.

8 (정사각형의 넓이)$=0.9 \times 0.9 = 0.81(\text{m}^2)$

9 ・1.56×10은 소수점이 오른쪽으로 한 자리 옮겨진 15.6입니다.
・1.56×100은 소수점이 오른쪽으로 두 자리 옮겨진 156입니다.
・$1 + 10 + 100 = 111$이므로 111 m인 철근의 무게는 $1.56 + 15.6 + 156 = 173.16(\text{kg})$입니다.

10 $6.4 \times 3.8 = 24.32$
따라서 ☐ < 24.32이므로 ☐ 안에 들어갈 수 있는 가장 큰 자연수는 24입니다.

11 예 학교에서 은행까지의 거리는
$0.75 \times 0.36 = 0.27(\text{km})$입니다.」❶
따라서 집에서 학교를 지나 은행까지 가는 거리는
$0.75 + 0.27 = 1.02(\text{km})$입니다.」❷

채점 기준
❶ 학교에서 은행까지의 거리 구하기
❷ 집에서 학교를 지나 은행까지 가는 거리 구하기

12 $0.45 \times 0.2 = 0.09$여야 하는데 수 하나의 소수점 위치를 잘못 눌러서 0.9가 나왔으므로 지민이가 계산기에 누른 두 수는 4.5와 0.2 또는 0.45와 2입니다.

13 45분$=\frac{45}{60}$시간$=\frac{3}{4}$시간$=\frac{75}{100}$시간$=0.75$시간
⇨ (45분 동안 탄 양초의 길이)
$=0.04 \times 0.75 = 0.03(\text{m})$

14 ・(전체 사과의 무게)$=4.25 \times 10 = 42.5(\text{kg})$
・1000 g$=$1 kg이므로 409 g$=$0.409 kg입니다.
(전체 딸기의 무게)$=0.409 \times 100 = 40.9(\text{kg})$
따라서 $42.5 > 40.9$이므로 사과가
$42.5 - 40.9 = 1.6(\text{kg})$ 더 무겁습니다.

개념책 82~83쪽	응용문제

예제 1 51.66 kg	유제 1 3.51 L
예제 2 100배	유제 2 10배
예제 3 27.864	유제 3 0.123
예제 4 27.54 m²	유제 4 249.6 cm²
예제 5 107.9 m	유제 5 40.6 m
예제 6 7, 1, 6, 4, 45.44 또는 6, 4, 7, 1, 45.44	
유제 6 2, 5, 3, 8, 9.5 또는 3, 8, 2, 5, 9.5	

예제 1 (아버지의 몸무게)$=41 \times 1.8 = 73.8(\text{kg})$
⇨ (어머니의 몸무게)
$=73.8 \times 0.7 = 51.66(\text{kg})$

유제 1 (세미가 일주일 동안 마신 물의 양)
$=3 \times 0.9 = 2.7(\text{L})$
⇨ (태강이가 일주일 동안 마신 물의 양)
$=2.7 \times 1.3 = 3.51(\text{L})$

예제 2 ㉠ 2.1은 21의 $\frac{1}{10}$배이고, 1.6은 16의 $\frac{1}{10}$배이므로 2.1×1.6은 3.36입니다.

㉡ 0.21은 21의 $\frac{1}{100}$배이고, 0.16은 16의 $\frac{1}{100}$배이므로 0.21×0.16은 0.0336입니다.

따라서 3.36은 0.0336에서 소수점이 오른쪽으로 두 자리 옮겨진 수이므로 ㉠은 ㉡의 100배입니다.

유제 2 ㉠ 1.09는 109의 $\frac{1}{100}$배이므로 1.09×47은 51.23입니다.

ㄴ 10.9는 109의 $\frac{1}{10}$배이고, 0.47은 47의 $\frac{1}{100}$배이므로 10.9×0.47은 5.123입니다.

따라서 51.23은 5.123에서 소수점이 오른쪽으로 한 자리 옮겨진 수이므로 ㉠은 ㉡의 10배입니다.

예제 3 어떤 소수를 □라 하면 □+7.2=11.07입니다.
⇨ □=11.07−7.2=3.87
따라서 바르게 계산하면 3.87×7.2=27.864입니다.

유제 3 어떤 소수를 □라 하면 □−0.15=0.67입니다.
⇨ □=0.67+0.15=0.82
따라서 바르게 계산하면 0.82×0.15=0.123입니다.

예제 4 • (새로운 직사각형의 가로)=4.5×1.2=5.4(m)
• (새로운 직사각형의 세로)=3×1.7=5.1(m)
⇨ (새로운 직사각형의 넓이)
   =5.4×5.1=27.54(m²)

유제 4 • (새로운 직사각형의 가로)
   =16×1.3=20.8(cm)
• (새로운 직사각형의 세로)
   =16×0.75=12(cm)
⇨ (새로운 직사각형의 넓이)
   =20.8×12=249.6(cm²)

예제 5 **비법** 직선 도로에 심는 나무 수와 간격 수의 관계

• 도로의 처음부터 끝까지 나무를 심는 경우:
  (간격 수)=(나무 수)−1
• 도로의 양 끝에 나무를 심지 않는 경우:
  (간격 수)=(나무 수)+1
• 도로의 한쪽 끝에만 나무를 심는 경우:
  (간격 수)=(나무 수)

(나무 사이의 간격 수)=14−1=13(군데)
⇨ (도로의 길이)=8.3×13=107.9(m)

유제 5 (화분 사이의 간격 수)=15−1=14(군데)
⇨ (도로의 길이)=2.9×14=40.6(m)

예제 6 **비법** 곱이 가장 큰 곱셈식

㉠.㉡×㉢.㉣일 때, 가장 큰 수와 두 번째로 큰 수를 ㉠과 ㉢에 넣어야 합니다.

1<4<6<7이므로 곱하는 두 수의 일의 자리에 각각 7과 6을 넣어야 합니다.
⇨ 7.4×6.1=45.14, 7.1×6.4=45.44이므로 곱이 가장 큰 곱셈식의 계산 결과는 7.1×6.4=45.44입니다.

유제 6 **비법** 곱이 가장 작은 곱셈식

㉠.㉡×㉢.㉣일 때, 가장 작은 수와 두 번째로 작은 수를 ㉠과 ㉢에 넣어야 합니다.

2<3<5<8이므로 곱하는 두 수의 일의 자리에 각각 2와 3을 넣어야 합니다.
⇨ 2.5×3.8=9.5, 2.8×3.5=9.8이므로 곱이 가장 작은 곱셈식의 계산 결과는 2.5×3.8=9.5입니다.

개념책 84~86쪽   단원 평가

🖊 서술형 문제는 풀이를 꼭 확인하세요.

1 1.568

2 $3×2.16=3×\frac{216}{100}=\frac{3×216}{100}$
   $=\frac{648}{100}=6.48$

3   **4** 8.16

5 (위에서부터) 7.2, 2.106, 0.468, 32.4

6 ④   **7** ㉠, ㉢

8 >   **9** ㉡

10 0.32 kg   **11** 8.4 km

12 민기, 0.16 L   **13** 289.2

14 11.89 cm²   **15** 34.35 m

16 0.195   **17** 224.4 m

🖊**18** ㉠   🖊**19** 41, 42, 43

🖊**20** 9.72 m²

1 0.056은 56의 $\dfrac{1}{1000}$배이므로

28×0.056은 1568의 $\dfrac{1}{1000}$배인 1.568입니다.

2 소수 두 자리 수는 분모가 100인 분수로 나타내어 계산해야 하는데 분모가 10인 분수로 잘못 나타내었습니다.

5 ・$0.9 \times 8 = 7.2$ ・$0.52 \times 4.05 = 2.1060$
  ・$0.9 \times 0.52 = 0.468$ ・$8 \times 4.05 = 32.40$

6 $126 \times 35 = 4410$
    ④ $12.6 \times 3.5 = 44.10$

7 13에 곱하는 소수 중에서 1보다 큰 소수는 1.02, 2.6이므로 계산 결과가 13보다 큰 것은 ㉠, ㉢입니다.

8 $7.6 \times 4 = 30.4$, $5.8 \times 4.7 = 27.26$
    ➡ $30.4 > 27.26$

9 ㉠ $457 \times 0.1 = 45.7$
  ㉡ $45.7 \times 0.001 = 0.0457$
  ㉢ $0.0457 \times 10 = 0.457$
  ㉣ $457 \times 0.01 = 4.57$
  ➡ $\underset{㉡}{0.0457} < \underset{㉢}{0.457} < \underset{㉣}{4.57} < \underset{㉠}{45.7}$

10 (식빵을 만드는 데 사용한 밀가루의 무게)
    $= 0.8 \times 0.4 = 0.32 \text{(kg)}$

11 일주일은 7일입니다.
    ➡ (가진이가 일주일 동안 걷기 운동을 한 거리)
        $= 1.2 \times 7 = 8.4 \text{(km)}$

12 (종인이가 마신 물의 양) $= 4 \times 0.26 = 1.04 \text{(L)}$
    따라서 $1.04 < 1.2$이므로
    민기가 $1.2 - 1.04 = 0.16 \text{(L)}$ 더 많이 마셨습니다.

13 $3 < 4 < 6 < 9$이므로 수 카드 3장을 뽑아 한 번씩만 사용하여 만들 수 있는 가장 큰 소수 한 자리 수는 96.4입니다.
    ➡ $3 \times 96.4 = 289.2$

14 (평행사변형의 넓이) $= 4.1 \times 2.9 = 11.89 \text{(cm}^2\text{)}$

15 (나누어 준 철사의 길이) $= 1.35 \times 25 = 33.75 \text{(m)}$
    $1 \text{ cm} = 0.01 \text{ m}$이므로 $60 \text{ cm} = 0.6 \text{ m}$입니다.
    ➡ (처음 철사의 길이) $= 33.75 + 0.6 = 34.35 \text{(m)}$

16 어떤 소수를 ☐라 하면 ☐$+ 0.26 = 1.01$입니다.
    ➡ ☐$= 1.01 - 0.26 = 0.75$
    따라서 바르게 계산하면 $0.75 \times 0.26 = 0.195$입니다.

17 (가로등 사이의 간격 수)$= 12 - 1 = 11$(군데)
    ➡ (도로의 길이)$= 20.4 \times 11 = 224.4 \text{(m)}$

18 예 ㉠ 2780은 27.8의 소수점이 오른쪽으로 두 자리 옮겨진 것이므로 ☐$=100$입니다.」❶
    ㉡ 2.78은 278의 소수점이 왼쪽으로 두 자리 옮겨진 것이므로 ☐$=0.01$입니다.」❷
    따라서 ☐ 안에 알맞은 수가 더 큰 것은 ㉠입니다.」❸

채점 기준	
❶ ㉠의 ☐ 안에 알맞은 수 구하기	2점
❷ ㉡의 ☐ 안에 알맞은 수 구하기	2점
❸ ☐ 안에 알맞은 수가 더 큰 것의 기호 쓰기	1점

19 예 $12 \times 3.4 = 40.8$입니다.」❶
    따라서 $40.8 < $ ☐ < 43.7이므로 ☐ 안에 들어갈 수 있는 자연수는 41, 42, 43입니다.」❷

채점 기준	
❶ 12×3.4를 계산한 값 구하기	3점
❷ ☐ 안에 들어갈 수 있는 자연수 모두 구하기	2점

20 예 새로운 직사각형의 가로는 $4 \times 0.9 = 3.6 \text{(m)}$입니다.」❶
    새로운 직사각형의 세로는 $1.8 \times 1.5 = 2.7 \text{(m)}$입니다.」❷
    따라서 새로운 직사각형의 넓이는
    $3.6 \times 2.7 = 9.72 \text{(m}^2\text{)}$입니다.」❸

채점 기준	
❶ 새로운 직사각형의 가로 구하기	2점
❷ 새로운 직사각형의 세로 구하기	2점
❸ 새로운 직사각형의 넓이 구하기	1점

개념책 87쪽   창의·융합형 문제

1 3 m   **2** 2.62 kg

1 (원 모양의 태극 문양의 지름)$= 0.15 \times 2 = 0.3 \text{(m)}$
    ➡ (직사각형 모양의 태극기의 둘레)
      $= (0.3 \times 3 + 0.3 \times 2) \times 2$
      $= (0.9 + 0.6) \times 2 = 3 \text{(m)}$

2 ・(TV 시청을 줄여서 감소한 이산화 탄소의 양)
    $= 0.59 \times 2 = 1.18 \text{(kg)}$
  ・(컴퓨터 사용을 줄여서 감소한 이산화 탄소의 양)
    $= 0.48 \times 3 = 1.44 \text{(kg)}$
  따라서 감소한 이산화 탄소는 모두
  $1.18 + 1.44 = 2.62 \text{(kg)}$입니다.

5. 직육면체

개념책 90~92쪽

예제 1 나, 라

예제 2 (왼쪽에서부터) 꼭짓점, 면, 모서리

예제 3 나, 마

유제 4 (위에서부터) 정사각형, 6, 12, 8

예제 5

예제 6 ㉠, ㉢, ㉣

예제 1 직육면체는 직사각형 6개로 둘러싸인 도형이므로 나, 라입니다.

예제 3 정육면체는 정사각형 6개로 둘러싸인 도형이므로 나, 마입니다.

예제 5 색칠한 면과 마주 보는 면을 찾아 색칠합니다.

예제 6 **(보기)**의 색칠한 면과 만나는 면을 색칠한 것을 모두 찾으면 ㉠, ㉢, ㉣입니다.

개념책 93쪽 한번 더 **확인**

1 (직, 정) (직)
(직) (직, 정)

2 ○　　　　　　**3** ✕

4 ○　　　　　　**5** 3쌍

6 4개　　　　　**7** 면 ㅁㅂㅅㅇ

8 면 ㄱㄴㄷㄹ, 면 ㄱㅁㅇㄹ, 면 ㅁㅂㅅㅇ,
　面 ㄴㅂㅅㄷ

2 직육면체와 정육면체는 면의 수가 6개로 같습니다.

3 직육면체는 길이가 같은 모서리가 4개씩 3쌍 있습니다.

4 정사각형은 직사각형이라고 할 수 있으므로 정육면체는 직육면체라고 할 수 있습니다.

5 직육면체에서 마주 보는 면은 서로 평행하므로 서로 평행한 면은 모두 3쌍입니다.

6 직육면체에서 한 면과 수직인 면은 마주 보는 면을 제외한 나머지 면이므로 모두 4개입니다.

7 면 ㄱㄴㄷㄹ과 마주 보는 면을 찾으면 면 ㅁㅂㅅㅇ입니다.

8 면 ㄴㅂㅁㄱ과 수직인 면을 찾으면 면 ㄴㅂㅁㄱ과 평행한 면 ㄷㅅㅇㄹ을 제외한 나머지 4개의 면입니다.

개념책 94~95쪽 실전문제

✎ 서술형 문제는 풀이를 꼭 확인하세요.

1 가, 다, 마　　　　　**2** 3쌍

3 (위에서부터) 8, 7　　**4** 예 정사각형

5 도현 / 예 한 면과 수직으로 만나는 면은 모두 4개야.

6 ㉠, ㉣　　　　✎ **7** 풀이 참조

8 2개　　　　　　**9** 26개

10 84 cm　　　　**11** ㉢

12 28 cm　　　　**13** 1, 2, 5, 6

1 직사각형 6개로 둘러싸인 도형이 아닌 것은 가, 다, 마입니다.

2 직육면체에서 평행한 두 면은 각각 밑면이 될 수 있고, 직육면체에서 평행한 면은 모두 3쌍입니다.

3 직육면체에는 길이가 같은 모서리가 4개씩 3쌍 있습니다.

4 정육면체의 면은 모두 정사각형이므로 위에서 본 모양은 정사각형입니다.

6 ㉡ 직육면체는 면이 모두 직사각형이고, 정육면체는 면이 모두 정사각형입니다.
㉢ 직육면체는 길이가 같은 모서리가 4개씩 3쌍 있고, 정육면체는 모서리의 길이가 모두 같습니다.

✎ **7** 예 직육면체는 6개의 직사각형으로 둘러싸인 도형인데 주어진 도형은 2개의 사다리꼴과 4개의 직사각형으로 둘러싸여 있습니다.」 ❶

　채점 기준
❶ 직육면체가 아닌 이유 쓰기

8 색칠한 두 면에 공통으로 수직인 면은 면 ㄱㄴㄷㄹ, 면 ㅁㅂㅅㅇ으로 모두 2 개입니다.

9 면의 수: 6개, 모서리의 수: 12개, 꼭짓점의 수: 8개
➡ (면, 모서리, 꼭짓점의 수의 합)
$=6+12+8=26$(개)

10 정육면체는 모서리 12개의 길이가 모두 같으므로 모든 모서리의 길이의 합은 $7×12=84$(cm)입니다.

11 ㉠ 면 ㄱㄴㄷㄹ과 면 ㄷㅅㅇㄹ은 서로 수직입니다.
㉡ 면 ㄴㅂㅁㄱ과 면 ㄴㅂㅅㄷ은 서로 수직입니다.
㉢ 면 ㄴㅂㅅㄷ과 면 ㄱㅁㅇㄹ은 서로 평행합니다.
㉣ 면 ㅁㅂㅅㅇ과 면 ㄷㅅㅇㄹ은 서로 수직입니다.

12 면 ㄱㅁㅇㄹ과 평행한 면은 면 ㄴㅂㅅㄷ이고 면 ㄱㅁㅇㄹ의 모서리의 길이와 같습니다.
➡ $(5+9)×2=28$(cm)

13 4의 눈이 그려진 면과 평행한 면의 눈의 수는 $7-4=3$입니다.
따라서 수직인 면의 눈의 수는 4, 3을 제외한 1, 2, 5, 6입니다.

개념책 96~98쪽

예제 1 라
예제 2 (위에서부터) 3, 3 / 9, 3 / 7, 1
예제 3 가, 다
예제 4 나, 다
예제 5
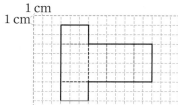
예제 6
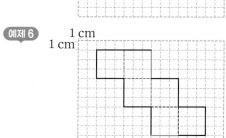

예제 1 •가: 보이는 모서리는 실선으로, 보이지 않는 모서리는 점선으로 그려야 합니다.
•나, 다: 보이지 않는 모서리는 점선으로 그려야 합니다.

예제 3 •나: 전개도를 접었을 때 만나는 모서리의 길이가 다릅니다.
•라: 전개도를 접었을 때 서로 겹치는 면이 있습니다.

예제 4 •가: 면이 7개입니다.
•라: 전개도를 접었을 때 서로 겹치는 면이 있습니다.

예제 5 전개도를 접었을 때 서로 마주 보는 면 3쌍의 모양과 크기가 같아야 하며 만나는 모서리의 길이가 같도록 실선과 점선을 그려 넣어야 합니다.

예제 6 전개도를 접었을 때 모든 면의 모양과 크기가 같아야 하며 만나는 모서리의 길이가 같도록 실선과 점선을 그려 넣어야 합니다.

개념책 99쪽 한번더 확인

1 [그림] 2 [그림]

3 면 ㉻
4 면 ㉮, 면 ㉯, 면 ㉱, 면 ㉻
5
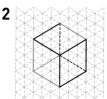
6

1 보이는 모서리는 실선으로, 보이지 않는 모서리는 점선으로 그립니다.

3 전개도를 접었을 때 면 ㉠와 마주 보는 면은 면 ㉺입니다.

4 면 ㉢와 수직인 면을 찾으면 전개도를 접었을 때 면 ㉢와 평행한 면 ㉿를 제외한 나머지 4개의 면입니다.

6 각 면의 모양과 크기가 같게 잘린 모서리는 실선으로, 잘리지 않은 모서리는 점선으로 그립니다.

개념책 100~101쪽 실전문제

✎ 서술형 문제는 풀이를 꼭 확인하세요.

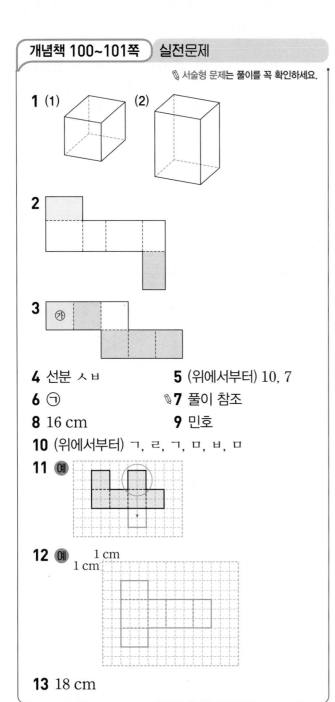

1 (1) (2)

2

3 ㉠

4 선분 ㅅㅂ   **5** (위에서부터) 10, 7

6 ㉠   ✎**7** 풀이 참조

8 16 cm   **9** 민호

10 (위에서부터) ㄱ, ㄹ, ㄱ, ㅁ, ㅂ, ㅁ

11 예

12 예 1 cm
        1 cm

13 18 cm

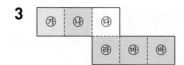

3

전개도를 접었을 때 면 ㉠와 수직인 면은 면 ㉠와 평행한 면 ㉣를 제외한 나머지인 면 ㉢, 면 ㉤, 면 ㉤, 면 ㉿입니다.

(참고) 한 면과 수직인 면은 평행한 면을 제외한 나머지 4개의 면입니다.

4 전개도를 접었을 때 선분 ㄷㄹ과 선분 ㅅㅂ이 맞닿아 한 모서리를 이룹니다.

5 전개도를 접었을 때 겨냥도와 모양이 같도록 모서리의 길이를 써넣습니다.

6 전개도를 접었을 때 각 모서리의 길이가 2 cm, 2 cm, 3 cm인 직육면체를 찾습니다.

✎**7** (예) 보이지 않는 모서리는 점선으로 그려야 하는데 실선으로 그렸습니다.」 **❶**

채점 기준
❶ 직육면체의 겨냥도를 잘못 그린 이유 쓰기

8 보이지 않는 모서리의 길이는 8 cm가 1개, 5 cm가 1개, 3 cm가 1개입니다.
⇨ (보이지 않는 모서리의 길이의 합)
    =8+5+3=16(cm)

9 민호: 보이는 면의 수는 3개이고, 보이지 않는 꼭짓점의 수는 1개이므로 합은 3+1=4(개)입니다.

10 전개도를 접었을 때 만나는 점끼리 같은 기호를 써넣습니다.

11 전개도를 접었을 때 서로 겹치는 면이 없어야 합니다.

12 전개도를 접었을 때 서로 마주 보는 면 3쌍의 모양과 크기가 같고 겹치는 면이 없으며 맞닿는 선분의 길이가 같도록 그립니다.

13 (정육면체의 한 모서리의 길이)=72÷12=6(cm)
보이지 않는 모서리는 3개이므로 보이지 않는 모서리의 길이의 합은 6×3=18(cm)입니다.

(참고) 정육면체에서 보이는 모서리는 9개, 보이지 않는 모서리는 3개입니다.

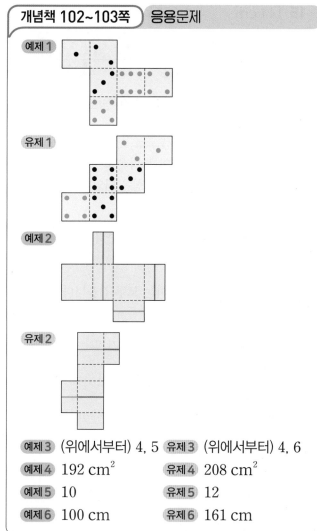

예제 1

유제 1

예제 2

유제 2

예제 3	(위에서부터) 4, 5	유제 3	(위에서부터) 4, 6
예제 4	192 cm²	유제 4	208 cm²
예제 5	10	유제 5	12
예제 6	100 cm	유제 6	161 cm

예제 1

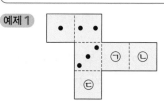

서로 평행한 두 면을 찾아
면의 눈의 수의 합이 7이
되게 합니다.

$\Rightarrow$ ㉠: $7-1=6$
　㉡: $7-3=4$
　㉢: $7-2=5$

유제 1

서로 평행한 두 면을 찾아
면의 눈의 수의 합이 7이
되게 합니다.

$\Rightarrow$ ㉠: $7-3=4$
　㉡: $7-5=2$
　㉢: $7-6=1$

예제 2 직육면체에서 가장 넓은 면과 수직으로 만나는
네 면에 색 테이프가 지나간 자리를 그립니다.
또한 전개도를 접었을 때 색 테이프가 지나간 자
리가 이어지도록 그립니다.

예제 2 직육면체에서 가장 좁은 면과 수직으로 만나는
네 면에 색 테이프가 지나간 자리를 그립니다.
또한 전개도를 접었을 때 색 테이프가 지나간 자
리가 이어지도록 그립니다.

예제 3 위에서 본 모양과 옆에서 본 모
양에서 3 cm인 변이 맞닿게 되
므로 직육면체의 겨냥도를 그리
면 오른쪽과 같습니다.

따라서 앞에서 본 모양은 가로가 4 cm, 세로가
5 cm입니다.

유제 3 위에서 본 모양과 앞에서 본 모양
에서 2 cm인 변이 맞닿게 되므로
직육면체의 겨냥도를 그리면 오른
쪽과 같습니다.
따라서 옆에서 본 모양은 가로가
4 cm, 세로가 6 cm입니다.

예제 4 색칠한 부분은 한 변의 길이가 8 cm인 정사각형
3개의 넓이와 같습니다.
$\Rightarrow$ (색칠한 부분의 넓이의 합)
　$=8\times8\times3=192(cm^2)$

유제 4 색칠한 부분은
가로가 4 cm, 세로가 10 cm인 직사각형 1개,
가로가 12 cm, 세로가 4 cm인 직사각형 1개,
가로가 12 cm, 세로가 10 cm인 직사각형 1개
의 넓이의 합과 같습니다.
$\Rightarrow$ (색칠한 부분의 넓이의 합)
　$=4\times10+12\times4+12\times10$
　$=40+48+120=208(cm^2)$

예제 5 직육면체에는 길이가 같은 모서리가 4개씩 3쌍
있습니다.
$(12+6+\square)\times4=112$, $12+6+\square=28$,
$18+\square=28$, $\square=10$

유제 5 직육면체에는 길이가 같은 모서리가 4개씩 3쌍
있습니다.
$(\square+9+21)\times4=168$, $\square+9+21=42$,
$\square+30=42$, $\square=12$

예제 6 사용한 끈은 12 cm인 부분 2개, 8 cm인 부분 2개, 10 cm인 부분 4개와 매듭입니다.

⇨ (사용한 끈의 길이)
$$=12\times2+8\times2+10\times4+20$$
$$=24+16+40+20=100(cm)$$

유제 6 사용한 끈은 20 cm인 부분 2개, 18 cm인 부분 2개, 15 cm인 부분 4개와 매듭입니다.

⇨ (사용한 끈의 길이)
$$=20\times2+18\times2+15\times4+25$$
$$=40+36+60+25=161(cm)$$

개념책 104~106쪽) 단원 평가

🖉 서술형 문제는 풀이를 꼭 확인하세요.

1 나, 다, 라, 마 / 다

2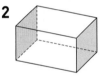

3 7, 7

4

5 ㉢

6 면 ㄱㄴㄷㄹ, 면 ㄴㅂㅅㄷ, 면 ㅁㅂㅅㅇ, 면 ㄱㅁㅇㄹ

7 ㉠, ㉡

8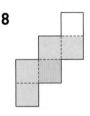

9 면 마

10 면 라

11 26개

12 17 cm

13 (위에서부터) 5, 5, 9

14 예
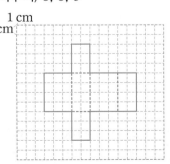

15 144 cm

16

17 8

🖉**18** 풀이 참조

🖉**19** 63 cm

🖉**20** 124 cm

1 직사각형 6개로 둘러싸인 도형은 나, 다, 라, 마이고, 정사각형 6개로 둘러싸인 도형은 다입니다.

2 색칠한 면과 마주 보는 면에 색칠합니다.

3 정육면체의 모서리의 길이는 모두 같습니다.

4 보이는 모서리는 실선으로, 보이지 않는 모서리는 점선으로 그립니다.

5 ㉢ 면이 7개이므로 정육면체의 전개도가 아닙니다.

6 면 ㄷㅅㅇㄹ과 수직인 면을 찾으면 면 ㄷㅅㅇㄹ과 평행한 면 ㄴㅂㅁㄱ을 제외한 나머지 4개의 면입니다.

7 ㉢ 직육면체의 면은 직사각형이고 정육면체의 면은 정사각형입니다.
㉣ 정육면체는 모서리의 길이가 모두 같지만 직육면체는 길이가 같은 모서리가 4개씩 3쌍 있습니다.

8 전개도를 접었을 때 밑면과 수직인 면에 모두 색칠합니다.

9 전개도를 접었을 때 면 나와 마주 보는 면을 찾으면 면 마입니다.

10 전개도를 접었을 때 면 가와 만나지 않는 면은 면 가와 평행한 면이므로 면 라입니다.

11 면의 수: 6개, 모서리의 수: 12개, 꼭짓점의 수: 8개
⇨ (면, 모서리, 꼭짓점의 수의 합)
$$=6+12+8=26(개)$$

12 보이지 않는 모서리의 길이는 5 cm가 1개, 9 cm가 1개, 3 cm가 1개입니다.
⇨ (보이지 않는 모서리의 길이의 합)
$=5+9+3=17$(cm)

13 전개도를 접었을 때 겨냥도와 모양이 같도록 모서리의 길이를 써넣습니다.

14 전개도를 접었을 때 서로 마주 보는 면 3쌍의 모양과 크기가 같고 겹치는 면이 없으며 맞닿는 선분의 길이가 같도록 그립니다.

15 보이지 않는 모서리는 모두 3개이므로 정육면체의 한 모서리의 길이는 $36÷3=12$(cm)입니다.
따라서 모든 모서리의 길이의 합은
$12×12=144$(cm)입니다.

16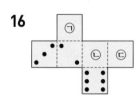
서로 평행한 두 면을 찾아 면의 눈의 수의 합이 7이 되게 합니다.
㉠: $7-6=1$, ㉡: $7-3=4$,
㉢: $7-2=5$

17 직육면체에는 길이가 같은 모서리가 4개씩 3쌍 있습니다.
$(5+3+\square)×4=64$, $5+3+\square=16$,
$8+\square=16$, $\square=8$

✎**18** 전개도가 될 수 없습니다.」❶
㉐ 전개도를 접었을 때 서로 겹치는 면이 있으므로 직육면체의 전개도가 될 수 없습니다.」❷

채점 기준	
❶ 직육면체의 전개도가 될 수 있는지 없는지 쓰기	2점
❷ 이유 설명하기	3점

✎**19** ㉐ 보이는 모서리는 실선으로 그리므로 길이가 9 cm, 7 cm, 5 cm인 모서리가 각각 3개씩입니다.」❶
따라서 보이는 모서리의 길이의 합은
$(9+7+5)×3=63$(cm)입니다.」❷

채점 기준	
❶ 보이는 모서리의 길이 알아보기	3점
❷ 보이는 모서리의 길이의 합 구하기	2점

✎**20** ㉐ 사용한 끈은 20 cm인 부분 2개, 16 cm인 부분 2개, 10 cm인 부분 4개와 매듭입니다.」❶
(사용한 끈의 길이)
$=20×2+16×2+10×4+12$
$=40+32+40+12=124$(cm)」❷

채점 기준	
❶ 끈으로 묶은 부분과 매듭으로 사용한 끈의 길이 각각 알아보기	2점
❷ 사용한 끈의 길이는 모두 몇 cm인지 구하기	3점

개념책 107쪽 창의·융합형 문제

1 108 cm   **2** 2250 cm²

1 (선호가 만든 상자의 한 모서리의 길이)
$=7+2=9$(cm)
정육면체는 모서리가 12개이므로 선호가 만든 상자의 모든 모서리의 길이의 합은
$9×12=108$(cm)입니다.

2 (㉠의 길이)$=45-15=30$(cm)
전개도에는 한 변의 길이가 15 cm인 정사각형 2개, 가로가 15 cm이고 세로가 30 cm인 직사각형 3개와 가로가 30 cm이고 세로가 15 cm인 직사각형 1개가 있습니다.
⇨ (은수가 사용한 도화지의 넓이)
$=15×15×2+15×30×3+30×15$
$=450+1350+450=2250$(cm²)

6. 평균과 가능성

개념책 110~112쪽

❶ 평균

예제 1 ( )
(○)

유제 2 23명

❷ 평균 구하기

예제 3 방법 1 예 3 /

예 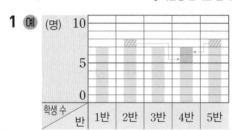, 3

		○		
	○			
○	○	○	○	○
○	○	○	○	○
○	○	○	○	○
1회	2회	3회	4회	5회

방법 2 5, 3, 1, 5, 15, 5, 3

❸ 평균을 이용하여 문제 해결하기

예제 4 (1) 5권 / 4권 / 3권 / 4권 (2) 가 모둠

예제 5 (1) 595명 (2) 80명

예제 1 각 상자의 구슬 수 20, 19, 21, 20 중 가장 큰 수만으로는 각 상자당 구슬이 몇 개쯤 있는지 알기 어렵습니다.

유제 2 2반의 학생 수에서 1반으로 1명, 4반으로 1명을 옮기면 학생 수가 모두 23명으로 고르게 됩니다. 따라서 은호네 학교 5학년 반별 학생 수의 평균은 23명입니다.

예제 3 방법 1 ○를 옮기면 자료의 값이 모두 ○ 3개로 고르게 되므로 지민이의 턱걸이 기록의 평균은 3번입니다.

예제 4 (1) • (가 모둠의 읽은 책 수의 평균)=15÷3=5(권)
 • (나 모둠의 읽은 책 수의 평균)=12÷3=4(권)
 • (다 모둠의 읽은 책 수의 평균)=12÷4=3(권)
 • (라 모둠의 읽은 책 수의 평균)=16÷4=4(권)
(2) 모둠별 읽은 책 수의 평균을 비교하면
 5권>4권=4권>3권이므로 1인당 읽은 책 수가 가장 많은 모둠은 가 모둠입니다.

예제 5 (1) 85×7=595(명)
(2) 595−(70+85+75+90+95+100)
 =80(명)

개념책 113쪽 한번 더 확인

1 8   2 13
3 18   4 22
5 25   6 <
7 <   8 36
9 40

1 (10+4+13+5)÷4=32÷4=8

2 (11+14+9+18)÷4=52÷4=13

3 (21+15+20+16)÷4=72÷4=18

4 (17+23+28+22+20)÷5=110÷5=22

5 (31+28+21+16+29)÷5=125÷5=25

6 • (14+18+8+12)÷4=52÷4=13
 • (19+16+10)÷3=45÷3=15

7 • (25+15+20)÷3=60÷3=20
 • (13+25+17+29)÷4=84÷4=21

8 (자료의 값을 모두 더한 수)=27×4=108
 ⇨ ▓=108−(31+15+26)=36

9 (자료의 값을 모두 더한 수)=31×5=155
 ⇨ ▓=155−(28+23+34+30)=40

개념책 114~115쪽 실전문제

✎ 서술형 문제는 풀이를 꼭 확인하세요.

1 예

(명) 10

5

0

학생 수

반 | 1반 | 2반 | 3반 | 4반 | 5반

2 7명   3 55분
4 6개 / 5개   ✎5 풀이 참조
6 121타   7 예 122타
8 33명   9 4회
10 없습니다.   11 19초
12 216 g

2 막대의 높이를 고르게 하면 7, 7, 7, 7, 7로 나타낼 수 있으므로 반별 안경을 쓴 학생 수의 평균은 7명입니다.

3 (운동 시간의 평균)
$= (50 + 60 + 58 + 52 + 55) \div 5 = 275 \div 5 = 55(분)$

4 • (태준이네 모둠의 평균)
$= (8 + 4 + 7 + 5) \div 4 = 24 \div 4 = 6(개)$
• (준혁이네 모둠의 평균)
$= (7 + 5 + 4 + 3 + 6) \div 5 = 25 \div 5 = 5(개)$

✎5 진선 ❶
예 두 모둠의 친구 수가 각각 다르기 때문에 모둠별 기록의 총 개수만으로는 어느 모둠이 더 잘했는지 알 수 없습니다. ❷

채점 기준
❶ 잘못 말한 친구의 이름 쓰기
❷ 이유 쓰기

6 (타자 수의 평균)
$= (120 + 135 + 117 + 112) \div 4 = 484 \div 4 = 121(타)$

7 1분씩 5회 동안 기록한 타자 수의 평균이 1분씩 4회 동안 기록한 평균보다 높으려면 1분씩 4회 동안 기록한 타자 수의 평균인 121타보다 많은 타자를 쳐야 합니다.

8 (5학년 전체 학생 수) $= 35 \times 5 = 175(명)$
⇨ (5반 학생 수)
$= 175 - (35 + 34 + 36 + 37) = 33(명)$

9 • (투호에 넣은 전체 화살 수) $= 5 \times 5 = 25(개)$
• (3회에 넣은 화살 수) $= 25 - (5 + 4 + 7 + 3) = 6(개)$
따라서 기록이 가장 좋은 때는 4회입니다.

10 (송이의 기록의 평균)
$= (18 + 17 + 18 + 18 + 19) \div 5 = 90 \div 5 = 18(초)$
따라서 송이는 예선을 통과할 수 없습니다.

11 평균이 17초 이하가 되려면 1회부터 5회까지 기록의 합이 $17 \times 5 = 85(초)$ 이하이어야 합니다.
따라서 5회의 기록은
$85 - (15 + 17 + 16 + 18) = 19(초)$ 이하이어야 합니다.

12 • (㉮ 상자에 들어 있는 사과 무게의 합)
$= 240 \times 10 = 2400(g)$
• (㉯ 상자에 들어 있는 사과 무게의 합)
$= 200 \times 15 = 3000(g)$
⇨ (두 상자에 들어 있는 사과 무게의 평균)
$= (2400 + 3000) \div (10 + 15)$
$= 5400 \div 25 = 216(g)$

개념책 116~118쪽

④ 일이 일어날 가능성을 말로 표현하기

예제 1 예

유제 2 예

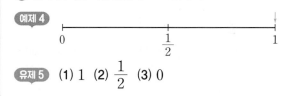

⑤ 일이 일어날 가능성을 비교하기

예제 3 (1) (왼쪽에서부터)
예 서준, 지윤, 승현, 정우, 아린
(2) **예** 아린, 정우, 승현, 지윤, 서준

⑥ 일이 일어날 가능성을 수로 표현하기

예제 4

$$0 \qquad \frac{1}{2} \qquad 1$$

유제 5 (1) 1 (2) $\frac{1}{2}$ (3) 0

예제 1 • 월요일 다음은 화요일이므로 월요일 다음에 화요일이 올 가능성은 '확실하다'입니다.
• 오전 9시에서 2시간 후는 오전 11시이므로 오전 10시가 될 가능성은 '불가능하다'입니다.
• 전학생은 자주 오지 않으므로 오늘 전학생이 올 가능성은 '~아닐 것 같다'입니다.
• 파란색 구슬이 더 많은 주머니에서 파란색 구슬을 꺼낼 가능성은 '~일 것 같다'입니다.
• 대기 번호표의 번호는 홀수 아니면 짝수이므로 홀수일 가능성은 '반반이다'입니다.
참고 가능성에 대한 생각이 논리적으로 타당한 경우 정답으로 인정합니다.

유제 2 • 꺼낸 공이 파란색일 가능성이 '확실하다'가 되려면 주머니 속에는 파란색 공만 들어 있어야 합니다.
⇨ 4개 모두 파란색으로 칠합니다.
• 꺼낸 공이 파란색일 가능성이 '반반이다'가 되려면 주머니 속에는 파란색 공과 파란색이 아닌 공이 똑같은 개수로 들어 있어야 합니다.
⇨ 4개 중에서 2개를 파란색으로 칠합니다.
• 꺼낸 공이 파란색일 가능성이 '불가능하다'가 되려면 주머니 속에는 파란색 공이 들어 있지 않아야 합니다.
⇨ 파란색을 칠하지 않습니다.

예제 3
- 서준: 공룡은 멸종 동물이므로 가능성은 '불가능하다'입니다.
- 지윤: 500원짜리 동전을 던지면 그림 면이나 숫자 면이 나올 수 있으므로 가능성은 '~아닐 것 같다'입니다.
- 아린: 4월은 항상 5월보다 빨리 오므로 가능성은 '확실하다'입니다.
- 승현: 주사위의 눈의 수 6개 중 3개가 홀수이므로 가능성은 '반반이다'입니다.
- 정우: 여름에는 긴소매보다 반소매를 더 많이 입으므로 가능성은 '~일 것 같다'입니다.

따라서 일이 일어날 가능성이 높은 순서대로 친구의 이름을 쓰면 아린, 정우, 승현, 지윤, 서준입니다.

예제 4 꺼낸 바둑돌이 검은색일 가능성은 '확실하다'이고, 이를 수로 표현하면 1입니다.

유제 5
(1) 회전판 가를 돌릴 때 화살이 초록색에 멈출 가능성은 '확실하다'이고, 이를 수로 표현하면 1입니다.
(2) 회전판 나를 돌릴 때 화살이 노란색에 멈출 가능성은 '반반이다'이고, 이를 수로 표현하면 $\frac{1}{2}$입니다.
(3) 회전판 다를 돌릴 때 화살이 초록색에 멈출 가능성은 '불가능하다'이고, 이를 수로 표현하면 0입니다.

개념책 119쪽 | 한번 더 **확인**

1 ○ □ □ □ □ □ | **2** □ □ □ □ □ ○
3 다, 가, 나 | **4** 나, 가, 다
5 0 | **6** 1
7 $\frac{1}{2}$ | **8** 0

1 달은 1개이므로 달이 2개 뜰 가능성은 '불가능하다'입니다.

2 5＋5＝10이므로 가능성은 '확실하다'입니다.

3 • 가: 반반이다 • 나: 불가능하다 • 다: 확실하다
따라서 화살이 빨간색에 멈출 가능성이 높은 회전판부터 순서대로 쓰면 다, 가, 나입니다.

---

4 • 가: 반반이다 • 나: ~일 것 같다
• 다: ~아닐 것 같다
따라서 화살이 빨간색에 멈출 가능성이 높은 회전판부터 순서대로 쓰면 나, 가, 다입니다.

5 꺼낸 동전이 500원짜리일 가능성은 '불가능하다'이고, 이를 수로 표현하면 0입니다.

6 꺼낸 젤리가 노란색일 가능성은 '확실하다'이고, 이를 수로 표현하면 1입니다.

7 나온 주사위 눈의 수가 짝수일 가능성은 '반반이다'이고, 이를 수로 표현하면 $\frac{1}{2}$입니다.

8 꺼낸 구슬이 파란색일 가능성은 '불가능하다'이고, 이를 수로 표현하면 0입니다.

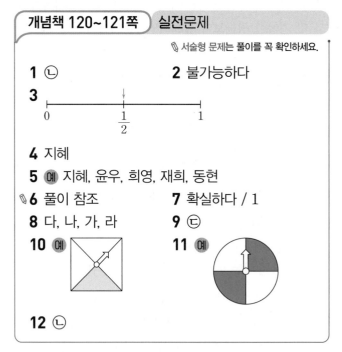

개념책 120~121쪽 | **실전문제**

 서술형 문제는 풀이를 꼭 확인하세요.

1 ㉡ **2** 불가능하다
3 [수직선 0 — $\frac{1}{2}$ — 1, 화살표 $\frac{1}{2}$ 위치]
4 지혜
5 예 지혜, 윤우, 희영, 재희, 동현
6 풀이 참조 **7** 확실하다 / 1
8 다, 나, 가, 라 **9** ㉢
10 예 [정사각형 그림] **11** 예 [회전판 그림]
12 ㉡

1 ㉠ 계산기에서 '1＋2＝'를 누르면 3이 나오므로 가능성은 '불가능하다'입니다.
㉡ 367명의 사람들 중 서로 생일이 같은 사람이 있으므로 가능성은 '확실하다'입니다.
㉢ 아기는 남자 또는 여자이므로 가능성은 '반반이다'입니다.

2 상자 안에는 1번부터 10번까지의 번호표가 있으므로 12번 번호표를 꺼낼 가능성은 '불가능하다'입니다.

3 검은색 공과 흰색 공이 각각 1개씩 들어 있는 주머니에서 공 1개를 꺼낼 때 꺼낸 공이 검은색일 가능성은 '반반이다'이고, 이를 수로 표현하면 $\frac{1}{2}$입니다.

4
- 지혜: 12월이 지나면 새해가 되므로 가능성은 '확실하다'입니다.
- 윤우: 노란색 공이 더 많으므로 꺼낸 공이 노란색일 가능성은 '~일 것 같다'입니다.
- 희영: 10원짜리 동전을 던지면 그림 면이나 숫자 면이 나올 수 있으므로 숫자 면이 나올 가능성은 '반반이다'입니다.
- 동현: 형이 내년에 유치원에 입학할 가능성은 '불가능하다'입니다.
- 재혁: 주사위의 눈의 수는 홀수 또는 짝수이므로 주사위 눈의 수가 모두 짝수가 나올 가능성은 '~아닐 것 같다'입니다.

따라서 윤우가 말한 일이 일어날 가능성보다 일어날 가능성이 높은 일을 말한 친구는 '확실하다'를 말한 지혜입니다.

✎6 **예** 우리 형은 올해 6학년이야. 내년에 중학교에 입학할 거야.」❶

채점 기준
❶ 가능성이 '확실하다'가 되도록 바꾸기

7 상자에 당첨 제비만 3개 들어 있으므로 이 상자에서 뽑은 제비 1개가 당첨 제비일 가능성은 '확실하다'이고, 이를 수로 표현하면 1입니다.

8
- 가: 전체 구슬 4개 중 빨간색 구슬은 2개이므로 빨간색 구슬이 나올 가능성은 '반반이다'입니다.
- 나: 전체 구슬 4개 중 빨간색 구슬은 3개이므로 빨간색 구슬이 나올 가능성은 '~일 것 같다'입니다.
- 다: 전체 구슬 4개 중 빨간색 구슬은 4개이므로 빨간색 구슬이 나올 가능성은 '확실하다'입니다.
- 라: 전체 구슬 4개 중 빨간색 구슬은 없으므로 빨간색 구슬이 나올 가능성은 '불가능하다'입니다.

따라서 빨간색 구슬이 나올 가능성이 높은 상자부터 순서대로 쓰면 다, 나, 가, 라입니다.

9 회전판에서 초록색, 주황색, 노란색은 각각 전체의 $\frac{1}{3}$입니다.

10 회전판의 전체 칸 수는 4칸이므로 노란색을 1칸만큼 색칠하면 회전판에서 화살이 노란색에 멈출 가능성이 '~아닐 것 같다'가 됩니다.

11 수 카드에 쓰인 수가 3 이상 8 미만인 경우는 5가지입니다. 3 이상 8 미만인 수일 가능성은 '반반이다'이므로 수로 표현하면 $\frac{1}{2}$입니다.

따라서 회전판 4칸 중에서 2칸을 파란색으로 색칠하면 됩니다.

12 ㉠ 한글 자음(ㄱ, ㄹ, ㅅ)이 적혀 있는 칸은 3칸, 알파벳(A, D, G)이 적혀 있는 칸은 3칸이므로 한글 자음이 적혀 있는 칸과 알파벳이 적혀 있는 칸에 멈출 가능성은 각각 '반반이다'입니다.

㉡ 4 이하인 수(1, 2, 3, 4)가 적혀 있는 칸은 4칸, 4 초과인 수(5, 6)가 적혀 있는 칸은 2칸이므로 4 이하인 수가 적혀 있는 칸에 멈출 가능성이 4 초과인 수가 적혀 있는 칸에 멈출 가능성보다 높습니다.

따라서 공정하지 않은 방식은 ㉡입니다.

개념책 122~123쪽 **응용문제**

예제 1	14초	유제 1	230 cm
예제 2	㉢, ㉠, ㉡	유제 2	㉡, ㉢, ㉠
예제 3	$\frac{1}{2}$	유제 3	$\frac{1}{2}$
예제 4	29문제	유제 4	85점
예제 5	6개	유제 5	15개
예제 6	8분	유제 6	18분

예제 1 (민희의 기록의 평균)
$$= (12+16+11) \div 3 = 39 \div 3 = 13(초)$$
⇨ (선미의 1회 기록)
$$= 13 \times 4 - (11+13+14)$$
$$= 52 - 38 = 14(초)$$

유제 1 (준규의 기록의 평균)
$$= (198+210+245+203) \div 4$$
$$= 856 \div 4 = 214(cm)$$
⇨ (진수의 3회 기록)
$$= 214 \times 3 - (234+178)$$
$$= 642 - 412 = 230(cm)$$

예제 2 ㉠ 2의 배수는 2, 4, 6이므로 가능성은 '반반이다'입니다.
㉡ 2 이상 6 이하인 수는 2, 3, 4, 5, 6이므로 가능성은 '~일 것 같다'입니다.
㉢ 7 이상인 수는 나올 수가 없으므로 가능성은 '불가능하다'입니다.

유제 2 ㉠ 6의 배수는 6이므로 가능성은 '~아닐 것 같다'입니다.

ㄴ 9보다 작은 수는 1, 2, 3, 4, 5, 6이므로 가능성은 '확실하다'입니다.

ㄷ 4의 약수는 1, 2, 4이므로 가능성은 '반반이다'입니다.

예제 3 100원짜리 동전 2개를 동시에 던졌을 때 나오는 경우는 (그림 면, 그림 면), (그림 면, 숫자 면), (숫자 면, 그림 면), (숫자 면, 숫자 면)입니다.
따라서 한 동전만 숫자 면이 나올 가능성은 '반반이다'이고, 이를 수로 표현하면 $\frac{1}{2}$입니다.

유제 3 500원짜리 동전 2개를 동시에 던졌을 때 나오는 경우는 (그림 면, 그림 면), (그림 면, 숫자 면), (숫자 면, 그림 면), (숫자 면, 숫자 면)입니다.
따라서 한 동전만 그림 면이 나올 가능성은 '반반이다'이고, 이를 수로 표현하면 $\frac{1}{2}$입니다.

예제 4 (월요일부터 목요일까지의 평균)
$=(16+20+28+32)\div4=96\div4=24$(문제)
전체 평균이 25문제가 되려면 푼 수학 문제 수의 총합이 $25\times5=125$(문제)이어야 합니다.
따라서 금요일에 적어도
$125-(16+20+28+32)=29$(문제)를 풀어야 합니다.

유제 4 (1단원부터 4단원까지의 평균)
$=(85+70+90+75)\div4=320\div4=80$(점)
전체 평균이 81점이 되려면 단원평가 총점이
$81\times5=405$(점)이어야 합니다. 따라서 5단원에서 적어도 $405-(85+70+90+75)=85$(점)을 받아야 합니다.

예제 5 당첨 제비를 뽑을 가능성이 $\frac{1}{2}$이므로 당첨 제비는 6개입니다. 따라서 당첨 제비를 뽑을 가능성이 1이 되게 하려면 상자 안에 있는 제비가 모두 당첨 제비이어야 하므로 당첨 제비가 아닌 제비를 $12-6=6$(개) 빼내야 합니다.

유제 5 당첨 제비를 뽑을 가능성이 $\frac{1}{2}$이므로 당첨 제비는 15개입니다. 따라서 당첨 제비를 뽑을 가능성이 1이 되게 하려면 상자 안에 있는 제비가 모두 당첨 제비이어야 하므로 당첨 제비가 아닌 제비를 $30-15=15$(개) 빼내야 합니다.

예제 6 민우가 $23+7=30$(km)를 가는 데
2시간+2시간=4시간=240분이 걸렸습니다.
따라서 민우가 1 km를 가는 데 평균
$240\div30=8$(분)이 걸렸습니다.

유제 6 정국이가 $4+3=7$(km)를 걷는 데
1시간 10분+56분=2시간 6분=126분이 걸렸습니다.
따라서 정국이가 1 km를 걷는 데 평균
$126\div7=18$(분)이 걸렸습니다.

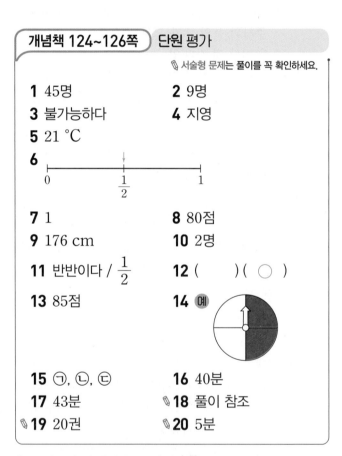

개념책 124~126쪽 **단원 평가**

✎ 서술형 문제는 풀이를 꼭 확인하세요.

1 45명 　　　　　 **2** 9명
3 불가능하다 　　 **4** 지영
5 21 ℃
6

| 0 | $\frac{1}{2}$ | 1 |

7 1 　　　　　　 **8** 80점
9 176 cm 　　　 **10** 2명
11 반반이다 / $\frac{1}{2}$ 　　 **12** (　) (○)
13 85점 　　　　 **14** 예)
15 ㉠, ㉡, ㉢ 　　 **16** 40분
17 43분 　　　　 ✎ **18** 풀이 참조
✎ **19** 20권 　　　 ✎ **20** 5분

1 $9+5+12+8+11=45$(명)

2 $45\div5=9$(명)

3 2월은 28일 또는 29일까지 있으므로 가능성은 '불가능하다'입니다.

4 • 승기: 강아지가 알을 낳을 가능성은 '불가능하다'입니다.
• 현우: 은행에서 뽑은 대기 번호표의 번호가 짝수일 가능성은 '반반이다'입니다.

5 (요일별 방의 온도의 평균)
$$=(20+19+22+21+23)\div5=105\div5=21(℃)$$

6 회전판을 돌릴 때 화살이 초록색에 멈출 가능성은 '반 반이다'이고, 이를 수로 표현하면 $\frac{1}{2}$입니다.

7 ★ 카드만 4장 있으므로 ★ 카드를 뽑을 가능성은 '확실하다'이고, 이를 수로 표현하면 1입니다.

8 (영희가 얻은 점수의 합)$=16\times5=80$(점)

9 (멀리뛰기 기록의 평균)
$$=(165+176+183+174+182)\div5$$
$$=880\div5=176(cm)$$

10 176 cm보다 기록이 높은 학생은 민용(183 cm), 태호(182 cm)로 모두 2명입니다.

11 지영이가 푼 문제의 정답이 ×일 가능성은 '반반이다'이고, 이를 수로 표현하면 $\frac{1}{2}$입니다.

12 • 주사위의 눈의 수가 6 초과로 나올 가능성은 '불가능하다'입니다.
• 50원짜리 동전의 숫자 면이 나올 가능성은 '반반이다'입니다.

13 (민정이네 모둠 4명의 수학 점수의 합)
$$=86\times4=344(점)$$
⇨ (선아의 수학 점수)
$$=344-(95+76+88)=85(점)$$

14 회전판에서 2칸을 빨간색으로 칠하면 꺼낸 구슬의 개수가 홀수일 가능성과 회전판을 돌릴 때 화살이 빨간색에 멈출 가능성이 같습니다.

15 ㉠ 가능성은 '확실하다'입니다.
㉡ 가능성은 '~아닐 것 같다'입니다.
㉢ 가능성은 '불가능하다'입니다.
따라서 가능성이 높은 순서대로 기호를 쓰면 ㉠, ㉡, ㉢입니다.

16 (현서의 연습 시간의 평균)
$$=(38+22+40+36)\div4=136\div4=34(분)$$
⇨ (재구의 수요일의 연습 시간)
$$=34\times3-(27+35)=102-62=40(분)$$

17 현서의 연습 시간의 평균은 34분입니다.
재구의 연습 시간의 평균이 35분이 되려면 총 연습 시간은 $35\times3=105$(분)이 되어야 합니다.
따라서 수요일에 적어도 $105-(27+35)=43$(분)을 연습해야 합니다.

18 예 윤아 ❶
평균은 자료의 값을 고르게 한 것이므로 물을 8컵 마신 학생들이 가장 많다고 할 수 없습니다. ❷

채점 기준	
❶ 잘못 말한 학생의 이름 쓰기	2점
❷ 이유 쓰기	3점

19 예 종류별 책 수의 평균은
$$(145+157+120+165+113)\div5$$
$$=700\div5=140(권)입니다. ❶$$
따라서 평균인 140권보다 적은 종류는 소설책, 과학책이므로 더 구입해야 할 책은 모두
$$10\times2=20(권)입니다. ❷$$

채점 기준	
❶ 종류별 책 수의 평균 구하기	3점
❷ 더 구입해야 할 책의 수 구하기	2점

20 예 간 거리의 합은 $20+2=22$(km)이고,
걸린 시간의 합은
1시간 20분+30분=1시간 50분=110분입니다. ❶
따라서 1 km를 가는 데 평균 $110\div22=5$(분)이 걸렸습니다. ❷

채점 기준	
❶ 간 거리의 합과 걸린 시간의 합 구하기	2점
❷ 1 km를 가는 데 걸린 시간 구하기	3점

개념책 127쪽 창의·융합형 문제

1 수요일, 월요일, 화요일   **2** 69점

1 • 월요일에는 오전에만 비가 올 것 같습니다.
• 화요일에는 비가 오지 않을 것 같습니다.
• 수요일에는 오전과 오후에 모두 비가 올 것 같습니다.
따라서 하루 종일 비가 올 가능성이 높은 순서대로 요일을 쓰면 수요일, 월요일, 화요일입니다.

2 최고점인 78점과 최저점인 64점을 제외한 평균을 구합니다.
⇨ (연주의 기술 점수)
$$=(72+69+66)\div3=207\div3=69(점)$$

1. 수의 범위와 어림하기

유형책 4~11쪽 실전유형 강화

📝 서술형 문제는 풀이를 꼭 확인하세요.

1 32.4, 40, 36.8에 ○표

2
수직선: 11 12 13 14 15 16 17 (14에 ●표, 오른쪽으로 선)

3 ③, ⑤　　　　　　　**4** 15

5 수호, 준상　　　　📝**6** 23

7 10자루　　　　　　**8** ㉡

9 ㉡, ㉣　　　　　　 **10** 지아

11 74　　　　　　　　**12** 3명

13 14　　　　　　　　**14** 나은, 은채

15
수직선: 10 15 20 25 30 35 40 45 50

16 10000원

📝**17** 91명 이상 135명 이하

18 9개

19 58, 59, 60, 61, 62

20 91, 92, 93　　　　 **21** 5개

22 (위에서부터) 7300, 8000 / 81500, 82000

23 ㉠, ㉣　　　　　　 **24** ③

25 285245　　　　 📝**26** 70

27
수직선: 5600 5700 5800

28 (위에서부터) 3100, 3000 / 76000, 76000

29 윤서　　　　　　　**30** ㉮

31 ㉠　　　　　　　　**32** 32000

33 38, 39

34 (위에서부터) 14000, 10000 / 86000, 90000

35 ㉡, ㉠, ㉢　　　　 **36** 민기

37 850, 949　　　　　**38** 2000

39
수직선: 270 280 290

40 7　　　　　　　　 **41** 3 km

42 재현　　　　　　　**43** 57상자, 90개

📝**44** 364개　　　　　　**45** 나 문구점

46 0, 1, 2, 3, 4　　　 **47** 4

48 78003, 78903

1 40 이하인 수는 40과 같거나 작은 수이므로 32.4, 40, 36.8입니다.

2 14 이상인 수는 수직선에 14를 점 ●을 사용하여 나타내고 오른쪽으로 선을 긋습니다.

3 55 이상인 수는 55와 같거나 큰 수이므로 55 이상인 수가 아닌 것은 ③ 38.9, ⑤ $50\frac{4}{5}$ 입니다.

4 5 이하인 자연수는 5와 같거나 작은 자연수이므로 1, 2, 3, 4, 5입니다.
⇨ $1+2+3+4+5=15$

5 키가 150 cm와 같거나 작은 학생은 수호(142.7 cm), 준상(150 cm)입니다.

📝**6** **예** 29, 23.4, 31, 27.6 중에서 가장 작은 수는 23.4 이므로 □ 안에 들어갈 수 있는 자연수는 23, 22, 21……입니다.」❶
따라서 □ 안에 들어갈 수 있는 가장 큰 자연수는 23 입니다.」❷

채점 기준	
❶	□ 안에 들어갈 수 있는 자연수 구하기
❷	□ 안에 들어갈 수 있는 가장 큰 자연수 구하기

7 한 달 동안 읽은 책이 8권과 같거나 많은 학생은 진호 (8권), 태민(10권)으로 모두 2명입니다.
⇨ (필요한 연필 수)$=5\times2=10$(자루)

8 27 초과인 수는 27보다 큰 수이므로 27 초과인 수로 만 이루어진 것은 ㉡입니다.

9
㉠ 수직선: 27 28 29 30 31
㉡ 수직선: 27 28 29 30 31
㉢ 수직선: 27 28 29 30 31
㉣ 수직선: 27 28 29 30 31

10 석호: 50 초과인 수에 50은 포함되지 않습니다.

11 75 미만인 자연수 중에서 가장 큰 수는 74입니다.

12 수직선에 나타낸 수의 범위는 18 초과인 수입니다.
따라서 색종이 수가 18장보다 많은 학생은 희수(23장), 준모(19장), 예은(28장)으로 모두 3명입니다.

13 • ■보다 작은 자연수가 8개이므로 1, 2, 3, 4, 5, 6, 7, 8이고, ■ 미만인 수에는 ■가 포함되지 않으므로 ■=9입니다.
• ▲ 초과인 한 자리 자연수가 4개이므로 한 자리 수 중 에서 가장 큰 수부터 차례대로 4개를 써 보면 9, 8, 7, 6이고, ▲ 초과인 수에는 ▲가 포함되지 않으므로 ▲=5입니다.
⇨ ■＋▲=9＋5=14

14 유리의 오래 매달리기 기록은 30초이므로 2등급입니다.
따라서 유리와 같은 등급에 속하는 학생은 오래 매달리기 기록의 범위가 20초 이상 40초 미만에 속하는 나은(24초), 은채(33초)입니다.

15 세혁이의 오래 매달리기 기록이 16초이므로 3등급에 속하고, 3등급의 기록의 범위는 20초 미만입니다.
따라서 수직선에 20을 점 ○을 사용하여 나타내고 왼쪽으로 선을 긋습니다.

16 (택배의 전체 무게)=3+7+0.7=10.7(kg)
10.7 kg은 10 kg 초과 20 kg 이하에 속하므로 택배 요금은 10000원입니다.

✐17 **예** 45인승 버스 2대에는 45×2=90(명)까지 탈 수 있으므로 91명부터 버스가 3대 필요하고, 버스 3대에는 45×3=135(명)까지 탈 수 있습니다.」**❶**
따라서 민규네 학교 학생 수의 범위는
91명 이상 135명 이하입니다.」**❷**

채점 기준
❶ 버스 3대에 가장 적게 탈 때와 가장 많이 탈 때의 사람 수 각각 구하기
❷ 민규네 학교 학생 수의 범위를 이상과 이하를 이용하여 나타내기

18 자연수 부분이 될 수 있는 수는 6, 7, 8이고, 소수 첫째 자리 수가 될 수 있는 수는 1, 2, 3입니다.
따라서 만들 수 있는 소수 한 자리 수는 6.1, 6.2, 6.3, 7.1, 7.2, 7.3, 8.1, 8.2, 8.3으로 모두 9개입니다.

19 ㉠과 ㉡의 공통 범위는 58 이상 63 미만인 수이므로 ㉠과 ㉡에 공통으로 속하는 자연수는 58, 59, 60, 61, 62입니다.

참고 56 초과 63 미만인 수의 범위와 58 이상 67 미만인 수의 범위가 겹치는 부분은 58 이상 63 미만인 수입니다.

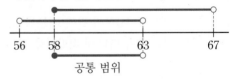

공통 범위

20 ㉠과 ㉡의 공통 범위는 90 초과 94 미만인 수이므로 ㉠과 ㉡에 공통으로 속하는 자연수는 91, 92, 93입니다.

참고 84 이상 94 미만인 수와 90 초과 95 이하인 수의 범위가 겹치는 부분은 90 초과 94 미만인 수입니다.

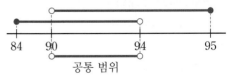

공통 범위

21 첫 번째 수직선이 나타내는 수의 범위는 31 초과 38 이하인 수이고, 두 번째 수직선이 나타내는 수의 범위는 34 이상 40 이하인 수입니다.
두 수직선에 나타낸 수의 공통 범위는 34 이상 38 이하인 수이므로 공통으로 속하는 자연수는 34, 35, 36, 37, 38로 모두 5개입니다.

22 • 7205 ⇨ 7300   7205 ⇨ 8000
　　└ 올립니다.　　　　　└ 올립니다.
• 81496 ⇨ 81500   81496 ⇨ 82000
　　└ 올립니다.　　　　　└ 올립니다.

23 ㉠ 55008 ⇨ 56000   ㉡ 56010 ⇨ 57000
　　└ 올립니다.　　　　　└ 올립니다.
㉢ 56392 ⇨ 57000   ㉣ 55270 ⇨ 56000
　　└ 올립니다.　　　　　└ 올립니다.

24 ① 3.192 ⇨ 3.2   ② 3.103 ⇨ 3.2
　　└ 올립니다.　　　　└ 올립니다.
③ 3.21 ⇨ 3.3   ④ 3.2
　　└ 올립니다.
⑤ 3.14 ⇨ 3.2
　　└ 올립니다.

25 □□□245를 올림하여 천의 자리까지 나타내면 286000이므로 올림하기 전의 수는 285▩▩▩입니다.
주어진 수인 □□□245와 올림하기 전의 수인 285▩▩▩는 같은 수이므로 올림하기 전의 수는 285245입니다.

✐26 **예** 4127을 올림하여 백의 자리까지 나타낸 수는 4200이고, 올림하여 십의 자리까지 나타낸 수는 4130입니다.」**❶**
따라서 두 수의 차는 4200−4130=70입니다.」**❷**

채점 기준
❶ 4127을 올림하여 백의 자리까지 나타낸 수와 올림하여 십의 자리까지 나타낸 수 각각 구하기
❷ ❶에서 구한 두 수의 차 구하기

27 올림하여 백의 자리까지 나타내면 5700이 되는 수는 5600 초과 5700 이하인 수이므로 수직선에 5600을 점 ○을 사용하여 나타내고, 5700을 점 ●을 사용하여 나타냅니다.

28 • 3156 ⇨ 3100   3156 ⇨ 3000
　　└ 버립니다.　　　　　└ 버립니다.
• 76004 ⇨ 76000   76004 ⇨ 76000
　　└ 버립니다.　　　　　└ 버립니다.

29 윤서: 1.766 ⇨ 1.7
└• 버립니다.

30 ㉮ 7205 ⇨ 7200
└• 버립니다.
┐─ 7200 > 7000
㉯ 7499 ⇨ 7000
└• 버립니다.

31 47.382를 버림하여 각각 주어진 자리까지 나타내면
㉠ 47, ㉡ 47.38, ㉢ 47.3입니다.
따라서 버림하여 각각 주어진 자리까지 나타낼 때 가
장 작은 수는 ㉠입니다.

32 버림하여 천의 자리까지 나타내면 32000이 되는 자연
수는 32000부터 32999까지의 수입니다. 이 중에서
가장 작은 자연수는 32000입니다.

33 38 이상 42 미만인 자연수는 38, 39, 40, 41입니다.
이 중에서 버림하여 십의 자리까지 나타내면 30이 되
는 수는 38, 39입니다.

34 • 13724 ⇨ 14000   13724 ⇨ 10000
└• 5보다 크므로 올립니다.   └• 5보다 작으므로 버립니다.
• 86205 ⇨ 86000   86205 ⇨ 90000
└• 5보다 작으므로 버립니다. └• 5보다 크므로 올립니다.

35 ㉠ 16570 ⇨ 17000   ㉡ 16259 ⇨ 16000
└• 5이므로 올립니다.   └• 5보다 작으므로 버립니다.
㉢ 17762 ⇨ 18000
└• 5보다 크므로 올립니다.
⇨ 16000 < 17000 < 18000
   ㉡   ㉠   ㉢

36 • 도하: 10.9 ⇨ 11   • 재희: 9.8 ⇨ 10
└• 5보다 크므로   └• 5보다 크므로
  올립니다.   올립니다.
• 민기: 11.3 ⇨ 11   • 수빈: 10.2 ⇨ 10
└• 5보다 작으므로   └• 5보다 작으므로
  버립니다.   버립니다.

37 반올림하여 백의 자리까지 나타내면 900이 되는 자연
수는 850부터 949까지의 수입니다.
따라서 이 중에서 가장 작은 수는 850, 가장 큰 수는
949입니다.

38 1 < 5 < 6 < 8이므로 수 카드로 만든 가장 작은 네 자
리 수는 1568입니다.
따라서 1568을 반올림하여 천의 자리까지 나타내면
2000입니다.

39 반올림하여 십의 자리까지 나타내었을 때 280이 되는
수는 275 이상 285 미만인 수이므로 수직선에 275를
점 ●을 사용하여 나타내고, 285를 점 ○을 사용하여
나타냅니다.

40 반올림하여 십의 자리까지 나타냈을 때 60이 되는 자
연수는 55부터 64까지의 수입니다. 이 중에서 9의 배
수는 63이므로 어떤 자연수에 9를 곱해서 나온 수는
63입니다.
따라서 어떤 자연수는 63 ÷ 9 = 7입니다.

41 2571 m = 2.571 km
2.571을 반올림하여 일의 자리까지 나타내면 3이므로
3 km입니다.

42 재석이와 동훈이는 버림의 방법으로 어림해야 하고,
재현이는 반올림의 방법으로 어림해야 합니다.
따라서 어림하는 방법이 다른 한 친구는 재현입니다.

43 (딴 사과의 수) = 3670 + 2120 = 5790(개)
사과가 100개보다 적으면 상자에 담을 수 없으므로 버
림을 이용합니다.
5790을 버림하여 백의 자리까지 나타내면 5700입니다.
따라서 최대 57상자까지 팔 수 있고, 남는 사과는
5790 − 5700 = 90(개)입니다.

44 **예** 반올림하여 십의 자리까지 나타내면 360명이므로
경시대회에 참가한 학생 수의 범위는 355명부터 364명
까지입니다.」❶
따라서 경시대회에 참가한 학생이 가장 많을 때 364명
이므로 기념품을 적어도 364개 준비해야 합니다.」❷

채점 기준
❶ 경시대회에 참가한 학생 수의 범위 구하기
❷ 기념품을 적어도 몇 개 준비해야 하는지 구하기

45 • 가 문구점에서는 색종이를 10장씩 팔기 때문에 482장
을 올림하여 십의 자리까지 나타낸 490장을 사야 합
니다.
10장에 550원이므로 490장은
550 × 49 = 26950(원)입니다.
• 나 문구점에서는 색종이를 100장씩 팔기 때문
에 482장을 올림하여 백의 자리까지 나타낸 500장을
사야 합니다.
100장에 5300원이므로 500장은
5300 × 5 = 26500(원)입니다.
따라서 26950 > 26500이므로 나 문구점에서 살 때
내는 돈이 더 적습니다.

46 반올림하여 십의 자리까지 나타내면 360이 되는 자연수는 355부터 364까지의 수입니다.
따라서 ☐ 안에 알맞은 숫자는 0, 1, 2, 3, 4입니다.

47 버림하여 만의 자리까지 나타내면 640000이 되는 자연수는 640000부터 649999까지의 수입니다.
따라서 ☐ 안에 알맞은 숫자는 4입니다.

48 올림하여 천의 자리까지 나타내면 79000이 되는 자연수는 78001부터 79000까지의 수입니다.
따라서 7▧●03이 될 수 있는 가장 작은 수는 78003이고, 가장 큰 수는 78903입니다.

유형책 12~15쪽 · 상위권유형 강화

49 ❶ 이상, 미만 ❷ 32, 33, 34, 35 ❸ 36
50 23 **51** 59
52 ❶ 초과, 이하 ❷ 이상, 미만 ❸ 이상, 미만
   ❹ 115, 116, 117, 118, 119
53 441, 442, 443, 444
54 5개
55 ❶ 472장 ❷ 480장 ❸ 374400원
56 708000원 **57** 832800원
58 ❶ 5, 8, 4 ❷ 5834, 5864, 5894
   ❸ 5894
59 2981 **60** 7405

49 ❶ 32를 점 ●을 사용하여 나타냈고, ㉠을 점 ○을 사용하여 나타냈으므로 32 이상 ㉠ 미만인 수입니다.
❷ 32와 같거나 크고 ㉠보다 작은 자연수가 4개이므로 수의 범위에 속하는 자연수는 32, 33, 34, 35입니다.
❸ 수의 범위에 속하는 자연수가 32, 33, 34, 35이고 ㉠은 수의 범위에 포함되지 않으므로 ㉠에 알맞은 자연수는 36입니다.

50 18을 점 ○을 사용하여 나타냈고, ㉠을 점 ●을 사용하여 나타냈으므로 18 초과 ㉠ 이하인 수입니다.
18보다 크고 ㉠과 같거나 작은 자연수가 5개이므로 수의 범위에 속하는 자연수는 19, 20, 21, 22, 23입니다. ㉠은 수의 범위에 포함되므로 ㉠에 알맞은 자연수는 23입니다.

---

51 ㉠을 점 ○을 사용하여 나타냈고, 67을 점 ○을 사용하여 나타냈으므로 수직선에 나타낸 수의 범위는 ㉠ 초과 67 미만인 수입니다.
㉠보다 크고 67보다 작은 자연수가 7개이므로 수의 범위에 속하는 자연수를 큰 수부터 차례로 써 보면 66, 65, 64, 63, 62, 61, 60입니다.
㉠은 수의 범위에 포함되지 않으므로 ㉠에 알맞은 자연수는 59입니다.

52 ❶ 올림하여 십의 자리까지 나타내면 120이 되는 수는 110 초과 120 이하인 수입니다.
❷ 버림하여 십의 자리까지 나타내면 110이 되는 수는 110 이상 120 미만인 수입니다.
❸ 반올림하여 십의 자리까지 나타내면 120이 되는 수는 115 이상 125 미만인 수입니다.
❹ 조건을 모두 만족하는 수의 범위는 115 이상 120 미만인 수이므로 이 범위에 속하는 자연수는 115, 116, 117, 118, 119입니다.

53 ㉠ 올림하여 십의 자리까지 나타내면 450이 되는 수는 440 초과 450 이하인 수입니다.
㉡ 버림하여 십의 자리까지 나타내면 440이 되는 수는 440 이상 450 미만인 수입니다.
㉢ 반올림하여 십의 자리까지 나타내면 440이 되는 수는 435 이상 445 미만인 수입니다.
따라서 조건을 모두 만족하는 수의 범위는 440 초과 445 미만인 수이므로 이 범위에 속하는 자연수는 441, 442, 443, 444입니다.

54 ㉠ 올림하여 십의 자리까지 나타내면 2190이 되는 수는 2180 초과 2190 이하인 수입니다.
㉡ 버림하여 십의 자리까지 나타내면 2180이 되는 수는 2180 이상 2190 미만인 수입니다.
㉢ 반올림하여 십의 자리까지 나타내면 2190이 되는 수는 2185 이상 2195 미만인 수입니다.
따라서 조건을 모두 만족하는 수의 범위는 2185 이상 2190 미만인 수이므로 이 범위에 속하는 자연수는 2185, 2186, 2187, 2188, 2189로 모두 5개입니다.

55 ❶ 236명에게 2장씩 나누어 주려면 학생들에게 나누어 줄 마스크는 모두 $236 \times 2 = 472$(장)입니다.
❷ 마스크를 10장씩 묶음으로만 팔기 때문에 마스크는 최소 472장을 올림하여 십의 자리까지 나타낸 480장을 사야 합니다.
❸ 마스크를 $480 \div 10 = 48$(묶음) 사야 하므로 필요한 돈은 최소 $7800 \times 48 = 374400$(원)입니다.

56 398명에게 3개씩 나누어 주려면 직원들에게 나누어
줄 쿠키는 모두 398×3=1194(개)입니다.
쿠키가 한 봉지에 10개씩 들어 있으므로 쿠키는 최소
1194개를 올림하여 십의 자리까지 나타낸 1200개를
사야 합니다.
따라서 쿠키를 1200÷10=120(봉지) 사야 하므로
필요한 돈은 최소 5900×120=708000(원)입니다.

57 1174명에게 2장씩 나누어 주려면 주민들에게 나누어
줄 수건은 모두 1174×2=2348(장)입니다.
수건을 100장씩 묶음으로만 팔기 때문에 수건은 최소
2348장을 올림하여 백의 자리까지 나타낸 2400장을
사야 합니다.
따라서 수건을 2400÷100=24(묶음) 사야 하므로
필요한 돈은 최소 34700×24=832800(원)입니다.

참고 10개씩(100개씩) 묶음으로 판매
➡ 올림하여 십(백)의 자리까지 나타낸 수만큼 구매하기

58 ❶ •5000 이상 6000 미만인 수는 5000부터 5999까
지의 수이므로 천의 자리 숫자는 5입니다.
•백의 자리 숫자는 7 초과 9 미만인 수이므로 8입
니다.
•일의 자리 숫자는 백의 자리 숫자 8의 반이므로
8÷2=4입니다.
❷ 십의 자리 숫자는 3의 배수 중에서 한 자리 수이므
로 3, 6, 9가 될 수 있습니다.
따라서 모든 조건을 만족하는 수는 5834, 5864,
5894입니다.
❸ 5834<5864<5894이므로 모든 조건을 만족하
는 수 중에서 가장 큰 수는 5894입니다.

59 •버림하여 천의 자리까지 나타내면 2000이 되는 자
연수는 2000부터 2999까지의 수이므로 천의 자리
숫자는 2입니다.
•백의 자리 숫자는 가장 큰 수이므로 9입니다.
•십의 자리 숫자는 천의 자리 숫자의 4배이므로
2×4=8입니다.
•일의 자리 숫자는 홀수이므로 1, 3, 5, 7, 9입니다.
따라서 모든 조건을 만족하는 수는 2981, 2983,
2985, 2987, 2989이고 이 중에서 가장 작은 수는
2981입니다.

60 •반올림하여 백의 자리까지 나타내면 7400이 되는
자연수는 7350부터 7449까지의 수이므로 천의 자
리 숫자는 7입니다.
•백의 자리 숫자는 3 또는 4 중에서 짝수이므로 4입니다.
•십의 자리 숫자는 가장 작은 수이므로 0입니다.
•일의 자리 숫자는 2 이상 6 미만인 수이므로 2, 3,
4, 5입니다.
따라서 모든 조건을 만족하는 수는 7402, 7403,
7404, 7405이고 이 중 가장 큰 수는 7405입니다.

유형책 16~18쪽 응용 **단원 평가**

✎ 서술형 문제는 풀이를 꼭 확인하세요.

1 21, 30에 ○표 / 59에 △표
2 8000, 7000 **3** 33 이상 36 미만인 수
4 ④ **5** 아인
6 진욱, 혜진
7
```
   2  3  4  5  6  7  8  9 10 11 12
```
8 470000명 **9** 700에 ○표
10 24번 **11** 45
12 ①, ③ **13** 10
14 4개 **15** 11상자, 17개
16 8000원 **17** 7
✎**18** ㉡ ✎**19** 100
✎**20** 9개

1 •30 이하인 수는 30과 같거나 작은 수이므로 21, 30
입니다.
•50 초과인 수는 50보다 큰 수이므로 59입니다.

2 •올림: 7216 ➡ 8000 •버림: 7216 ➡ 7000
└➡ 올립니다. └➡ 버립니다.

3 33을 점 ●을 사용하여 나타냈고, 36을 점 ○을 사용
하여 나타냈으므로 33 이상 36 미만인 수입니다.

4 ① 849 ➡ 850 ② 850 ➡ 850
└➡ 올립니다. └➡ 올릴 수가 없으므로
그대로 씁니다.
③ 841 ➡ 850 ④ 851 ➡ 860
└➡ 올립니다. └➡ 올립니다.
⑤ 845 ➡ 850
└➡ 올립니다.

5 기석이는 5점이 올랐으므로 우수상을 받습니다.
따라서 기석이와 같은 상을 받는 학생은 오른 점수의 범위가 4점 이상 8점 미만에 속하는 아인(4점)입니다.

6 오른 점수가 2점 이상 4점 미만에 속하는 학생은 진욱(3점), 혜진(2점)입니다.

7 준호의 오른 점수는 10점이므로 으뜸상을 받고, 으뜸상의 오른 점수의 범위는 8점 이상 12점 미만입니다.
따라서 수직선에 8을 점 ●을 사용하여 나타내고, 12를 점 ○을 사용하여 나타냅니다.

8 473576 ⇨ 470000
    └● 5보다 작으므로 버립니다.

9

수	올림	버림	반올림
180	200	100	200
700	700	700	700
472	500	400	500
519	600	500	500

10 남은 사람이 없이 모두 보트를 타야 하므로 올림을 이용합니다.
237을 올림하여 십의 자리까지 나타내면 240입니다.
따라서 보트는 최소 24번 운행해야 합니다.

11 10 미만인 자연수는 10보다 작은 자연수이므로
1, 2, 3……7, 8, 9입니다.
⇨ $1+2+3+4+5+6+7+8+9=45$

12 반올림하여 만의 자리까지 나타내면 70000이므로 천의 자리 숫자는 5, 6, 7, 8, 9 중에서 하나이어야 합니다.

13 74 초과 86 미만인 자연수 중에서 가장 큰 수는 85이고, 가장 작은 수는 75입니다.
⇨ $85-75=10$

14 • 올림하여 십의 자리까지 나타내면 660이 되는 수는 650 초과 660 이하인 수입니다.
• 버림하여 십의 자리까지 나타내면 650이 되는 수는 650 이상 660 미만인 수입니다.
• 반올림하여 십의 자리까지 나타내면 650이 되는 수는 645 이상 655 미만인 수입니다.
따라서 조건을 모두 만족하는 수의 범위는 650 초과 655 미만인 수이므로 이 범위에 속하는 자연수는 651, 652, 653, 654로 모두 4개입니다.

15 (두 과수원에서 수확한 배의 수)
＝685＋432＝1117(개)
배가 100개보다 적으면 포장할 수 없으므로 버림을 이용합니다.
1117을 버림하여 백의 자리까지 나타내면 1100이므로 최대 11상자까지 포장할 수 있고, 남는 배는 1117－1000＝17(개)입니다.

16 (택배의 전체 무게)＝2＋3＋0.4＝5.4(kg)
5.4 kg은 5 kg 초과 10 kg 이하에 속하므로 택배 요금은 8000원입니다.

17 버림하여 십의 자리까지 나타냈을 때 50이 되는 자연수는 50부터 59까지의 수입니다.
이 중에서 8의 배수는 56이므로 어떤 자연수에 8를 곱해서 나온 수는 56이고, 어떤 자연수는 56÷8＝7입니다.

18 예 62.15를 반올림하여 각각 주어진 자리까지 나타내면 ㉠ 62, ㉡ 62.2입니다.」 ❶
따라서 반올림하여 각각 주어진 자리까지 나타낼 때 수가 더 큰 것은 ㉡입니다.」 ❷

채점 기준	
❶ 62.15를 반올림하여 각각 주어진 자리까지 나타내기	3점
❷ ❶의 두 수 중에서 더 큰 것의 기호 쓰기	2점

19 예 94와 같거나 크고 ▦보다 작은 자연수가 6개이므로 수의 범위에 속하는 자연수는 94, 95, 96, 97, 98, 99입니다.」 ❶
▦는 수의 범위에 포함되지 않으므로 ▦에 알맞은 자연수는 100입니다.」 ❷

채점 기준	
❶ 수의 범위에 속하는 자연수 모두 구하기	3점
❷ ▦에 알맞은 자연수 구하기	2점

20 예 자연수 부분이 될 수 있는 수는 7, 8, 9이고, 소수 첫째 자리 수가 될 수 있는 수는 4, 5, 6입니다.」 ❶
따라서 만들 수 있는 소수 한 자리 수는 7.4, 7.5, 7.6, 8.4, 8.5, 8.6, 9.4, 9.5, 9.6으로 모두 9개입니다.」 ❷

채점 기준	
❶ 자연수 부분이 될 수 있는 수와 소수 첫째 자리 수가 될 수 있는 수 각각 구하기	3점
❷ 만들 수 있는 소수 한 자리 수의 개수 구하기	2점

✎ 서술형 문제는 풀이를 꼭 확인하세요.

1 3개

2 ①

3 2명

4 31개

5 80, 81, 82, 83

6 83000명

7 130명 이상 172명 이하

8 가 편의점

✎**9** 100000

✎**10** 296000원

---

1 35와 같거나 큰 수는 35, 41.2, $36\frac{1}{2}$로 모두 3개입니다.

2 ① 529078 ⇨ 529070
     ↳ 버립니다.
   ② 529078 ⇨ 529000
     ↳ 버립니다.
   ③ 529078 ⇨ 529000
     ↳ 버립니다.
   ④ 529078 ⇨ 520000
     ↳ 버립니다.
   ⑤ 529078 ⇨ 500000
     ↳ 버립니다.

3 키가 130 cm 이하인 학생은 129.8 cm인 규민이와 130.0 cm인 상진이로 모두 2명입니다.

4 빈 병이 10개보다 적으면 비누로 바꿀 수 없으므로 버림을 이용합니다.
314를 버림하여 십의 자리까지 나타내면 310입니다.
따라서 비누를 최대 31개까지 바꿀 수 있습니다.

5 ㉠과 ㉡의 공통 범위는 79 초과 83 이하인 수이므로 ㉠과 ㉡의 공통 범위에 속하는 자연수는 80, 81, 82, 83입니다.

6 (2021년 속초시의 인구)
   $=41080+41711=82791$(명)
   따라서 속초시의 인구 82791명을 반올림하여 천의 자리까지 나타내면 83000명입니다.

7 43인승 버스 3대에는 $43×3=129$(명)까지 탈 수 있으므로 130명부터 버스 4대가 필요하고 버스 4대에는 $43×4=172$(명)까지 탈 수 있습니다.
따라서 민아네 학교 5학년 학생 수의 범위는 130명 이상 172명 이하입니다.

8 • 가 편의점에서는 종이봉투를 10장씩 팔기 때문에 176장을 올림하여 십의 자리까지 나타낸 180장을 사야 합니다.
   10장에 1500원이므로 180장은
   $1500×18=27000$(원)입니다.
   • 나 편의점에서는 종이봉투를 100장씩 팔기 때문에 176장을 올림하여 백의 자리까지 나타낸 200장을 사야 합니다.
   100장에 14000원이므로 200장은
   $14000×2=28000$(원)입니다.
   따라서 $27000<28000$이므로 가 편의점에서 살 때 내는 돈이 더 적습니다.

✎**9** 예 $9>7>5>2>1$이므로 만들 수 있는 가장 큰 다섯 자리 수는 97521입니다.」❶
   따라서 97521을 반올림하여 만의 자리까지 나타내면 100000입니다.」❷

채점 기준	
❶ 수 카드로 만들 수 있는 가장 큰 다섯 자리 수 구하기	4점
❷ ❶의 수를 반올림하여 만의 자리까지 나타내기	6점

✎**10** 예 245명에게 3권씩 나누어 주려면 학생들에게 나누어 줄 공책은 모두 $245×3=735$(권)입니다.」❶
   공책을 10권씩 묶음으로만 팔기 때문에 공책은 최소 740권을 사야 합니다.」❷
   따라서 공책을 74묶음 사야 하므로 필요한 돈은 최소 $4000×74=296000$(원)입니다.」❸

채점 기준	
❶ 학생들에게 나누어 줄 공책 수 구하기	3점
❷ 최소로 사야 하는 공책 수 구하기	4점
❸ 공책을 사는 데 필요한 돈은 최소 얼마인지 구하기	3점

2. 분수의 곱셈

✎ 서술형 문제는 풀이를 꼭 확인하세요.

1 $1\frac{3}{7}$ **2** ㉡

3 $3\frac{1}{3}$ kg **4** $\frac{1}{2}$ m

✎**5** $\frac{2}{3}$ **6** $3\frac{14}{15}$ m

7 $11\frac{1}{2}$ **8** $<$

9 18 kg **10** 26 kg

11 ㉡ **12** 39, 40, 41

13 희주 **14** $\frac{9}{10}$

15 $15\frac{3}{4}$ kg **16** $2\frac{1}{2}$ L

✎**17** 윤서, 8쪽 **18** $22\frac{1}{2}$ cm

19 **20** $4\frac{3}{10}$

21 8 km **22** 8개

23 15 **24** $73\frac{1}{2}$ L

25 $\frac{7}{10}$, $\frac{3}{20}$ **26** $\frac{1}{15}$ m²

27 $\frac{10}{27}$ **28** 7

29 $\frac{7}{15}$ m² **30** 유민, $\frac{2}{9}$ L

31 (○)( ) **32** 12 cm²

33 $17\frac{1}{2}$ km **34** 2, 3, 4, 5

✎**35** $7\frac{7}{12}$ **36** 7 L

37 정구 ✎**38** $4\frac{4}{7}$

39 63 kg **40** 3, 4, 5

41 162 cm² **42** 120마리

43 $\frac{9}{35}$ **44** $25\frac{5}{6}$

45 $4\frac{29}{54}$ **46** $\frac{7}{12}$

---

47 $\frac{4}{35}$ **48** $\frac{1}{56}$

1 $\frac{2}{7} \times 5 = \frac{10}{7} = 1\frac{3}{7}$

2 ㉠ $\frac{3}{10} + \frac{3}{10} = \frac{\overset{3}{\cancel{6}}}{\underset{5}{\cancel{10}}} = \frac{3}{5}$

  ㉡ $\frac{2}{5} \times 3 = \frac{6}{5} = 1\frac{1}{5}$

  ㉢ $\frac{3}{10} \times 2 = \frac{\overset{3}{\cancel{6}}}{\underset{5}{\cancel{10}}} = \frac{3}{5}$

  ㉣ $\frac{9}{10} - \frac{3}{10} = \frac{\overset{3}{\cancel{6}}}{\underset{5}{\cancel{10}}} = \frac{3}{5}$

3 (통조림 6개의 무게) $= \frac{5}{\underset{3}{\cancel{9}}} \times \overset{2}{\cancel{6}} = \frac{10}{3} = 3\frac{1}{3}$ (kg)

4 (12명에게 나누어 준 철사의 길이)
  $= \frac{3}{\underset{2}{\cancel{8}}} \times \overset{3}{\cancel{12}} = \frac{9}{2} = 4\frac{1}{2}$ (m)

  ⇨ (남은 철사의 길이) $= 5 - 4\frac{1}{2} = \frac{1}{2}$ (m)

✎**5** 예 수 카드 2장으로 만들 수 있는 진분수는 $\frac{2}{5}$, $\frac{2}{9}$, $\frac{5}{9}$ 이고, $\frac{2}{9} < \frac{2}{5} < \frac{5}{9}$ 이므로 가장 작은 진분수는 $\frac{2}{9}$ 입니다.」❶

  따라서 가장 작은 진분수와 3의 곱은 $\frac{2}{\underset{3}{\cancel{9}}} \times \overset{1}{\cancel{3}} = \frac{2}{3}$ 입니다.」❷

채점 기준
❶ 만들 수 있는 가장 작은 진분수 구하기
❷ 가장 작은 진분수와 3의 곱 구하기

6 •(마름모 ㉮의 둘레) $= \frac{7}{\underset{3}{\cancel{12}}} \times \overset{1}{\cancel{4}} = \frac{7}{3} = 2\frac{1}{3}$ (m)

  •(정삼각형 ㉯의 둘레) $= \frac{8}{\underset{5}{\cancel{15}}} \times \overset{1}{\cancel{3}} = \frac{8}{5} = 1\frac{3}{5}$ (m)

  ⇨ (㉮와 ㉯의 둘레의 합)
  $= 2\frac{1}{3} + 1\frac{3}{5} = 2\frac{5}{15} + 1\frac{9}{15} = 3\frac{14}{15}$ (m)

7 $2\dfrac{7}{8} \times 4 = \dfrac{23}{\underset{2}{8}} \times \overset{1}{4} = \dfrac{23}{2} = 11\dfrac{1}{2}$

8 • $2\dfrac{1}{6} \times 9 = \dfrac{13}{\underset{2}{6}} \times \overset{3}{9} = \dfrac{39}{2} = 19\dfrac{1}{2}$

　　• $1\dfrac{5}{12} \times 15 = \dfrac{17}{\underset{4}{12}} \times \overset{5}{15} = \dfrac{85}{4} = 21\dfrac{1}{4}$

　　⇨ $19\dfrac{1}{2} < 21\dfrac{1}{4}$

9 (노루의 무게)$= 1\dfrac{1}{5} \times 15 = \dfrac{6}{\underset{1}{5}} \times \overset{3}{15} = 18(\text{kg})$

10 (밤 10자루의 무게)

　　$= 3\dfrac{7}{12} \times 10 = \dfrac{43}{\underset{6}{12}} \times \overset{5}{10} = \dfrac{215}{6} = 35\dfrac{5}{6}(\text{kg})$

　　⇨ (남은 밤의 무게)$= 35\dfrac{5}{6} - 9\dfrac{5}{6} = 26(\text{kg})$

11 ㉠ (정오각형의 둘레)

　　$= 3\dfrac{4}{7} \times 5 = \dfrac{25}{7} \times 5 = \dfrac{125}{7} = 17\dfrac{6}{7}(\text{cm})$

　　㉡ (정구각형의 둘레)

　　$= 2\dfrac{1}{3} \times 9 = \dfrac{7}{\underset{1}{3}} \times \overset{3}{9} = 21(\text{cm})$

　　⇨ $17\dfrac{6}{7} < 21$이므로 둘레가 더 긴 도형은 ㉡입니다.

12 • $2\dfrac{5}{7} \times 14 = \dfrac{19}{7} \times \overset{2}{14} = 38$

　　• $4\dfrac{2}{3} \times 9 = \dfrac{14}{\underset{1}{3}} \times \overset{3}{9} = 42$

　　⇨ ☐ 안에 들어갈 수 있는 자연수는 39, 40, 41입니다.

13 • 희주: $\overset{6}{12} \times \dfrac{1}{\underset{1}{2}} = 6$

　　• 예서: $\overset{3}{12} \times \dfrac{3}{\underset{1}{4}} = 9$이므로 12보다 작습니다.

14 $\dfrac{3}{10}\left(= \dfrac{9}{30}\right) < \dfrac{2}{3}\left(= \dfrac{20}{30}\right) < 3$이므로 가장 큰 수는 3, 가장 작은 수는 $\dfrac{3}{10}$입니다.

　　⇨ $3 \times \dfrac{3}{10} = \dfrac{9}{10}$

15 (철근 $\dfrac{7}{8}$ m의 무게)

　　$= \overset{9}{18} \times \dfrac{7}{\underset{4}{8}} = \dfrac{63}{4} = 15\dfrac{3}{4}(\text{kg})$

16 (마신 식혜의 양)$= \overset{1}{4} \times \dfrac{3}{\underset{2}{8}} = \dfrac{3}{2} = 1\dfrac{1}{2}(\text{L})$

　　⇨ (남은 식혜의 양)$= 4 - 1\dfrac{1}{2} = 2\dfrac{1}{2}(\text{L})$

　　다른 풀이 남은 식혜는 전체의 $1 - \dfrac{3}{8} = \dfrac{5}{8}$입니다.

　　⇨ (남은 식혜의 양)$= \overset{1}{4} \times \dfrac{5}{\underset{2}{8}} = \dfrac{5}{2} = 2\dfrac{1}{2}(\text{L})$

17 예 영도가 읽은 동화책의 쪽수는 $\overset{24}{120} \times \dfrac{3}{\underset{1}{5}} = 72(\text{쪽})$입니다.」❶

　　윤서가 읽은 동화책의 쪽수는 $\overset{40}{120} \times \dfrac{2}{\underset{1}{3}} = 80(\text{쪽})$입니다.」❷

　　따라서 $72 < 80$이므로 윤서가 동화책을 $80 - 72 = 8(\text{쪽})$ 더 많이 읽었습니다.」❸

채점 기준
❶ 영도가 읽은 동화책의 쪽수 구하기
❷ 윤서가 읽은 동화책의 쪽수 구하기
❸ 누가 동화책을 몇 쪽 더 많이 읽었는지 구하기

18 (새로운 정사각형의 한 변의 길이)

　　$= \overset{5}{10} \times \dfrac{9}{\underset{8}{16}} = \dfrac{45}{8} = 5\dfrac{5}{8}(\text{cm})$

　　⇨ (새로운 정사각형의 둘레)

　　$= 5\dfrac{5}{8} \times 4 = \dfrac{45}{\underset{2}{8}} \times \overset{1}{4} = \dfrac{45}{2} = 22\dfrac{1}{2}(\text{cm})$

19 • $4 \times 2\dfrac{3}{8} = \overset{1}{4} \times \dfrac{19}{\underset{2}{8}} = \dfrac{19}{2} = 9\dfrac{1}{2}$

　　• $3 \times 3\dfrac{1}{4} = 3 \times \dfrac{13}{4} = \dfrac{39}{4} = 9\dfrac{3}{4}$

20 ㉠ $5 \times 2\dfrac{7}{10} = \overset{1}{5} \times \dfrac{27}{\underset{2}{10}} = \dfrac{27}{2} = 13\dfrac{1}{2}$

　　㉡ $8 \times 1\dfrac{3}{20} = \overset{2}{8} \times \dfrac{23}{\underset{5}{20}} = \dfrac{46}{5} = 9\dfrac{1}{5}$

　　⇨ $13\dfrac{1}{2} - 9\dfrac{1}{5} = 13\dfrac{5}{10} - 9\dfrac{2}{10} = 4\dfrac{3}{10}$

21 2시간 40분$=2\dfrac{40}{60}$시간$=2\dfrac{2}{3}$시간

⇨ (수호가 2시간 40분 동안 걸은 거리)

$$=3\times 2\dfrac{2}{3}=\overset{1}{\cancel{3}}\times\dfrac{8}{\underset{1}{\cancel{3}}}=8(\text{km})$$

22 $6\times 1\dfrac{5}{9}=\overset{2}{\cancel{6}}\times\dfrac{14}{\underset{3}{\cancel{9}}}=\dfrac{28}{3}=9\dfrac{1}{3}>\square\dfrac{1}{3}$에서

$9>\square$입니다.
따라서 $\square$ 안에 들어갈 수 있는 자연수는
1, 2, 3, 4, 5, 6, 7, 8로 모두 8개입니다.

23 (어떤 수)$\div 3\dfrac{3}{4}=2$,

(어떤 수)$=2\times 3\dfrac{3}{4}=\overset{1}{\cancel{2}}\times\dfrac{15}{\underset{2}{\cancel{4}}}=\dfrac{15}{2}=7\dfrac{1}{2}$

⇨ $7\dfrac{1}{2}\times 2=\dfrac{15}{\underset{1}{\cancel{2}}}\times\overset{1}{\cancel{2}}=15$

24 (두 수도에서 1분 동안 받을 수 있는 물의 양)
$=6+8=14(\text{L})$

5분 15초$=5\dfrac{15}{60}$분$=5\dfrac{1}{4}$분

⇨ (두 수도에서 5분 15초 동안 받을 수 있는 물의 양)

$$=14\times 5\dfrac{1}{4}=\overset{7}{\cancel{14}}\times\dfrac{21}{\underset{2}{\cancel{4}}}=\dfrac{147}{2}=73\dfrac{1}{2}(\text{L})$$

25 $\dfrac{7}{\underset{2}{\cancel{8}}}\times\dfrac{\overset{1}{\cancel{4}}}{5}=\dfrac{7}{10}$, $\dfrac{\overset{1}{\cancel{7}}}{10}\times\dfrac{3}{\underset{2}{\cancel{14}}}=\dfrac{3}{20}$

26 나누어진 한 칸의 가로는 $\dfrac{1}{5}$ m, 세로는 $\dfrac{1}{3}$ m입니다.

⇨ (나누어진 한 칸의 넓이)$=\dfrac{1}{5}\times\dfrac{1}{3}=\dfrac{1}{15}(\text{m}^2)$

27 선우네 반에서 안경을 쓴 남학생은

반 전체의 $\dfrac{\overset{2}{\cancel{4}}}{9}\times\dfrac{5}{\underset{3}{\cancel{6}}}=\dfrac{10}{27}$입니다.

28 $\dfrac{1}{\square}\times\dfrac{1}{7}=\dfrac{1}{\square\times 7}$이고, $\dfrac{1}{\square\times 7}<\dfrac{1}{42}$이므로

$\square\times 7>42$입니다.

⇨ $\square$ 안에 들어갈 수 있는 자연수는 7, 8, 9……이
고 이 중 가장 작은 자연수는 7입니다.

29 색칠한 부분은 가로가 $\left(1-\dfrac{2}{5}\right)$ m, 세로가 $\dfrac{7}{9}$ m인
직사각형입니다.

⇨ (색칠한 부분의 넓이)

$$=\left(1-\dfrac{2}{5}\right)\times\dfrac{7}{9}=\dfrac{3}{5}\times\dfrac{7}{\underset{3}{\cancel{9}}}=\dfrac{7}{15}(\text{m}^2)$$

30 현주: $\dfrac{\overset{2}{\cancel{8}}}{9}\times\dfrac{1}{\underset{1}{\cancel{4}}}=\dfrac{2}{9}(\text{L})$, 유민: $\dfrac{\overset{4}{\cancel{8}}}{9}\times\dfrac{1}{\underset{1}{\cancel{2}}}=\dfrac{4}{9}(\text{L})$

따라서 유민이가 우유를 $\dfrac{4}{9}-\dfrac{2}{9}=\dfrac{2}{9}(\text{L})$ 더 많이 마
셨습니다.

31 • $2\dfrac{1}{3}\times 1\dfrac{5}{14}=\dfrac{7}{3}\times\dfrac{19}{\underset{2}{\cancel{14}}}=\dfrac{19}{6}=3\dfrac{1}{6}$

• $1\dfrac{5}{6}\times 2\dfrac{2}{5}=\dfrac{11}{\underset{1}{\cancel{6}}}\times\dfrac{\overset{2}{\cancel{12}}}{5}=\dfrac{22}{5}=4\dfrac{2}{5}$

⇨ $3\dfrac{1}{6}<4\dfrac{2}{5}$

32 (평행사변형의 넓이)

$$=5\dfrac{3}{5}\times 2\dfrac{1}{7}=\dfrac{\overset{4}{\cancel{28}}}{\underset{1}{\cancel{5}}}\times\dfrac{\overset{3}{\cancel{15}}}{\underset{1}{\cancel{7}}}=12(\text{cm}^2)$$

33 (자동차를 타고 간 거리)

$$=2\dfrac{1}{12}\times 8\dfrac{2}{5}=\dfrac{\overset{5}{\cancel{25}}}{\underset{2}{\cancel{12}}}\times\dfrac{\overset{7}{\cancel{42}}}{\underset{1}{\cancel{5}}}=\dfrac{35}{2}=17\dfrac{1}{2}(\text{km})$$

34 $2\dfrac{2}{9}\times 1\dfrac{7}{8}=\dfrac{\overset{5}{\cancel{20}}}{\underset{3}{\cancel{9}}}\times\dfrac{\overset{5}{\cancel{15}}}{\underset{2}{\cancel{8}}}=\dfrac{25}{6}=4\dfrac{1}{6}$이고

$4\dfrac{1}{6}<4\dfrac{1}{\square}$이므로 $\square<6$입니다.

⇨ $\square$ 안에 들어갈 수 있는 1보다 큰 자연수를 모두
구하면 2, 3, 4, 5입니다.

35 예 만들 수 있는 가장 큰 대분수는 $4\dfrac{1}{3}$이고, 만들 수

있는 가장 작은 대분수는 $1\dfrac{3}{4}$입니다. ❶

따라서 두 대분수의 곱은

$4\dfrac{1}{3}\times 1\dfrac{3}{4}=\dfrac{13}{3}\times\dfrac{7}{4}=\dfrac{91}{12}=7\dfrac{7}{12}$입니다. ❷

채점 기준
❶ 만들 수 있는 가장 큰 대분수와 가장 작은 대분수 구하기
❷ 위 ❶에서 구한 두 대분수의 곱 구하기

36 (더 부은 물의 양)

$$= 2\frac{1}{2} \times 1\frac{4}{5} = \frac{\overset{1}{\cancel{5}}}{2} \times \frac{9}{\underset{1}{\cancel{5}}} = \frac{9}{2} = 4\frac{1}{2}(\text{L})$$

⇨ (통에 담긴 물의 양)$= 2\frac{1}{2} + 4\frac{1}{2} = 7(\text{L})$

37 ・혜지: $1\frac{1}{6} \times \frac{5}{9} \times \frac{2}{5} = \frac{7}{\underset{3}{\cancel{6}}} \times \frac{\overset{1}{\cancel{5}}}{9} \times \frac{2}{\underset{1}{\cancel{5}}} = \frac{7}{27}$

・정구: $\frac{7}{\underset{4}{\cancel{12}}} \times \frac{\overset{1}{\cancel{3}}}{4} \times \frac{1}{2} = \frac{7}{32}$

38 예 ㉠ $\frac{5}{6} \times 1\frac{3}{5} \times 3 = \frac{\overset{1}{\cancel{5}}}{\underset{\underset{1}{\cancel{3}}}{\cancel{6}}} \times \frac{\overset{4}{\cancel{8}}}{\underset{1}{\cancel{5}}} \times \frac{\overset{1}{\cancel{3}}}{1} = 4$입니다. ❶

㉡ $\frac{\overset{1}{\cancel{3}}}{\underset{1}{\cancel{4}}} \times \frac{\overset{2}{\cancel{6}}}{7} \times \frac{\overset{2}{\cancel{8}}}{\underset{\underset{1}{\cancel{3}}}{\cancel{9}}} = \frac{4}{7}$입니다. ❷

따라서 ㉠과 ㉡의 계산한 값의 합은 $4 + \frac{4}{7} = 4\frac{4}{7}$입 니다. ❸

채점 기준
❶ ㉠을 계산한 값 구하기
❷ ㉡을 계산한 값 구하기
❸ ㉠과 ㉡의 계산한 값의 합 구하기

39 (어머니의 몸무게)

$= \underbrace{(\text{유호의 몸무게}) \times \frac{8}{15}}_{\bullet(\text{동생의 몸무게})} \times 2\frac{5}{8}$

$= 45 \times \frac{8}{15} \times 2\frac{5}{8} = \frac{\overset{3}{\cancel{45}}}{1} \times \frac{\overset{1}{\cancel{8}}}{\underset{1}{\cancel{15}}} \times \frac{21}{\underset{1}{\cancel{8}}} = 63(\text{kg})$

40 $\frac{1}{8} \times \frac{1}{9} = \frac{1}{72}$, $\frac{1}{7} \times \frac{1}{5} = \frac{1}{35}$이므로

$\frac{1}{72} < \frac{1}{2} \times \frac{1}{6} \times \frac{1}{\square} < \frac{1}{35}$,

$\frac{1}{72} < \frac{1}{2 \times 6 \times \square} < \frac{1}{35}$입니다.

⇨ $35 < 2 \times 6 \times \square < 72$, $35 < 12 \times \square < 72$이므로 □ 안에 들어갈 수 있는 자연수는 3, 4, 5입니다.

41 (타일을 이어 붙인 부분의 넓이)

$= (\text{타일 한 장의 넓이}) \times (\text{타일의 수})$

$= 2\frac{1}{4} \times 2\frac{1}{4} \times 32 = \frac{9}{\underset{1}{\cancel{4}}} \times \frac{9}{\underset{1}{\cancel{4}}} \times \frac{\overset{\overset{2}{\cancel{8}}}{\cancel{32}}}{1} = 162(\text{cm}^2)$

42 (암소의 수)$= 270 \times \frac{7}{9} \times \left(1 - \frac{3}{7}\right)$

$= \frac{\overset{30}{\cancel{270}}}{1} \times \frac{\overset{1}{\cancel{7}}}{\underset{1}{\cancel{9}}} \times \frac{4}{\underset{1}{\cancel{7}}} = 120(\text{마리})$

43 어떤 수를 □라 하면 $\square + \frac{3}{5} = 1\frac{1}{35}$이므로

$\square = 1\frac{1}{35} - \frac{3}{5} = \frac{36}{35} - \frac{21}{35} = \frac{15}{35} = \frac{3}{7}$입니다.

따라서 바르게 계산하면 $\frac{3}{7} \times \frac{3}{5} = \frac{9}{35}$입니다.

44 어떤 수를 □라 하면 $\square - 2\frac{7}{12} = 7\frac{5}{12}$이므로

$\square = 7\frac{5}{12} + 2\frac{7}{12} = 10$입니다.

따라서 바르게 계산하면

$10 \times 2\frac{7}{12} = \overset{5}{\cancel{10}} \times \frac{31}{\underset{6}{\cancel{12}}} = \frac{155}{6} = 25\frac{5}{6}$입니다.

45 어떤 수를 □라 하면 $3\frac{8}{9} + \square = 5\frac{1}{18}$이므로

$\square = 5\frac{1}{18} - 3\frac{8}{9} = 5\frac{1}{18} - 3\frac{16}{18} = 1\frac{3}{18} = 1\frac{1}{6}$입 니다.

따라서 바르게 계산하면

$3\frac{8}{9} \times 1\frac{1}{6} = \frac{35}{9} \times \frac{7}{6} = \frac{245}{54} = 4\frac{29}{54}$입니다.

46 분모가 클수록, 분자가 작을수록 작은 수가 되므로 분 모에 사용해야 할 수 카드는 8, 9이고, 분자에 사 용해야 할 수 카드는 6, 7입니다.

⇨ $\frac{\overset{1}{\cancel{6}} \times 7}{\underset{4}{\cancel{8}} \times \underset{3}{\cancel{9}}} = \frac{7}{12}$

47 분모가 클수록, 분자가 작을수록 작은 수가 되므로 분 모에 사용해야 할 수 카드는 5, 6, 7이고, 분자에 사용해야 할 수 카드는 2, 3, 4입니다.

⇨ $\frac{\overset{1}{\cancel{2}} \times \overset{1}{\cancel{3}} \times 4}{5 \times \underset{3}{\cancel{6}} \times 7} = \frac{4}{35}$

48 분모가 클수록, 분자가 작을수록 작은 수가 되므로 분모에 사용해야 할 수 카드는 6, 7, 8이고, 분자에 사용해야 할 수 카드는 1, 2, 3입니다.

$$\Rightarrow \frac{\overset{1}{1} \times \overset{1}{2} \times \overset{1}{3}}{\underset{\underset{1}{3}}{6} \times 7 \times 8} = \frac{1}{56}$$

유형책 30~33쪽 **상위권유형 강화**

49 ❶ 1분 48초 ❷ 오전 10시 1분 48초

50 오후 2시 55분 20초

51 오전 7시 1분 6초

52 ❶ 12 m ❷ 8 m

53 $1\frac{1}{14}$ m **54** $\frac{26}{75}$ m

55 ❶ 4, $\frac{4}{21}$, 3, $\frac{1}{7}$, 12 ❷ 84장

56 10000원 **57** 1시간 30분

58 ❶ (위에서부터) $\frac{1}{6}$, $\frac{5}{6}$, $\frac{1}{4}$, $\frac{5}{4}\left(=1\frac{1}{4}\right)$

　　❷ 15 cm, 10 cm ❸ 150 cm^2

59 84 cm^2 **60** $162\frac{1}{2}$ cm^2

49 ❶ (4일 동안 빨라진 시간)
$$= \frac{9}{\underset{5}{20}} \times \overset{1}{4} = \frac{9}{5} = 1\frac{4}{5}(\text{분})$$
$$\rightarrow 1\frac{4}{5}\text{분} = 1\frac{48}{60}\text{분} = 1\text{분 }48\text{초}$$

　　❷ (4일 후 오전 10시에 이 시계가 가리키는 시각)
　　＝오전 10시＋1분 48초＝오전 10시 1분 48초

　참고 (빨라지는 시계의 시각)
　　　＝(정확한 시각)＋(빨라진 시간)

50 (10일 동안 늦어진 시간)
$$= \frac{7}{\underset{3}{15}} \times \overset{2}{10} = \frac{14}{3} = 4\frac{2}{3}(\text{분})$$
$$\rightarrow 4\frac{2}{3}\text{분} = 4\frac{40}{60}\text{분} = 4\text{분 }40\text{초}$$

　⇨ (10일 후 오후 3시에 이 시계가 가리키는 시각)
　　＝오후 3시－4분 40초＝오후 2시 55분 20초

　참고 (느려지는 시계의 시각)
　　　＝(정확한 시각)－(늦어진 시간)

51 오늘 오후 7시부터 내일 오전 7시까지는 12시간입니다.
　　(12시간 동안 빨라지는 시간)
$$= 5\frac{1}{2} \times 12 = \frac{11}{\underset{1}{2}} \times \overset{6}{12} = 66(\text{초})$$
　→ 66초＝1분 6초
　⇨ (내일 오전 7시에 이 시계가 가리키는 시각)
　　＝오전 7시＋1분 6초＝오전 7시 1분 6초

52 ❶

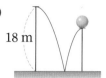

　　(공이 땅에 한 번 닿았다가 튀어 오른 높이)
$$= \overset{6}{18} \times \frac{2}{\underset{1}{3}} = 12(\text{m})$$

　❷ (공이 땅에 2번 닿았다가 튀어 오른 높이)
$$= \overset{4}{12} \times \frac{2}{\underset{1}{3}} = 8(\text{m})$$

53 (공이 땅에 한 번 닿았다가 튀어 오른 높이)
$$= 4\frac{2}{7} \times \frac{1}{2} = \frac{\overset{15}{30}}{7} \times \frac{1}{\underset{1}{2}} = \frac{15}{7} = 2\frac{1}{7}(\text{m})$$

　⇨ (공이 땅에 두 번 닿았다가 튀어 오른 높이)
$$= 2\frac{1}{7} \times \frac{1}{2} = \frac{15}{7} \times \frac{1}{2} = \frac{15}{14} = 1\frac{1}{14}(\text{m})$$

54 • (공이 땅에 한 번 닿았다가 튀어 오른 높이)
$$= 5\frac{5}{12} \times \frac{2}{5} = \frac{\overset{13}{65}}{\underset{6}{12}} \times \frac{\overset{1}{2}}{\underset{1}{5}} = \frac{13}{6} = 2\frac{1}{6}(\text{m})$$

　• (공이 땅에 2번 닿았다가 튀어 오른 높이)
$$= 2\frac{1}{6} \times \frac{2}{5} = \frac{13}{\underset{3}{6}} \times \frac{\overset{1}{2}}{5} = \frac{13}{15}(\text{m})$$

　⇨ (공이 땅에 3번 닿았다가 튀어 오른 높이)
$$= \frac{13}{15} \times \frac{2}{5} = \frac{26}{75}(\text{m})$$

55 ❷ 남은 색종이 12장이 전체의 $\frac{1}{7}$이므로 정희가 처음에 가지고 있던 색종이는 $12 \times 7 = 84$(장)입니다.

56

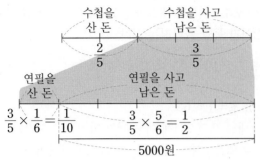

수첩을 산 돈   수첩을 사고 남은 돈
$$\frac{2}{5} \qquad \frac{3}{5}$$
연필을 산 돈   연필을 사고 남은 돈
$$\frac{3}{5} \times \frac{1}{6} = \frac{1}{10} \qquad \frac{3}{5} \times \frac{5}{6} = \frac{1}{2}$$
5000원

➡ 남은 돈 5000원이 전체의 $\frac{1}{2}$이므로 윤석이가 처음에 가지고 있던 돈은 $5000 \times 2 = 10000$(원)입니다.

57

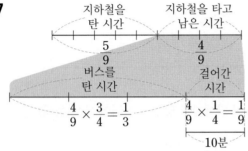

지하철을 탄 시간   지하철을 타고 남은 시간
$$\frac{5}{9} \qquad \frac{4}{9}$$
버스를 탄 시간   걸어간 시간
$$\frac{4}{9} \times \frac{3}{4} = \frac{1}{3} \qquad \frac{4}{9} \times \frac{1}{4} = \frac{1}{9}$$
10분

➡ 걸어간 시간 10분이 전체의 $\frac{1}{9}$이므로 서준이가 삼촌 댁에 가는 데 걸린 시간은 $10 \times 9 = 90$(분)으로 1시간 30분입니다.

58 ❶ 만든 직사각형의 가로와 세로는 각각 처음 길이의 $1 + \frac{1}{4} = \frac{5}{4}$(배), $1 - \frac{1}{6} = \frac{5}{6}$(배)입니다.

❷ • (만든 직사각형의 가로)$= \overset{3}{\cancel{12}} \times \frac{5}{\underset{1}{\cancel{4}}} = 15$(cm)

• (만든 직사각형의 세로)$= \overset{2}{\cancel{12}} \times \frac{5}{\underset{1}{\cancel{6}}} = 10$(cm)

❸ (만든 직사각형의 넓이)$= 15 \times 10 = 150$(cm²)

59 만든 직사각형의 가로와 세로는 각각 처음 길이의 $1 + \frac{1}{7} = \frac{8}{7}$(배), $1 - \frac{5}{8} = \frac{3}{8}$(배)입니다.

• (만든 직사각형의 가로)$= \overset{2}{\cancel{14}} \times \frac{8}{\underset{1}{\cancel{7}}} = 16$(cm)

• (만든 직사각형의 세로)
$$= \overset{7}{\cancel{14}} \times \frac{3}{\underset{4}{\cancel{8}}} = \frac{21}{4} = 5\frac{1}{4}$$(cm)

➡ (만든 직사각형의 넓이)
$$= 16 \times 5\frac{1}{4} = \overset{4}{\cancel{16}} \times \frac{21}{\underset{1}{\cancel{4}}} = 84$$(cm²)

60 만든 직사각형의 가로와 세로는 각각 처음 길이의 $1 + \frac{3}{10} = \frac{13}{10}$(배), $1 - \frac{4}{5} = \frac{1}{5}$(배)입니다.

• (만든 직사각형의 가로)
$$= \overset{5}{\cancel{25}} \times \frac{13}{\underset{2}{\cancel{10}}} = \frac{65}{2} = 32\frac{1}{2}$$(cm)

• (만든 직사각형의 세로)$= \overset{5}{\cancel{25}} \times \frac{1}{\underset{1}{\cancel{5}}} = 5$(cm)

➡ (만든 직사각형의 넓이)
$$= 32\frac{1}{2} \times 5 = \frac{65}{2} \times 5 = \frac{325}{2} = 162\frac{1}{2}$$(cm²)

유형책 34~36쪽   응용 단원 평가

🖉 서술형 문제는 풀이를 꼭 확인하세요.

1 $\frac{5}{36}$ **2** $3\frac{1}{5}$

3 $3\frac{1}{6}$ **4** ㉡

5 (선 잇기)

6 $18\frac{3}{4}$

7 ㉢   **8** 2, 4(또는 4, 2), $\frac{1}{8}$

9 12판   **10** 소진

11 24

12 $19\frac{1}{3}$ cm, $23\frac{13}{36}$ cm²

13 $\frac{3}{28}$ **14** $10\frac{10}{21}$

15 6, 7, 8, 9   **16** $22\frac{2}{9}$ m²

17 $3\frac{13}{25}$ m   🖉**18** $7\frac{9}{10}$

🖉**19** 20명

🖉**20** 오전 10시 49분 30초

1 $\frac{\overset{1}{\cancel{3}}}{\underset{1}{\cancel{4}}} \times \frac{5}{\underset{4}{\cancel{12}}} \times \frac{\overset{1}{\cancel{4}}}{9} = \frac{5}{36}$

2 $1\frac{3}{5} \times 2 = \frac{8}{5} \times 2 = \frac{16}{5} = 3\frac{1}{5}$

3 $1\frac{5}{14} \times 2\frac{1}{3} = \frac{19}{14} \times \frac{\overset{1}{7}}{3} = \frac{19}{6} = 3\frac{1}{6}$

4 ㉠ $\frac{5}{6}$에 1을 곱하면 곱한 결과는 그대로 $\frac{5}{6}$입니다.

㉡ $\frac{5}{6}$에 진분수를 곱하면 곱한 결과는 $\frac{5}{6}$보다 작습니다.

㉢ $\frac{5}{6}$에 대분수를 곱하면 곱한 결과는 $\frac{5}{6}$보다 큽니다.

➡ 계산 결과가 $\frac{5}{6}$보다 작은 것은 ㉡입니다.

5 • $4 \times 1\frac{5}{6} = \overset{2}{4} \times \frac{11}{\underset{3}{6}} = \frac{22}{3} = 7\frac{1}{3}$

• $18 \times 1\frac{1}{12} = \overset{3}{18} \times \frac{13}{\underset{2}{12}} = \frac{39}{2} = 19\frac{1}{2}$

6 가장 큰 수는 9이고, 가장 작은 수는 $2\frac{1}{12}$입니다.

➡ $9 \times 2\frac{1}{12} = \overset{3}{9} \times \frac{25}{\underset{4}{12}} = \frac{75}{4} = 18\frac{3}{4}$

7 ㉠ $4 \times 1\frac{1}{8} = \overset{1}{4} \times \frac{9}{\underset{2}{8}} = \frac{9}{2} = 4\frac{1}{2}$

㉡ $\frac{\overset{1}{7}}{12} \times \frac{1}{\underset{1}{7}} = \frac{1}{12}$

㉢ $3\frac{1}{3} \times 2\frac{3}{10} = \frac{10}{3} \times \frac{23}{\underset{1}{10}} = \frac{23}{3} = 7\frac{2}{3}$

㉣ $\frac{\overset{2}{4}}{\underset{1}{5}} \times \frac{5}{\underset{3}{6}} = \frac{2}{3}$

➡ $\underset{㉢}{7\frac{2}{3}} > \underset{㉠}{4\frac{1}{2}} > \underset{㉣}{\frac{2}{3}} > \underset{㉡}{\frac{1}{12}}$

8 $\frac{1}{\square} \times \frac{1}{\square}$에서 분모에 작은 수가 들어갈수록 계산 결과가 커지고, 큰 수가 들어갈수록 계산 결과가 작아집니다.

➡ $2<4<5<6<8$이므로 계산 결과가 가장 큰 분수의 곱셈식은 $\frac{1}{2} \times \frac{1}{4} = \frac{1}{8}$ 또는 $\frac{1}{4} \times \frac{1}{2} = \frac{1}{8}$입니다.

9 (필요한 피자의 수) $= \frac{3}{8} \times \overset{4}{32} = 12$(판)

10 • 형준: 1 L는 1000 mL이므로
$\overset{250}{1000} \times \frac{1}{\underset{1}{4}} = 250$(mL)입니다.

• 주희: 1시간은 60분이므로 $\overset{12}{60} \times \frac{1}{\underset{1}{5}} = 12$(분)입니다.

• 소진: 1 m는 100 cm이므로 $\overset{50}{100} \times \frac{1}{\underset{1}{2}} = 50$(cm)입니다.

11 (어떤 수) $= \overset{3}{9} \times \frac{4}{\underset{5}{15}} = \frac{12}{5} = 2\frac{2}{5}$

➡ $2\frac{2}{5} \times 10 = \frac{12}{\underset{1}{5}} \times \overset{2}{10} = 24$

12 • 둘레: $4\frac{5}{6} \times 4 = \frac{29}{\underset{3}{6}} \times \overset{2}{4} = \frac{58}{3} = 19\frac{1}{3}$ (cm)

• 넓이: $4\frac{5}{6} \times 4\frac{5}{6} = \frac{29}{6} \times \frac{29}{6}$
$= \frac{841}{36} = 23\frac{13}{36}$ (cm²)

13 장미를 좋아하는 여학생은 석규네 학교 전체 학생의
$\frac{1}{\underset{1}{2}} \times \frac{\overset{3}{6}}{7} \times \frac{1}{4} = \frac{3}{28}$입니다.

14 • 만들 수 있는 가장 큰 대분수: $7\frac{1}{3}$

• 만들 수 있는 가장 작은 대분수: $1\frac{3}{7}$

➡ $7\frac{1}{3} \times 1\frac{3}{7} = \frac{22}{3} \times \frac{10}{7} = \frac{220}{21} = 10\frac{10}{21}$

15 $\frac{1}{6} \times \frac{1}{8} = \frac{1}{48}$, $\frac{1}{7} \times \frac{1}{4} = \frac{1}{28}$이므로
$\frac{1}{48} < \frac{1}{\square} \times \frac{1}{5} < \frac{1}{28}$,
$\frac{1}{48} < \frac{1}{\square \times 5} < \frac{1}{28}$입니다.

➡ $28 < \square \times 5 < 48$이므로 $\square$ 안에 들어갈 수 있는 자연수는 6, 7, 8, 9입니다.

16 색칠한 부분의 넓이는 큰 정사각

형의 넓이의 $\frac{1}{2}\left(=\frac{4}{8}\right)$배입니다.

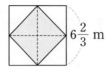

$6\frac{2}{3}$ m

⇨ 큰 정사각형의 넓이는

$6\frac{2}{3} \times 6\frac{2}{3} = \frac{20}{3} \times \frac{20}{3} = \frac{400}{9}$ (m²)이므로 색칠

한 부분의 넓이는 $\overset{200}{\cancel{\frac{400}{9}}} \times \frac{1}{\underset{1}{\cancel{2}}} = \frac{200}{9} = 22\frac{2}{9}$ (m²)

입니다.

17 • (공이 땅에 한 번 닿았다가 튀어 오른 높이)

$= 6\frac{7}{8} \times \frac{4}{5} = \overset{11}{\underset{2}{\cancel{\frac{55}{8}}}} \times \overset{1}{\underset{1}{\cancel{\frac{4}{5}}}} = \frac{11}{2} = 5\frac{1}{2}$ (m)

• (공이 땅에 2번 닿았다가 튀어 오른 높이)

$= 5\frac{1}{2} \times \frac{4}{5} = \overset{}{\underset{1}{\cancel{\frac{11}{2}}}} \times \overset{2}{\cancel{\frac{4}{5}}} = \frac{22}{5} = 4\frac{2}{5}$ (m)

⇨ (공이 땅에 3번 닿았다가 튀어 오른 높이)

$= 4\frac{2}{5} \times \frac{4}{5} = \frac{22}{5} \times \frac{4}{5} = \frac{88}{25} = 3\frac{13}{25}$ (m)

18 예 ㉠ $\frac{7}{\underset{5}{\cancel{10}}} \times \overset{11}{\cancel{22}} = \frac{77}{5} = 15\frac{2}{5}$

㉡ $\overset{3}{\cancel{36}} \times \frac{5}{\underset{2}{\cancel{24}}} = \frac{15}{2} = 7\frac{1}{2}$ 」❶

따라서 ㉠과 ㉡의 계산 결과의 차는

$15\frac{2}{5} - 7\frac{1}{2} = 15\frac{4}{10} - 7\frac{5}{10} = 7\frac{9}{10}$ 입니다. 」❷

채점 기준	
❶ ㉠과 ㉡의 계산 결과 각각 구하기	4점
❷ ㉠과 ㉡의 계산 결과의 차 구하기	1점

19 예 입장객 중에서 어른은 $\overset{30}{\cancel{120}} \times \frac{3}{\underset{1}{\cancel{4}}} = 90$(명)입니다. 」❶

따라서 입장객 중에서 남자 어른은

$\overset{10}{\cancel{90}} \times \frac{2}{\underset{1}{\cancel{9}}} = 20$(명)입니다. 」❷

채점 기준	
❶ 입장객 중에서 어른의 수 구하기	2점
❷ 입장객 중에서 남자 어른의 수 구하기	3점

20 예 6일 동안 늦어진 시간은

$1\frac{3}{4} \times 6 = \frac{7}{\underset{2}{\cancel{4}}} \times \overset{3}{\cancel{6}} = \frac{21}{2} = 10\frac{1}{2}$ (분),

$10\frac{1}{2}$분 $= 10\frac{30}{60}$분 $= 10$분 30초입니다. 」❶

따라서 6일 후 오전 11시에 이 시계가 가리키는 시각은 오전 11시 $-$ 10분 30초 $=$ 오전 10시 49분 30초입니다. 」❷

채점 기준	
❶ 6일 동안 늦어진 시간 구하기	3점
❷ 6일 후 오전 11시에 시계가 가리키는 시각 구하기	2점

유형책 37~38쪽 심화 단원 평가

✎ 서술형 문제는 풀이를 꼭 확인하세요.

1 6 **2** >

3 $2\frac{5}{9} \times 6 = \overset{}{\underset{3}{\cancel{\frac{23}{9}}}} \times \overset{2}{\cancel{6}} = \frac{46}{3} = 15\frac{1}{3}$

4 $\frac{1}{4}$ **5** 6개

6 $1\frac{1}{10}$ kg **7** $15\frac{1}{5}$ kg

8 33 cm² **9** $12\frac{3}{5}$

10 480명

1 $2\frac{1}{4} \times 2\frac{2}{3} = \overset{3}{\underset{1}{\cancel{\frac{9}{4}}}} \times \overset{2}{\underset{1}{\cancel{\frac{8}{3}}}} = 6$

2 $\overset{1}{\cancel{\frac{5}{6}}} \times \frac{7}{\underset{2}{\cancel{10}}} = \frac{7}{12}$, $\overset{1}{\underset{2}{\cancel{\frac{3}{8}}}} \times \overset{1}{\underset{3}{\cancel{\frac{4}{9}}}} = \frac{1}{6}$

⇨ $\frac{7}{12} > \frac{1}{6}\left(= \frac{2}{12}\right)$

3 대분수를 가분수로 바꾼 다음 약분하여 계산해야 하는데 대분수를 가분수로 바꾸기 전에 약분하여 계산했습니다.

4 수정이가 오늘 마신 주스는 전체의

$\overset{1}{\underset{1}{\cancel{\frac{2}{5}}}} \times \overset{1}{\underset{4}{\cancel{\frac{5}{8}}}} = \frac{1}{4}$ 입니다.

5 $\overset{2}{\cancel{14}} \times \dfrac{4}{\cancel{7}} = 8$

$4\dfrac{1}{2} \times 3\dfrac{1}{3} = \dfrac{9}{2} \times \dfrac{\overset{5}{\cancel{10}}}{\cancel{3}} = 15$

$\Rightarrow$ $8 < \square < 15$이므로 $\square$ 안에 들어갈 수 있는 자연수는 9, 10, 11, 12, 13, 14로 모두 6개입니다.

6 (덜어내고 남은 감자의 무게)

$= 8\dfrac{4}{5} - 5\dfrac{1}{2} = 8\dfrac{8}{10} - 5\dfrac{5}{10} = 3\dfrac{3}{10}$(kg)

$\Rightarrow$ (이웃집에 나누어 줄 감자의 무게)

$= 3\dfrac{3}{10} \times \dfrac{1}{3} = \dfrac{\overset{11}{\cancel{33}}}{10} \times \dfrac{1}{\cancel{3}} = \dfrac{11}{10} = 1\dfrac{1}{10}$(kg)

7 • (㉯ 통에 담은 쌀의 양)

$= 4 \times 1\dfrac{3}{4} = \cancel{4} \times \dfrac{7}{\cancel{4}} = 7$(kg)

• (㉰ 통에 담은 쌀의 양)

$= 7 \times \dfrac{3}{5} = \dfrac{21}{5} = 4\dfrac{1}{5}$(kg)

$\Rightarrow$ (㉮, ㉯, ㉰ 세 통에 담은 쌀의 양)

$= 4 + 7 + 4\dfrac{1}{5} = 15\dfrac{1}{5}$(kg)

8 만든 직사각형의 가로와 세로는 각각 처음 길이의 $1 + \dfrac{2}{9} = \dfrac{11}{9}$(배), $1 - \dfrac{11}{12} = \dfrac{1}{12}$(배)입니다.

• (만든 직사각형의 가로)

$= \overset{2}{\cancel{18}} \times \dfrac{11}{\cancel{9}} = 22$(cm)

• (만든 직사각형의 세로)

$= \overset{3}{\cancel{18}} \times \dfrac{1}{\cancel{12}} = \dfrac{3}{2} = 1\dfrac{1}{2}$(cm)

$\Rightarrow$ (만든 직사각형의 넓이)

$= 22 \times 1\dfrac{1}{2} = \overset{11}{\cancel{22}} \times \dfrac{3}{\cancel{2}} = 33$(cm²)

다른 풀이 $\overset{2}{\cancel{18}} \times \dfrac{2}{\cancel{9}} = 4$(cm), $\overset{3}{\cancel{18}} \times \dfrac{11}{\cancel{12}} = \dfrac{33}{2} = 16\dfrac{1}{2}$(cm)

이므로 만든 직사각형의 가로는 $18 + 4 = 22$(cm), 세로는 $18 - 16\dfrac{1}{2} = 1\dfrac{1}{2}$(cm)입니다.

9 **예** 어떤 수를 $\square$라 하면 $\square - 2\dfrac{1}{3} = 3\dfrac{1}{15}$,

$\square = 3\dfrac{1}{15} + 2\dfrac{1}{3} = 3\dfrac{1}{15} + 2\dfrac{5}{15} = 5\dfrac{6}{15} = 5\dfrac{2}{5}$입니다. ❶

따라서 바르게 계산하면

$5\dfrac{2}{5} \times 2\dfrac{1}{3} = \dfrac{\overset{9}{\cancel{27}}}{5} \times \dfrac{7}{\cancel{3}} = \dfrac{63}{5} = 12\dfrac{3}{5}$입니다. ❷

채점 기준	
❶ 어떤 수 구하기	4점
❷ 바르게 계산한 값 구하기	6점

10 **예** 수학을 좋아하지 않는 남학생은 전체 학생의

$\left(1 - \dfrac{9}{16}\right) \times \left(1 - \dfrac{3}{7}\right) = \dfrac{\overset{1}{\cancel{7}}}{\underset{4}{\cancel{16}}} \times \dfrac{\overset{1}{\cancel{4}}}{\cancel{7}} = \dfrac{1}{4}$입니다. ❶

따라서 수학을 좋아하지 않는 남학생 120명이 전체 학생의 $\dfrac{1}{4}$이므로 전체 학생은 $120 \times 4 = 480$(명)입니다. ❷

채점 기준	
❶ 수학을 좋아하지 않는 남학생은 전체 학생의 몇 분의 몇인지 구하기	6점
❷ 전체 학생은 몇 명인지 구하기	4점

3. 합동과 대칭

유형책 40~47쪽 실전유형 강화

✎ 서술형 문제는 풀이를 꼭 확인하세요.

1 가와 마, 나와 라, 다와 아
2 ㉠, ㉢　　　　**3** 다
4 3쌍　　　　**5** ㉣
6 (왼쪽에서부터) 4, 70, 8
7 선우　　　　**8** 24 cm²
✎**9** 95°　　　　**10** 8 cm
11 3 cm　　　　**12** 110°
13 288 cm²　　　　**14** ㉣
15
16 ㉠, ㉣
17 점 ㅂ / 변 ㅁㄹ　　**18** 변 ㄹㄷ / 각 ㄹㅁㅂ
19 ㉡, ㉢, ㉠, ㉣
20 (왼쪽에서부터) 10, 75
✎**21** 7 cm
22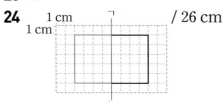
23 40°
24  / 26 cm
25 4 cm　　　　**26** 110°
27 108 cm²　　　　**28** ㉠, ㉣, ㉭
✎**29** 풀이 참조　　**30** 인하
31 ①, ③
32 (○) (　) (○) /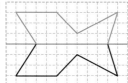
33 ㉠, ㉡
34 (왼쪽에서부터) 10, 130
✎**35** 3 cm　　　　**36** 63 cm²
37 115°　　　　**38** 6 cm
39 9 cm　　　　**40** 95°

---

41 46 cm　　　　**42** 86 cm
43 84 cm　　　　**44** 52 cm

1 모양과 크기가 같아서 포개었을 때 완전히 겹치는 두 도형을 찾으면 가와 마, 나와 라, 다와 아입니다.

2 점선을 따라 잘랐을 때 만들어지는 두 도형의 모양과 크기가 같게 되는 점선을 모두 찾으면 ㉠, ㉢입니다.

3 모양과 크기가 같아서 포개었을 때 완전히 겹치는 보도블록을 찾으면 다입니다.

4

가	나	
	다	
라	바	아
마	사	
	자	

점선을 따라 자른 후 포개었을 때 완전히 겹치는 도형은 나와 다, 바와 자, 사와 아로 모두 3쌍 만들어집니다.

5 ㉠ 한 변의 길이가 같은 두 정오각형은 모양과 크기가 같아서 포개었을 때 완전히 겹치므로 합동입니다.
㉡ (정육각형의 둘레)=(한 변의 길이)×6에서 둘레가 같은 두 정육각형은 한 변의 길이가 같으므로 합동입니다.
㉢ (정사각형의 넓이)=(한 변의 길이)×(한 변의 길이)에서 넓이가 같은 두 정사각형은 한 변의 길이가 같으므로 합동입니다.
㉣ 이등변삼각형은 둘레가 같아도 모양이 다를 수 있습니다.
참고 정다각형은 변의 길이가 모두 같고 각의 크기가 모두 같으므로 한 변의 길이가 같은 두 정다각형은 서로 합동입니다.

6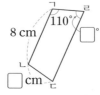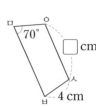

• 변 ㄴㄷ의 대응변은 변 ㅅㅂ이므로 변 ㄴㄷ은 4 cm입니다.
• 각 ㄱㄹㄷ의 대응각은 각 ㅇㅁㅂ이므로 각 ㄱㄹㄷ은 70°입니다.
• 변 ㅇㅅ의 대응변은 변 ㄱㄴ이므로 변 ㅇㅅ은 8 cm입니다.

7 · 지예: 두 삼각형의 세 각의 크기가 각각 같더라도 두 삼각형의 크기는 다를 수 있습니다.
· 정재: 넓이가 같아도 모양이 다른 삼각형이 있습니다.
· 선우: 서로 합동인 두 삼각형에서 각각의 대응변의 길이는 서로 같기 때문에 둘레도 같습니다.

8 각 ㄱㄴㄷ의 대응각은 각 ㅁㅂㄹ이므로 각 ㄱㄴㄷ은 90°이고, 변 ㄱㄴ의 대응변은 변 ㅁㅂ이므로 6 cm입니다.
⇨ (삼각형 ㄱㄴㄷ의 넓이)=8×6÷2=24(cm²)

9 📖 각 ㅇㅁㅂ의 대응각은 각 ㄱㄹㄷ이므로 각 ㅇㅁㅂ은 110°이고, 각 ㅂㅅㅇ의 대응각은 각 ㄷㄴㄱ이므로 각 ㅂㅅㅇ은 80°입니다.」❶
따라서 사각형 ㅁㅂㅅㅇ에서 각 ㅁㅇㅅ은 360°−110°−75°−80°=95°입니다.」❷

채점 기준
❶ 각 ㅇㅁㅂ과 각 ㅂㅅㅇ의 크기 각각 구하기
❷ 각 ㅁㅇㅅ의 크기 구하기

10 변 ㄱㄷ의 대응변은 변 ㄷㄹ이므로 변 ㄱㄷ은 13 cm이고, 변 ㅁㄷ의 대응변은 변 ㄴㄱ이므로 변 ㅁㄷ은 5 cm입니다.
⇨ (선분 ㄱㅁ)=(선분 ㄱㄷ)−(선분 ㅁㄷ)
= 13−5=8(cm)

11 변 ㄴㄷ의 대응변은 변 ㅊㅂ이므로 변 ㄴㄷ은 7 cm입니다.
변 ㄹㅁ의 대응변은 변 ㅅㅇ이므로 변 ㄹㅁ은 6 cm입니다.
⇨ (변 ㄱㄴ)=30−7−5−6−9=3(cm)

12 각 ㄴㄹㄷ의 대응각은 각 ㄷㄱㄴ이므로 각 ㄴㄹㄷ은 60°입니다.
⇨ (각 ㄹㄴㄷ)=180°−60°−85°=35°
각 ㄱㄷㄴ의 대응각은 각 ㄹㄴㄷ이므로 각 ㄱㄷㄴ은 35°입니다.
⇨ (각 ㄴㅁㄷ)=180°−35°−35°=110°

13 삼각형 ㄱㄴㅁ과 삼각형 ㄹㅁㄷ이 서로 합동이므로
(변 ㄱㄴ)=(변 ㄹㅁ)=17 cm,
(변 ㄹㄷ)=(변 ㄱㅁ)=7 cm입니다.
⇨ 사각형 ㄱㄴㄷㄹ은 사다리꼴이고
(변 ㄱㄹ)=7+17=24(cm)이므로
사각형 ㄱㄴㄷㄹ의 넓이는
(17+7)×24÷2=288(cm²)입니다.

14 어떤 직선을 따라 접어도 완전히 겹치지 않는 도형을 찾으면 ㉣입니다.

15 접었을 때 도형이 완전히 겹치는 직선은 모두 4개 그릴 수 있습니다.

16 ㉠ D ㉣ M

17 대칭축 가를 따라 접었을 때 점 ㄴ과 점 ㅂ이 겹치고, 변 ㄷㄹ과 변 ㅁㄹ이 겹칩니다.

18 대칭축 나를 따라 접었을 때 변 ㄱㄴ과 변 ㄹㄷ이 겹치고, 각 ㄱㅂㅁ과 각 ㄹㅁㅂ이 겹칩니다.

19 ㉠ ✳ ㉡ ✳ ㉢ ✳ ㉣ ✳
　5개　　무수히　　6개　　4개
　　　　많습니다.

20 선대칭도형에서 대응변의 길이가 같으므로
(변 ㄱㄴ)=(변 ㄹㄷ)=10 cm입니다.
선대칭도형에서 대응각의 크기가 같으므로
(각 ㄹㄷㅂ)=(각 ㄱㄴㅂ)=75°입니다.

21 📖 선대칭도형에서 대칭축은 대응점끼리 이은 선분을 둘로 똑같이 나눕니다.」❶
따라서 (선분 ㄷㄹ)=(선분 ㄴㄹ)=14÷2=7(cm)입니다.」❷

채점 기준
❶ 선대칭도형의 성질 알기
❷ 선분 ㄷㄹ의 길이 구하기

22 대응점을 찾아 모두 표시한 후 대응점을 차례대로 이어 선대칭도형을 완성합니다.

23 선대칭도형에서 대응각의 크기가 같으므로
(각 ㄷㅂㅁ)=(각 ㄷㄹㅁ)=110°입니다.
⇨ (각 ㄷㅁㅂ)=180°−30°−110°=40°

24 대응점을 찾아 모두 표시한 후 대응점을 차례대로 이어 선대칭도형을 완성하면 네 각이 모두 직각인 직사각형이 됩니다.
⇨ 완성한 직사각형의 가로가 8 cm, 세로가 5 cm이므로 완성한 선대칭도형의 둘레는
(8+5)×2=26(cm)입니다.

25 선대칭도형에서 대응변의 길이가 같으므로
(변 ㄷㄹ)＝(변 ㄷㅇ),
(변 ㄹㅁ)＝(변 ㅇㅅ)＝9 cm,
(변 ㅅㅂ)＝(변 ㅁㅂ)＝7 cm입니다.
⇨ (변 ㄷㄹ)＋(변 ㄷㅇ)
　＝40－(9＋7＋7＋9)＝8(cm)이므로
　변 ㄷㄹ은 8÷2＝4(cm)입니다.

26 사각형 ㄱㄹㅁㅂ에서
(각 ㄹㅁㅂ)＝180°－55°＝125°이고,
(각 ㅂㄱㄹ)＝(각 ㄴㄱㄹ)＝35°이므로
(각 ㄱㅂㅁ)＝360°－35°－90°－125°＝110°입니다.
따라서 선대칭도형에서 대응각의 크기가 같으므로
(각 ㄱㄴㄷ)＝(각 ㄱㅂㅁ)＝110°입니다.

27 선대칭도형에서 대칭축은 대응점끼리 이은 선분을 둘로 똑같이 나누므로
(선분 ㄴㅁ)＝(선분 ㄹㅁ)＝18÷2＝9(cm)입니다.
대응점끼리 이은 선분은 대칭축과 수직으로 만나므로
(각 ㄱㅁㄴ)＝90°입니다.
⇨ (삼각형 ㄱㄴㄷ의 넓이)＝12×9÷2＝54(cm²)
따라서 사각형 ㄱㄴㄷㄹ의 넓이는 삼각형 ㄱㄴㄷ의 넓이의 2배이므로 54×2＝108(cm²)입니다.

28 어떤 점을 중심으로 180° 돌렸을 때 처음 도형과 완전히 겹치는 도형은 ㉠, ㉣, ㅂ입니다.

29 예 대응점끼리 이은 선분이 만나는 점을 찾습니다.❶ 대칭의 중심은 도형의 한가운데에 위치하고 항상 1개입니다.❷

채점 기준
❶ 대칭의 중심을 찾는 방법 설명하기
❷ 대칭의 중심은 몇 개인지 구하기

30 인하: 변 ㄷㄹ의 대응변은 변 ㅅㅈ입니다.

31 정삼각형과 사다리꼴은 어떤 점을 중심으로 180° 돌려도 처음 도형과 완전히 겹치지 않습니다.

32 점대칭도형을 찾은 다음 대응점끼리 선분으로 잇고, 이은 선분이 만나는 점을 찾아 표시합니다.

33 ㉠ 　㉡ 　㉢

• 선대칭도형: ㉠, ㉡, ㉢
• 점대칭도형: ㉠, ㉡
⇨ 선대칭도형이면서 점대칭도형인 것: ㉠, ㉡

34 점대칭도형에서 대응변의 길이가 같으므로
(변 ㄹㅁ)＝(변 ㅈㄱ)＝10 cm이고,
점대칭도형에서 대응각의 크기가 같으므로
(각 ㅁㅂㅅ)＝(각 ㄱㄴㄷ)＝130°입니다.

35 예 점대칭도형에서 대응변의 길이가 같으므로
(변 ㄷㄹ)＝(변 ㅂㄱ)＝15 cm,
(변 ㅁㅂ)＝(변 ㄴㄷ)＝12 cm입니다.❶
따라서 변 ㄷㄹ과 변 ㅁㅂ의 길이의 차는
15－12＝3(cm)입니다.❷

채점 기준
❶ 변 ㄷㄹ과 변 ㅁㅂ의 길이 각각 구하기
❷ 변 ㄷㄹ과 변 ㅁㅂ의 길이의 차 구하기

36 점대칭도형에서 대응변의 길이가 같으므로
(변 ㄴㄷ)＝(변 ㅁㅂ)＝14 cm입니다.
⇨ (삼각형 ㄱㄴㄷ의 넓이)＝14×9÷2＝63(cm²)

37 점대칭도형에서 대응각의 크기가 같으므로
(각 ㄷㄹㄱ)＝(각 ㅂㄱㄹ)＝85°입니다.
⇨ 사각형 ㄱㄴㄷㄹ에서 각 ㄴㄷㄹ은
　360°－70°－85°－90°＝115°입니다.

38 점대칭도형에서 각각의 대응점에서 대칭의 중심까지의 거리는 같으므로 (선분 ㄹㅇ)＝(선분 ㄴㅇ)＝8 cm이고, (선분 ㄴㄹ)＝8＋8＝16(cm)입니다.
⇨ (선분 ㄱㄷ)＝28－16＝12(cm)이고,
　(선분 ㄱㅇ)＝(선분 ㄱㄷ)÷2＝12÷2＝6(cm)입니다.

39 점대칭도형에서 대응변의 길이가 같으므로
(변 ㄱㄴ)＝(변 ㅁㅂ), (변 ㅂㅅ)＝(변 ㄴㄷ)＝8 cm,
(변 ㄷㄹ)＝(변 ㅅㅈ)＝6 cm,
(변 ㄹㅁ)＝(변 ㅈㄱ)＝12 cm입니다.
⇨ (변 ㄱㄴ)＋(변 ㅁㅂ)
　＝70－(8＋6＋12＋8＋6＋12)＝18(cm)
따라서 변 ㄱㄴ은 18÷2＝9(cm)입니다.

40 점대칭도형에서 대응각의 크기가 같으므로
(각 ㅁㄹㄷ)＝(각 ㄴㄱㅂ)＝45°입니다.
한 직선이 이루는 각의 크기는 180°이므로
(각 ㅁㅂㄷ)＝180°－140°＝40°입니다.
⇨ (각 ㄹㅁㅂ)＝180°－40°－45°＝95°

41 • (변 ㄱㅊ)＝(변 ㄷㄹ)＝(변 ㅂㅁ)＝(변 ㅇㅈ)
　　＝2 cm
• (변 ㄱㄴ)＝(변 ㄷㄴ)＝(변 ㅂㅅ)＝(변 ㅇㅅ)
　　＝5 cm
• (변 ㄹㅁ)＝(변 ㅈㅊ)＝9 cm
⇨ (도형의 둘레)＝2×4＋5×4＋9×2＝46(cm)

42 (선분 ㄷㅇ)=(선분 ㅂㅇ)=8 cm이므로
(변 ㄴㄷ)=27-8-8=11(cm)입니다.
(변 ㄷㄹ)=(변 ㅂㄱ)=18 cm,
(변 ㄹㅁ)=(변 ㄱㄴ)=14 cm,
(변 ㅁㅂ)=(변 ㄴㄷ)=11 cm
➡ (점대칭도형의 둘레)
=14+11+18+14+11+18=86(cm)

43 (선분 ㄹㅇ)=(선분 ㅈㅇ)=4 cm이므로
(선분 ㅈㄹ)=4+4=8(cm)입니다.
(변 ㄷㄹ)=(변 ㅅㅈ)=15-8=7(cm),
(변 ㅁㄹ)=(변 ㅂㅅ)=(변 ㄴㄷ)=(변 ㄱㅈ)
=10 cm,
(변 ㄱㄴ)=(변 ㅁㅂ)=15 cm
➡ (점대칭도형의 둘레)
=15+10+7+10+15+10+7+10
=84(cm)

44 (선분 ㅂㅇ)=(선분 ㄷㅇ)=2 cm이므로
(변 ㄴㄷ)=(변 ㅁㅂ)=5-2=3(cm)입니다.
(변 ㄱㄴ)=(변 ㄹㅁ)=9 cm,
(변 ㅂㄱ)=(변 ㄷㄹ)=14 cm
➡ (점대칭도형의 둘레)
=9+3+14+9+3+14=52(cm)

유형책 48~51쪽 | 상위권유형 강화

45 ❶ 2 ❷ 24 cm² ❸ 48 cm²
46 112 cm²   **47** 300 cm²
48 ❶ 4 cm / 3 cm ❷ 8 cm ❸ 32 cm²
49 800 cm²   **50** 64 cm²
51 ❶ 55° ❷ 125° ❸ 25°
52 40°   **53** 50°
54 ❶ 0, 1, 8
❷ 1001, 1111, 1881, 8008, 8118, 8888
❸ 1001, 1111, 1881
55 9006, 9696, 9966 **56** 6개

45
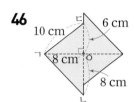

---

❶ 점대칭도형은 점 ㅇ을 중심으로 180° 돌렸을 때 완전히 겹치므로 완성한 점대칭도형의 넓이는 주어진 도형의 넓이의 2배입니다.
❷ 주어진 도형은 윗변의 길이가 3 cm, 아랫변의 길이가 5 cm, 높이가 3+3=6(cm)인 사다리꼴입니다.
➡ (주어진 도형의 넓이)
=(3+5)×6÷2=24(cm²)
❸ (완성한 점대칭도형의 넓이)
=(주어진 도형의 넓이)×2
=24×2=48(cm²)

46
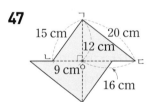

주어진 도형은 밑변의 길이가 8+6=14(cm), 높이가 8 cm인 삼각형입니다.
➡ (주어진 도형의 넓이)=14×8÷2=56(cm²)
따라서 완성한 점대칭도형의 넓이는 주어진 도형의 넓이의 2배이므로 56×2=112(cm²)입니다.

47

주어진 도형은 밑변의 길이가 9+16=25(cm), 높이가 12 cm인 삼각형입니다.
➡ (주어진 도형의 넓이)=25×12÷2=150(cm²)
따라서 완성한 점대칭도형의 넓이는 주어진 도형의 넓이의 2배이므로 150×2=300(cm²)입니다.

48 ❶ 변 ㄱㄴ의 대응변은 변 ㄷㅂ이므로
변 ㄱㄴ은 4 cm입니다.
변 ㄴㅁ의 대응변은 변 ㅂㅁ이므로
변 ㄴㅁ은 3 cm입니다.
❷ (선분 ㄴㄷ)=3+5=8(cm)
❸ (직사각형 ㄱㄴㄷㄹ의 넓이)=8×4=32(cm²)

49 변 ㄷㄹ의 대응변은 변 ㄱㅁ이므로 변 ㄷㄹ은 20 cm이고, 변 ㅂㄹ의 대응변은 변 ㅂㅁ이므로 변 ㅂㄹ은 15 cm입니다.
➡ (선분 ㄱㄹ)=25+15=40(cm)
따라서 직사각형 ㄱㄴㄷㄹ의 넓이는
40×20=800(cm²)입니다.

50 변 ㄱㄴ의 대응변은 변 ㅁㄹ이므로 변 ㄱㄴ은 8 cm 이고, 변 ㄱㅂ의 대응변은 변 ㅁㅂ이므로 변 ㄱㅂ은 6 cm입니다.
⇨ (선분 ㄱㄹ)=6+10=16(cm)
따라서 삼각형 ㄱㄴㄹ의 넓이는
16×8÷2=64(cm²)입니다.

51 ❶ 선대칭도형은 대칭축에 의해 둘로 똑같이 나누어지 므로 (각 ㄴㄷㅂ)=(각 ㄹㄷㅂ)=110°÷2=55° 입니다.
❷ 한 직선이 이루는 각은 180°이므로 (각 ㄴㄷㄱ)=180°−55°=125°입니다.
❸ (각 ㄱㄴㄷ)=180°−30°−125°=25°

52 선대칭도형은 대칭축에 의해 둘로 똑같이 나누어지므 로 (각 ㄹㅁㅇ)=(각 ㅂㅁㅇ)=80°÷2=40°입니다.
한 직선이 이루는 각은 180°이므로
(각 ㄹㅁㄴ)=180°−40°=140°입니다.
⇨ (각 ㄷㄹㅁ)=360°−50°−130°−140°=40°

53 사각형 ㄱㄴㄷㅁ은 선대칭도형이므로
(각 ㄱㅁㄴ)=(각 ㄷㅁㄴ),
삼각형 ㅁㄴㄹ은 선대칭도형이므로
(각 ㄷㅁㄴ)=(각 ㄷㅁㄹ)입니다.
⇨ (각 ㄱㅁㄴ)=(각 ㄷㅁㄴ)=(각 ㄷㅁㄹ)이므로
(각 ㄷㅁㄹ)=120°÷3=40°입니다.
따라서 (각 ㄷㄹㅁ)=180°−40°−90°=50°

54 ❶ 주어진 숫자 중에서 어떤 점을 중심으로 180° 돌 렸을 때 처음 숫자가 되는 숫자는 0, 1, 8입니다.
❷ 0, 1, 8로 만들 수 있는 수 중에서 점대칭이 되는 네 자리 수는 1001, 1111, 1881, 8008, 8118, 8888입니다.
❸ 위 ❷에서 구한 수 중에서 8008보다 작은 수는 1001, 1111, 1881입니다.

55 주어진 숫자 중에서 어떤 점을 중심으로 180° 돌렸을 때 처음 숫자가 되는 숫자는 0이고, 6과 9는 각각 180° 돌리면 9와 6이 되므로 점대칭에 사용할 수 있 는 숫자는 0, 6, 9입니다.
0, 6, 9로 만들 수 있는 수 중에서 점대칭이 되는 네 자리 수는 6009, 6699, 6969, 9006, 9696, 9966 입니다.
⇨ 이 중에서 6969보다 큰 수는 9006, 9696, 9966 입니다.

56 주어진 숫자 중에서 어떤 점을 중심으로 180° 돌렸을 때 처음 숫자가 되는 숫자는 0, 1, 8이고, 6과 9는 각 각 180° 돌리면 9와 6이 되므로 점대칭에 사용할 수 있는 숫자는 0, 1, 6, 8, 9입니다.
0, 1, 6, 8, 9로 만들 수 있는 수 중에서 점대칭이 되 는 네 자리 수는 1001, 1111, 1691, 1881, 1961, 6009, 6119, 6699, 6889, 6969, 8008, 8118, 8698, 8888, 8968, 9006, 9116, 9696, 9886, 9966입니다.
⇨ 이 중에서 6119보다 작은 수는
1001, 1111, 1691, 1881, 1961, 6009이므로 모 두 6개입니다.

유형책 52~54쪽 응용 단원 평가

✎ 서술형 문제는 풀이를 꼭 확인하세요.

1 ③   **2** 변 ㄷㄱ
3 10 cm   **4** 90°
5 ㉢, ㉣, ㉤   **6** ㉠, ㉢, ㉤, ㉥
7 ㉢, ㉤   **8** ㉡
9 (왼쪽에서부터) 35, 16, 13
10

11 ㉡   **12** 44 cm
13 16 cm   **14** 70°
15 7 cm   **16** 155°
17 360 cm²   ✎**18** 70°
✎**19** 96 cm²   ✎**20** 52 cm

1 주어진 도형과 모양과 크기가 같은 도형을 찾습니다.

2 두 삼각형을 완전히 겹치도록 포개었을 때 변 ㄹㅂ과 겹치는 변은 변 ㄷㄱ입니다.

3 변 ㄱㄴ의 대응변은 변 ㅂㅁ이므로 변 ㄱㄴ은 10 cm 입니다.

4 각 ㄴㄷㄱ의 대응각은 각 ㅁㄹㅂ이므로 각 ㄴㄷㄱ은 90°입니다.

5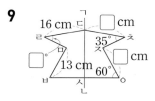

ⓒ ⓔ ⓜ

한 직선을 따라 접었을 때 완전히 겹치는 도형은
ⓒ, ⓔ, ⓜ입니다.

6 ⓖ ⓒ ⓜ ⓗ

어떤 점을 중심으로 $180°$ 돌렸을 때 처음 도형과 완
전히 겹치는 도형은 ⓖ, ⓒ, ⓜ, ⓗ입니다.

7 선대칭도형이면서 점대칭도형인 것은 ⓒ, ⓜ입니다.

8 ⓖ 4개   ⓛ 8개   ⓒ 2개

9

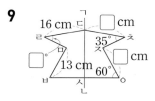

16 cm ⬚ cm

35°
13 cm ⬚ cm
60°

선대칭도형에서 대응변의 길이가 같으므로
(변 ㄷㅊ)＝(변 ㄷㄹ)＝$16\,cm$,
(변 ㅈㅇ)＝(변 ㅁㅂ)＝$13\,cm$입니다.
선대칭도형에서 대응각의 크기가 같으므로
(각 ㄷㄹㅁ)＝(각 ㄷㅊㅈ)＝$35°$입니다.

10 대응점을 찾아 모두 표시한 후 대응점을 차례대로 이
어 점대칭도형을 완성합니다.

11 ⓖ 반지름이 같은 두 원은 모양과 크기가 같아서 포개
었을 때 완전히 겹치므로 합동입니다.
  ⓛ (직사각형의 넓이)＝(가로)×(세로)이므로 두 직
사각형의 넓이가 같아도 가로와 세로가 다르면 두
직사각형은 서로 합동이 아닐 수 있습니다.
  ⓒ (정삼각형의 둘레)＝(한 변의 길이)×3에서 둘레
가 같은 두 정삼각형은 한 변의 길이가 같으므로
모양과 크기가 같아서 합동입니다.

12

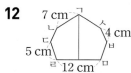

7 cm
4 cm
5 cm
12 cm

선대칭도형에서 대응변의 길이가 같으므로
(변 ㄴㄷ)＝(변 ㅅㅂ)＝$4\,cm$,
(변 ㅂㅁ)＝(변 ㄷㄹ)＝$5\,cm$,
(변 ㄱㅅ)＝(변 ㄱㄴ)＝$7\,cm$입니다.
따라서 도형의 둘레는
$7＋4＋5＋12＋5＋4＋7＝44(cm)$입니다.

13 대칭의 중심은 대응점끼리 이은 선분을 둘로 똑같이
나누므로 (선분 ㄴㅇ)＝(선분 ㄹㅇ)＝$10\,cm$입니다.
두 대각선의 길이의 합이 $52\,cm$이므로
선분 ㄱㄷ은 $52－10×2＝32(cm)$입니다.
⇨ (선분 ㄱㅇ)＝(선분 ㄷㅇ)＝$32÷2＝16(cm)$

14 선대칭도형에서 대응각의 크기가 같으므로
(각 ㄹㄱㄴ)＝(각 ㄹㄱㄷ)＝$20°$입니다.
삼각형 ㄱㄴㄹ에서
(각 ㄱㄴㄹ)＝$180°－20°－50°＝110°$입니다.
⇨ (각 ㄱㄹㅁ)＝$180°－110°＝70°$

15 (변 ㄱㄴ)＝(변 ㅁㅂ)＝$6\,cm$,
(변 ㄹㅁ)＝(변 ㅈㄱ)＝$9\,cm$,
(변 ㅅㅈ)＝(변 ㄷㄹ)＝$8\,cm$이므로
(변 ㄴㄷ)＋(변 ㅂㅅ)
＝$60－(9＋6＋8＋9＋6＋8)＝14(cm)$
⇨ (변 ㄴㄷ)＝(변 ㅂㅅ)이므로
(변 ㄴㄷ)＝$14÷2＝7(cm)$입니다.

16 (각 ㄱㄷㄴ)＝$180°－40°－75°＝65°$
각 ㅂㄹㄴ의 대응각은 각 ㄱㄷㄴ이므로 각 ㅂㄹㄴ은
$65°$입니다.
따라서 사각형 ㄹㄴㄷㅁ에서 각 ㄹㅁㄷ은
$360°－65°－75°－65°＝155°$입니다.

17

12 cm
5 cm
10 cm

주어진 도형은 밑변의 길이가 $10＋5＝15(cm)$, 높
이가 $12\,cm$인 평행사변형입니다.
⇨ (주어진 도형의 넓이)＝$15×12＝180(cm^2)$
따라서 완성한 점대칭도형의 넓이는 주어진 도형의
넓이의 2배이므로 $180×2＝360(cm^2)$입니다.

18 예 삼각형 ㄱㄴㄹ에서
(각 ㄹㄱㄴ)＝$180°－65°－45°＝70°$입니다. ❶
따라서 점대칭도형에서 대응각의 크기가 같으므로
(각 ㄴㄷㄹ)＝(각 ㄹㄱㄴ)＝$70°$입니다. ❷

채점 기준	
❶ 각 ㄹㄱㄴ의 크기 구하기	2점
❷ 각 ㄴㄷㄹ의 크기 구하기	3점

19 예 삼각형 ㄱㄴㄷ과 삼각형 ㄹㅁㄷ은 서로 합동이므로 (변 ㅁㄷ)=(변 ㄴㄷ)=16 cm,
(변 ㄹㄷ)=(변 ㄱㄷ)=16−4=12(cm)입니다.」❶
따라서 삼각형 ㅁㄹㄷ의 넓이는
12×16÷2=96(cm²)입니다.」❷

채점 기준	
❶ 변 ㅁㄷ, 변 ㄹㄷ의 길이 각각 구하기	3점
❷ 삼각형 ㅁㄹㄷ의 넓이 구하기	2점

20 예 (변 ㅁㅂ)=(변 ㄴㄷ)=15−5−5=5(cm),
(변 ㄹㅁ)=(변 ㄱㄴ)=11 cm,
(변 ㅂㄱ)=(변 ㄷㄹ)=10 cm입니다.」❶
따라서 점대칭도형의 둘레는
11+5+10+11+5+10=52(cm)입니다.」❷

채점 기준	
❶ 변 ㅁㅂ, 변 ㄴㄷ, 변 ㄹㅁ, 변 ㅂㄱ의 길이 각각 구하기	3점
❷ 점대칭도형의 둘레 구하기	2점

유형책 55~56쪽 심화 단원 평가

∅ 서술형 문제는 풀이를 꼭 확인하세요.

1 ㉡, ㉢, ㉣
2 25 cm
3 75°
4 32 cm²
5 50°
6 28 cm²
7 35°
8 1001, 1111, 1691, 1961
∅**9** 56 cm²
∅**10** 144 cm²

1 주어진 직선을 따라 접었을 때 완전히 겹치지 않는 것은 ㉡, ㉢, ㉣입니다.

2 변 ㄱㄴ의 대응변은 변 ㅇㅅ이므로 변 ㄱㄴ은 7 cm이고, 변 ㄷㄹ의 대응변은 변 ㅂㅁ이므로 변 ㄷㄹ은 5 cm입니다.
➡ (사각형 ㄱㄴㄷㄹ의 둘레)
=7+9+5+4=25(cm)

3 서로 합동인 도형에서 대응각의 크기는 같으므로
(각 ㄹㄴㄷ)=(각 ㄱㄴㄷ)=40°입니다.
따라서 삼각형 ㄹㄴㄷ에서 각 ㄴㄷㄹ은
180°−65°−40°=75°입니다.

4 (변 ㅂㅅ)=(변 ㄴㄷ)=3 cm이므로
(선분 ㄴㅅ)=5+3=8(cm)입니다.
➡ (직사각형 ㄱㄴㅅㅈ의 넓이)=8×4=32(cm²)

5 (각 ㅂㄱㄴ)=(각 ㄷㄹㅁ)=130°,
(각 ㄱㅂㄷ)=(각 ㄹㄷㅂ)=60°
사각형 ㄱㄴㄷㅂ에서
(각 ㄴㄷㅂ)=360°−130°−120°−60°=50°입니다.

6

7 cm
4 cm

(삼각형 ㄱㄴㄷ의 넓이)=4×7÷2=14(cm²)
➡ 완성한 선대칭도형의 넓이는 삼각형 ㄱㄴㄷ의 넓이의 2배이므로 14×2=28(cm²)입니다.

7 선대칭도형은 대칭축에 의해 둘로 똑같이 나누어지므로 (각 ㄱㄴㅁ)=(각 ㄷㄴㅁ)=120°÷2=60°입니다.
(각 ㄱㄴㄹ)=180°−60°=120°
➡ (각 ㄴㄱㄹ)=180°−120°−25°=35°

8 주어진 숫자 중에서 점대칭에 사용할 수 있는 숫자는 0, 1, 6, 9입니다.
0, 1, 6, 9로 만들 수 있는 수 중에서 점대칭이 되는 네 자리 수는 1001, 1111, 1691, 1961, 6009, 6119, 6699, 6969, 9006, 9116, 9696, 9966입니다.
➡ 이 중에서 6009보다 작은 수는 1001, 1111, 1691, 1961입니다.

∅**9** 예 선대칭도형에서 대칭축은 대응점끼리 이은 선분을 둘로 똑같이 나누므로
(선분 ㄴㅁ)=(선분 ㄹㅁ)=14÷2=7(cm)입니다.」❶
(각 ㄱㅁㄴ)=90°이므로 삼각형 ㄱㅁㄴ의 넓이는
8×7÷2=28(cm²)입니다.」❷
따라서 사각형 ㄱㄴㄷㄹ의 넓이는 삼각형 ㄱㅁㄴ의 넓이의 2배이므로 28×2=56(cm²)입니다.」❸

채점 기준	
❶ 선분 ㄴㅁ의 길이 구하기	3점
❷ 삼각형 ㄱㅁㄴ의 넓이 구하기	3점
❸ 사각형 ㄱㄴㄷㄹ의 넓이 구하기	4점

∅**10** 예 삼각형 ㄱㄴㅁ과 삼각형 ㄷㅂㅁ은 서로 합동이므로 (선분 ㄴㅁ)=(선분 ㅂㅁ)=9 cm이고,
(선분 ㄴㄷ)=9+15=24(cm)입니다.」❶
따라서 삼각형 ㄱㄴㄷ의 넓이는
24×12÷2=144(cm²)입니다.」❷

채점 기준	
❶ 선분 ㄴㄷ의 길이 구하기	6점
❷ 삼각형 ㄱㄴㄷ의 넓이 구하기	4점

4. 소수의 곱셈

유형책 58~65쪽 | 실전유형 강화

✎ 서술형 문제는 풀이를 꼭 확인하세요.

1 0.78
✎2 풀이 참조
3 ㉠, ㉢, ㉡, ㉣
4 1.8 m
5 17
6 2개
7 183
8

9 29.16
10 2.6 km
11 156
12 364.8 cm^2
13 지수, 0.35 L
14 3.01
15 ㉣
16 (1) > (2) >
17 22.79
18 0.36 t
19 4개
20 5.4 m
21 36, 126
22 ㉡
23 ㉡, ㉣
24 31.5 km
✎25 풀이 참조
26 262.5
27 0.1537
28 ②, ④
29 지희
30 0.105 kg
31 4
32 (위에서부터) 2, 5
33 1.92 kg
34 7.02
✎35 ㉡
36 4.06 cm
37 42.96 kg
38 2.88 cm^2
39 22.31
40 36, 3.6, 0.36, 0.036
41 예지
42 (1) 3.4 (2) 0.76
43 4
44 9
45 범수
46 10배
47 57.822
48 0.18
49 359.1
50 9, 3, 6, 5, 60.45 또는 6, 5, 9, 3, 60.45
51 0.0378
52 62.416

✎2 해수 ❶

예 0.68×5는 0.7과 5의 곱으로 어림할 수 있으니까 계산 결과는 3.5 정도가 될 거야. ❷

채점 기준

❶ 계산 결과를 잘못 어림한 사람 찾기
❷ 바르게 고치기

3 ㉠ $0.2 \times 8 = 1.6$ ㉡ $0.72 \times 6 = 4.32$
㉢ $0.3 \times 13 = 3.9$ ㉣ $0.64 \times 9 = 5.76$
➡ $\underset{㉠}{1.6} < \underset{㉢}{3.9} < \underset{㉡}{4.32} < \underset{㉣}{5.76}$

4 (직사각형의 둘레)=$(0.5+0.4) \times 2 = 1.8$(m)

5 $0.8 \times 21 = 16.8$
따라서 $16.8 < \square$이므로 $\square$ 안에 들어갈 수 있는 가장 작은 자연수는 17입니다.

6 우유가 0.3 L씩 5일치가 필요하므로
$0.3 \times 5 = 1.5$(L)가 필요합니다.
따라서 $1.5 = 1 + 0.5$이므로 1 L짜리 우유를 적어도 2개 사야 합니다.

7 $36.6 \times 5 = 183.\cancel{0}$

8 $1.2 \times 9 = 10.8$
$2.8 \times 7 = 19.6$
$6.4 \times 2 = 12.8$

9 $4 < 5.83 < 7 < 7.29$
➡ $7.29 \times 4 = 29.16$

10 1000 m=1 km이므로 1 km 300 m=1.3 km입니다.
➡ (예인이가 걸은 거리)=$1.3 \times 2 = 2.6$(km)

11 빈칸에 알맞은 수를 $\square$라 하면 $\square \div 5 = 31.2$이므로
$\square = 31.2 \times 5 = 156$입니다.

12 (직사각형의 넓이)=(가로)×(세로)
→ (타일 한 장의 넓이)=$3.8 \times 6 = 22.8$(cm^2)
따라서 타일을 붙인 벽의 넓이는
$22.8 \times 16 = 364.8$(cm^2)입니다.

13 • (지수가 마신 물의 양)=$1.05 \times 3 = 3.15$(L)
• (민우가 마신 물의 양)=$1.4 \times 2 = 2.8$(L)
따라서 $3.15 > 2.8$이므로 지수가
$3.15 - 2.8 = 0.35$(L) 더 많이 마셨습니다.

14 $43 \times 0.07 = 3.01$

15 ㉠ $27 \times 0.4 = 10.8$ ㉡ $8 \times 0.45 = 3.6$
㉢ $16 \times 0.3 = 4.8$ ㉣ $4 \times 0.75 = 3$
따라서 계산 결과가 자연수인 것은 ㉣입니다.

16 (1) $56 \times 0.8 = 44.8,$
    $67 \times 0.6 = 40.2$
    ⇨ $44.8 > 40.2$
(2) $18 \times 0.4 = 7.2,$
    $21 \times 0.32 = 6.72$
    ⇨ $7.2 > 6.72$

17 ㉠ $25 \times 0.6 = 15$
    ㉡ $19 \times 0.41 = 7.79$
    ⇨ $15 + 7.79 = 22.79$

18 (북극곰의 무게) $= 3 \times 0.12 = 0.36$(t)

19 $14 \times 0.7 = 9.8,$
    $23 \times 0.57 = 13.11$
    따라서 $9.8 < \square < 13.11$이므로 $\square$ 안에 들어갈 수
    있는 자연수는 10, 11, 12, 13으로 모두 4개입니다.

20 (공이 첫 번째로 튀어 오른 높이) $= 15 \times 0.6 = 9$(m)
    ⇨ (공이 두 번째로 튀어 오른 높이)
        $= 9 \times 0.6 = 5.4$(m)

21 · $24 \times 1.5 = 36.0$
    · $36 \times 3.5 = 126.0$

22 ㉡ 소수 한 자리 수는 분모가 10인 분수로 나타내어
    계산해야 하는데 분모가 100인 분수로 잘못 나타
    내었습니다.

23 비법 (자연수)×(소수)의 크기 비교

> ■가 자연수일 때 ⇨ [■×(1보다 작은 소수)<■
>   ■×(1보다 큰 소수)>■

㉮에 곱하는 소수 중에서 1보다 큰 소수는 1.3, 2.07
이므로 계산 결과가 ㉮보다 큰 것은 ㉡, ㉣입니다.

24 1시간 30분 $= 1\dfrac{30}{60}$시간 $= 1\dfrac{1}{2}$시간 $= 1.5$시간
    ⇨ (나연이가 자전거를 탄 거리)
        $= 21 \times 1.5 = 31.5$(km)

✎25 과자를 살 수 없습니다.」❶
    예 1 g당 8원인 과자가 200 g 있다고 어림하면 과자
    의 가격은 $200 \times 8 = 1600$(원)인데 1 g당 가격이 8원
    보다 높기 때문입니다.」❷

채점 기준	
❶ 과자를 살 수 있는지 알아보기	
❷ 이유 쓰기	

26 $3 < 5 < 7 < 8$이므로 수 카드 3장을 뽑아 한 번씩만
    사용하여 만들 수 있는 가장 큰 소수 한 자리 수는
    87.5입니다.
    ⇨ $3 \times 87.5 = 262.5$

27 0.29×0.53을 0.3의 0.5배로 어림하면
    $0.3 \times 0.5 = 0.15$입니다.
    따라서 0.29×0.53의 계산 결과는 0.15에 가장 가까
    운 0.1537입니다.

28 $0.3 \times 0.6 = 0.18$
    ① $0.45 \times 0.04 = 0.018$
    ② $0.9 \times 0.2 = 0.18$
    ③ $0.12 \times 0.15 = 0.018$
    ④ $0.36 \times 0.5 = 0.18$
    ⑤ $0.2 \times 0.09 = 0.018$

29 원빈: $0.34 \times 0.9 = 0.306$
    지희: $0.5 \times 0.68 = 0.34$
    ⇨ $\underset{원빈}{0.306} < \underset{지희}{0.34}$이므로 계산 결과가 더 큰 곱셈식을
        들고 있는 사람은 지희입니다.

30 (막대 0.25 m의 무게)
    $= 0.42 \times 0.25 = 0.105$(kg)

31 $0.7 \times 0.19 = 0.133$
    따라서 $0.133 < 0.1\square$이므로 $\square$ 안에 들어갈 수 있
    는 가장 작은 수는 4입니다.

32
```
      0 . ㉠ 8
  ×       0 . ㉡
  ─────────────
      0 . 1   4
```
    · 계산 결과가 소수 두 자리 수이므로 $8 \times ㉡$의 일의
      자리 수는 0입니다. ㉡은 1부터 9까지의 수이므로
      ㉡=5입니다.
    · $8 \times 5 = 40$에서 올림한 수 4를 더한 수가 14이므로
      ㉠$\times 5 = 10$, ㉠$= 2$입니다.

33 (미숫가루 한 봉지의 탄수화물 성분의 양)
    $= 0.5 \times 0.96 = 0.48$(kg)
    ⇨ (미숫가루 4봉지의 탄수화물 성분의 양)
        $= 0.48 \times 4 = 1.92$(kg)

34 $3.6 \times 1.95 = 7.020$

35 📝 例 곱셈식을 각각 계산하면 ⊙ $7.5 \times 1.9 = 14.25$, ⓒ $2.8 \times 1.5 = 4.2$, ⓒ $4.1 \times 2.6 = 10.66$입니다.」❶ 따라서 곱의 소수점 아래 자리 수가 다른 것은 ⓒ입니다.」❷

36 1시간 24분 $= 1\dfrac{24}{60}$시간 $= 1\dfrac{4}{10}$시간 $= 1.4$시간

⇨ (1시간 24분 동안 탄 양초의 길이)
$= 2.9 \times 1.4 = 4.06$(cm)

37 12월에는 7월보다 은경이의 몸무게가 0.2배만큼 무거워졌으므로 12월의 몸무게는 7월 몸무게의 $1 + 0.2 = 1.2$(배)입니다.

⇨ (은경이의 12월 몸무게)
$= 35.8 \times 1.2 = 42.96$(kg)

38 (마름모의 넓이)$= 2.4 \times 2.4 \times 0.5 = 2.88$(cm^2)

39 $2 < 3 < 6 < 7 < 9$이므로
가장 큰 소수 한 자리 수: 9.7
가장 작은 소수 한 자리 수: 2.3
⇨ $9.7 \times 2.3 = 22.31$

40 4에 곱하는 수가 $\dfrac{1}{10}$배 될 때마다 곱의 소수점이 왼쪽으로 한 자리씩 옮겨집니다.
• $4 \times 9 = 36$
• $4 \times 0.9 = 3.6$
• $4 \times 0.09 = 0.36$
• $4 \times 0.009 = 0.036$

41 • 명석: $2.59 \times 10 = 25.9$
• 예지: $2590 \times 0.001 = 2.59$
• 준호: $0.1 \times 259 = 25.9$
따라서 계산 결과가 다른 사람은 예지입니다.

42 (1) 7.6은 76의 $\dfrac{1}{10}$배인데 25.84는 2584의 $\dfrac{1}{100}$배이므로 ☐ 안에 알맞은 수는 34의 $\dfrac{1}{10}$배인 3.4 입니다.

(2) 3.4는 34의 $\dfrac{1}{10}$배인데 2.584는 2584의 $\dfrac{1}{1000}$배이므로 ☐ 안에 알맞은 수는 76의 $\dfrac{1}{100}$배인 0.76입니다.

43 $358 \times 0.01 = 3.58$이므로
$358 \times 0.01 \times 0.01 = 0.0358$입니다.
따라서 0.0358은 358에서 소수점이 왼쪽으로 네 자리 옮겨진 수이므로 0.0358은 358×0.0001과 같습니다.

44 $742.8 \times ㉮ = 7.428$에서 742.8의 소수점이 왼쪽으로 두 자리 옮겨져 7.428이 되었으므로 ㉮ $= 0.01$입니다.
⇨ $900 \times ㉮ = 900 \times 0.01 = 9$

45 범수가 가진 리본의 길이를 cm 단위로 나타내면 1 m $= 100$ cm이므로 $0.51 \times 100 = 51$(cm)입니다.
따라서 $51 > 49.5$이므로 가지고 있는 리본의 길이가 더 긴 사람은 범수입니다.

46 ⊙ 0.17은 17의 $\dfrac{1}{100}$배이므로 68×0.17은 11.56 입니다.

ⓒ 0.68은 68의 $\dfrac{1}{100}$배이고, 1.7은 17의 $\dfrac{1}{10}$배이 므로 0.68×1.7은 1.156입니다.
따라서 11.56은 1.156에서 소수점이 오른쪽으로 한 자리 옮겨진 수이므로 ⊙은 ⓒ의 10배입니다.

47 어떤 소수를 ☐라 하면 ☐$+ 6.9 = 15.28$입니다.
⇨ ☐$= 15.28 - 6.9 = 8.38$
따라서 바르게 계산하면 $8.38 \times 6.9 = 57.822$입니다.

48 어떤 소수를 ☐라 하면 ☐$- 0.24 = 0.51$입니다.
⇨ ☐$= 0.51 + 0.24 = 0.75$
따라서 바르게 계산하면 $0.75 \times 0.24 = 0.18$입니다.

49 어떤 소수를 ☐라 하면 ☐$+ 2.5 = 13.3$입니다.
⇨ ☐$= 13.3 - 2.5 = 10.8$
따라서 바르게 계산하면 $10.8 \times 2.5 = 27$이므로 바르게 계산한 값과 잘못 계산한 값의 곱은
$27 \times 13.3 = 359.1$입니다.

50 $3 < 5 < 6 < 9$이므로 곱하는 두 수의 일의 자리에 각각 9와 6을 넣어야 합니다.
⇨ 곱이 가장 큰 곱셈식의 계산 결과는
$9.3 \times 6.5 = 60.45$입니다.

참고 $9.5 \times 6.3 = 59.85$, $9.3 \times 6.5 = 60.45$
⇨ $59.85 < 60.45$

51 1<2<4<7이므로 곱하는 두 수의 소수 첫째 자리에 각각 1과 2를 넣어야 합니다.
⇨ 곱이 가장 작은 곱셈식의 계산 결과는
$0.14×0.27=0.0378$입니다.
참고 $0.14×0.27=0.0378$, $0.17×0.24=0.0408$
⇨ $0.0378<0.0408$

52 2<3<5<7<8이므로 곱하는 두 수의 일의 자리에 각각 8과 7을 넣어야 하고, 곱하는 두 수의 소수 첫째 자리에 각각 5와 3을 넣어야 합니다.
$8.52×7.3=62.196$, $8.5×7.32=62.22$,
$8.32×7.5=62.4$, $8.3×7.52=62.416$
따라서 $62.196<62.22<62.4<62.416$이므로 곱이 가장 클 때의 곱은 62.416입니다.

유형책 66~71쪽) 상위권유형 강화

53 ❶ 4.3, 7, 4.3 ❷ 25.8
54 0.035   **55** 희수
56 ❶ 57.4 cm², 14.4 cm² ❷ 43 cm²
57 55.64 cm²   **58** 16.9 cm²
59 ❶ 145 cm ❷ 34.2 cm ❸ 110.8 cm
60 254.8 cm   **61** 60.9 m
62 ❶ 3.5시간 ❷ 227.5 km ❸ 18.2 L
63 12.096 L   **64** 55.45 L
65 ❶ 126 m² ❷ 75.6 m² ❸ 50.4 m²
     ❹ 35.28 m²
66 38.28 m²   **67** 161.2 m²
68 ❶ 0.32 kg ❷ 1.92 kg ❸ 0.67 kg
69 0.84 kg   **70** 0.98 kg

---

53 ❷ 4.3▲7=(4.3×7)-4.3
              =30.1-4.3=25.8

54 0.11★0.14=(0.11+0.14)×0.14
                =0.25×0.14=0.035

55 9.4♥5.8=(9.4-5.8)×5.8
              =3.6×5.8=20.88
따라서 9.4♥5.8의 값을 바르게 구한 사람은 희수입니다.

56 ❶ • (큰 직사각형의 넓이)=7×8.2=57.4(cm²)
        • (작은 직사각형의 넓이)=3.6×4=14.4(cm²)
     ❷ (색칠한 부분의 넓이)=57.4-14.4=43(cm²)

57 • (큰 직사각형의 넓이)=10.4×7.1=73.84(cm²)
     • (작은 직사각형의 넓이)=6.5×2.8=18.2(cm²)
     ⇨ (색칠한 부분의 넓이)
        =73.84-18.2=55.64(cm²)

58 • (사다리꼴의 넓이)
        =(4.7+8.3)×5.2×0.5=33.8(cm²)
     • (마름모의 넓이)=6.5×5.2×0.5=16.9(cm²)
     ⇨ (색칠한 부분의 넓이)=33.8-16.9=16.9(cm²)

59 ❶ (색 테이프 10장의 길이의 합)
        =14.5×10=145(cm)
     ❷ (겹쳐진 부분의 수)=10-1=9(군데)
        ⇨ (겹쳐진 부분의 길이의 합)
            =3.8×9=34.2(cm)
     ❸ (이어 붙인 색 테이프의 전체 길이)
        =145-34.2=110.8(cm)

60 • (색 테이프 16장의 길이의 합)
        =20.8×16=332.8(cm)
     • (겹쳐진 부분의 수)=16-1=15(군데)
     • (겹쳐진 부분의 길이의 합)=5.2×15=78(cm)
     ⇨ (이어 붙인 색 테이프의 전체 길이)
        =332.8-78=254.8(cm)

61 • (리본 12개의 길이의 합)=9.2×12=110.4(m)
     • (겹쳐진 부분의 수)=12-1=11(군데)
     • (겹쳐진 부분의 길이의 합)=4.5×11=49.5(m)
     ⇨ (이어 붙인 리본의 전체 길이)
        =110.4-49.5=60.9(m)

62 ❶ 3시간 30분=$3\frac{30}{60}$시간=$3\frac{1}{2}$시간=3.5시간
     ❷ (3시간 30분 동안 달린 거리)
        =65×3.5=227.5(km)
     ❸ (사용한 휘발유의 양)=227.5×0.08=18.2(L)

63 2시간 48분=$2\frac{48}{60}$시간=$2\frac{8}{10}$시간=2.8시간
     (2시간 48분 동안 달린 거리)
        =72×2.8=201.6(km)
     ⇨ (사용한 휘발유의 양)
        =201.6×0.06=12.096(L)

64 1시간 15분$=1\frac{15}{60}$시간$=1\frac{1}{4}$시간$=1\frac{25}{100}$시간
$=1.25$시간
- (1시간 15분 동안 달린 거리)
$=76\times1.25=95(km)$
- (사용한 휘발유의 양)$=95\times0.09=8.55(L)$
⇨ (남은 휘발유의 양)$=64-8.55=55.45(L)$

65 ❶ (전체 밭의 넓이)$=15\times8.4=126(m^2)$
❷ (고구마를 심은 부분의 넓이)
$=126\times0.6=75.6(m^2)$
❸ (고구마를 심고 남은 부분의 넓이)
$=126-75.6=50.4(m^2)$
❹ (감자를 심은 부분의 넓이)
$=50.4\times0.7=35.28(m^2)$

66 - (전체 꽃밭의 넓이)$=12\times7.25=87(m^2)$
- (장미를 심은 부분의 넓이)
$=87\times0.45=39.15(m^2)$
- (장미를 심고 남은 부분의 넓이)
$=87-39.15=47.85(m^2)$
⇨ (튤립을 심은 부분의 넓이)
$=47.85\times0.8=38.28(m^2)$

67 - (전체 공원의 넓이)$=25\times20.8=520(m^2)$
- (농구장의 넓이)$=520\times0.4=208(m^2)$
- (농구장을 만들고 남은 부분의 넓이)
$=520-208=312(m^2)$
- (탁구장의 넓이)$=312\times0.15=46.8(m^2)$
⇨ (농구장과 탁구장의 넓이의 차)
$=208-46.8=161.2(m^2)$

68 ❶ (주스의 $\frac{1}{6}$의 무게)$=2.59-2.27=0.32(kg)$
❷ (전체 주스의 무게)$=0.32\times6=1.92(kg)$
❸ (빈 병의 무게)$=2.59-1.92=0.67(kg)$

69 - (식용유의 $\frac{1}{5}$의 무게)$=3.09-2.64=0.45(kg)$
- (전체 식용유의 무게)$=0.45\times5=2.25(kg)$
⇨ (빈 병의 무게)$=3.09-2.25=0.84(kg)$

70 - (우유의 $\frac{1}{7}$의 무게)$=2.8-2.54=0.26(kg)$
- (전체 우유의 무게)$=0.26\times7=1.82(kg)$
⇨ (빈 병의 무게)$=2.8-1.82=0.98(kg)$

✎ 서술형 문제는 풀이를 꼭 확인하세요.

1 ㉢   **2** 4.8

3 (선 연결)

4 ⑤

5 251.8   **6** <

7 ㉣   **8** ㉡

9 115.2 cm²   **10** 80.4 kg

11 0.552 km   **12** 65.6 L

13 12 kg   **14** 2205 cm²

15 진주, 2.78 m   **16** 42.48

17 39.2   ✎**18** 10배

✎**19** 0.45 L   ✎**20** 75 cm

1 64×0.53을 64의 0.5배로 어림하면 $64\times0.5=32$입니다.
따라서 64×0.53의 계산 결과는 32에 가장 가까운 ㉢입니다.

2 $0.8\times6=4.8$

3 $0.95\times0.8=0.76\emptyset$, $0.65\times0.4=0.26\emptyset$

4 ① 6.12 ② 6.12 ③ 61.2 ④ 0.612

5 - $2518\times0.01=25.18$
- $25.18\times10=251.8$

6 $2.6\times3=7.8$, $4\times1.97=7.88$
⇨ $7.8<7.88$

7 ㉠ $0.28\times75=21$ ㉡ $82\times0.19=15.58$
㉢ $0.65\times29=18.85$ ㉣ $61\times0.36=21.96$
⇨ $\underset{㉡}{15.58}<\underset{㉢}{18.85}<\underset{㉠}{21}<\underset{㉣}{21.96}$

8 ㉠ 4.7의 소수점이 오른쪽으로 두 자리 옮겨진 것이므로 100을 곱한 것입니다.
㉡ 47의 소수점이 왼쪽으로 두 자리 옮겨진 것이므로 0.01을 곱한 것입니다.
㉢ 0.047의 소수점이 오른쪽으로 세 자리 옮겨진 것이므로 1000을 곱한 것입니다.
따라서 □ 안에 알맞은 수가 가장 작은 것은 ㉡입니다.

9 (직사각형의 넓이)$=12\times9.6=115.2(cm^2)$

10 (배 12상자의 무게)=6.7×12=80.4(kg)

11 (집에서 도서관까지의 거리)
=0.92×0.6=0.552(km)

12 10분 15초=$10\frac{15}{60}$분=$10\frac{1}{4}$분=$10\frac{25}{100}$분
=10.25분
⇨ (10분 15초 동안 나오는 물의 양)
=6.4×10.25=65.6(L)

13 (강아지의 무게)=10×0.8=8(kg)
⇨ (원숭이의 무게)=8×1.5=12(kg)

14 (색종이 한 장의 넓이)=10.5×10.5=110.25(cm²)
⇨ (색종이를 붙인 부분의 넓이)
=110.25×20=2205(cm²)

15 • (승민이가 사용하고 남은 털실의 길이)
=45.6−45.6×0.2=36.48(m)
• (진주가 사용하고 남은 털실의 길이)
=60.4−60.4×0.35=39.26(m)
⇨ 36.48<39.26이므로 진주가 사용하고 남은 털실
이 39.26−36.48=2.78(m) 더 깁니다.

16 어떤 소수를 ☐라 하면 ☐−3.6=8.2입니다.
⇨ ☐=8.2+3.6=11.8
따라서 바르게 계산하면 11.8×3.6=42.48입니다.

17 13■2.8=(13×2.8)+2.8
=36.4+2.8=39.2

18 예 ㉠ 74×5.2=384.8이고, ㉡ 0.74×52=38.48
입니다.」❶
따라서 384.8은 38.48에서 소수점이 오른쪽으로 한
자리 옮겨진 수이므로 ㉠은 ㉡의 10배입니다.」❷

채점 기준	
❶ ㉠과 ㉡의 값을 각각 구하기	2점
❷ ㉠은 ㉡의 몇 배인지 구하기	3점

19 예 유미가 3일 동안 마신 물의 양은
1.24×3=3.72(L)입니다.」❶
따라서 유미가 3일 동안 마시고 남은 물의 양은
4.17−3.72=0.45(L)입니다.」❷

채점 기준	
❶ 유미가 3일 동안 마신 물의 양 구하기	3점
❷ 유미가 3일 동안 마시고 남은 물의 양 구하기	2점

20 예 색 테이프 16장의 길이의 합은
5.25×16=84(cm)입니다.」❶
겹쳐진 부분의 수는 16−1=15(군데)이므로 겹쳐진
부분의 길이의 합은 0.6×15=9(cm)입니다.」❷
따라서 이어 붙인 색 테이프의 전체 길이는
84−9=75(cm)입니다.」❸

채점 기준	
❶ 색 테이프 16장의 길이의 합 구하기	2점
❷ 겹쳐진 부분의 길이의 합 구하기	2점
❸ 이어 붙인 색 테이프의 전체 길이 구하기	1점

유형책 75~76쪽 심화 단원 평가

✎ 서술형 문제는 풀이를 꼭 확인하세요.

1 16×0.53   **2** 0.168
3 13.6 m²   **4** 100배
5 나   **6** 0.729 m
7 9, 2, 8, 5, 78.2 또는 8, 5, 9, 2, 78.2
8 25.38 m²   **9** 179.55 m²
10 12.74 L

1 • 10×0.78은 10의 0.8배인 8보다 작습니다.
• 16×0.53은 16의 0.5배인 8보다 큽니다.
• 8×0.96은 8의 1배인 8보다 작습니다.
⇨ 계산 결과가 8보다 큰 것은 16×0.53입니다.

2 0.24<0.3<0.68<0.7
⇨ 0.7×0.24=0.168

3 (평행사변형의 넓이)=4×3.4=13.6(m²)

4 ㉠ 0.39×100=39   ㉡ 390×0.001=0.39
따라서 39는 0.39에서 소수점이 오른쪽으로 두 자리
옮겨진 수이므로 ㉠은 ㉡의 100배입니다.

5 • (가의 둘레)=7.8×3=23.4(cm)
• (나의 둘레)=4.3×5=21.5(cm)
⇨ 21.5<23.4이므로 둘레가 더 짧은 것은 나입니
다.

6 • (공이 첫 번째로 튀어 오른 높이)
$=8×0.45=3.6$(m)
• (공이 두 번째로 튀어 오른 높이)
$=3.6×0.45=1.62$(m)
⇨ (공이 세 번째로 튀어 오른 높이)
$=1.62×0.45=0.729$(m)

7 $2<5<8<9$이므로 곱하는 두 수의 일의 자리에 각각 9와 8을 넣어야 합니다.
⇨ 곱이 가장 큰 곱셈식의 계산 결과는
$9.2×8.5=78.2$입니다.
참고 $9.5×8.2=77.9$, $9.2×8.5=78.2$
⇨ $77.9<78.2$

8 • (전체 밭의 넓이)
$=11.75×8=94$(m^2)
• (옥수수를 심은 부분의 넓이)
$=94×0.55=51.7$(m^2)
• (옥수수를 심고 남은 부분의 넓이)
$=94-51.7=42.3$(m^2)
⇨ (호박을 심은 부분의 넓이)
$=42.3×0.6=25.38$(m^2)

9 예 전체 공원의 넓이는
$24×9.5=228$(m^2)입니다. ❶
공원의 비어 있는 부분의 넓이는
$5.1×9.5=48.45$(m^2)입니다. ❷
따라서 수영장과 테니스장의 넓이의 합은
$228-48.45=179.55$(m^2)입니다. ❸

채점 기준	
❶ 전체 공원의 넓이 구하기	4점
❷ 공원의 비어 있는 부분의 넓이 구하기	4점
❸ 수영장과 테니스장의 넓이의 합 구하기	2점

10 예 2시간 36분을 시간으로 나타내면
2시간 36분$=2\frac{36}{60}$시간$=2\frac{6}{10}$시간$=2.6$시간
입니다. ❶
2시간 36분 동안 달린 거리는
$70×2.6=182$(km)입니다. ❷
따라서 사용한 휘발유의 양은
$182×0.07=12.74$(L)입니다. ❸

채점 기준	
❶ 2시간 36분은 몇 시간인지 소수로 나타내기	2점
❷ 2시간 36분 동안 달린 거리 구하기	4점
❸ 사용한 휘발유의 양 구하기	4점

5. 직육면체

유형책 78~85쪽 실전유형 강화

✎ 서술형 문제는 풀이를 꼭 확인하세요.

1

2 나, 라 **3** 라온

4 4개 **5** ㉡, ㉢, ㉠

✎**6** 28 cm **7** 2배

8 11 **9** 178 cm

10

11 ㉡ **12** (1) × (2) ○

13 ㉠ **14** 8 cm

15 다, 가

16 면 ㄱㄴㄷㄹ, 면 ㄴㅂㅁㄱ, 면 ㄱㅁㅇㄹ

17 면 ㄴㅂㅁㄱ, 면 ㄴㅂㅅㄷ, 면 ㄷㅅㅇㄹ, 면 ㄱㅁㅇㄹ

18 예

19 4133

20 면 ㄱㄴㄷㄹ, 면 ㅁㅂㅅㅇ

21 66 cm^2 **22**

23 3, 3, 1 ✎**24** 4개

25 4개 **26** 72 cm

27 144 cm **28** 나, 라

✎**29** 풀이 참조 **30** 면 ㉣

31 면 ㉮, 면 ㉰, 면 ㉣, 면 ㉲

32 ㉢ **33** 다

34 (위에서부터) ㄴ, ㄴ, ㄱ, ㄱ, ㅅ, ㄴ

35 48 cm

36

37

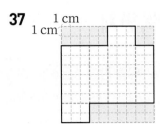

1 cm
1 cm

38 예

39 예

1 cm
1 cm

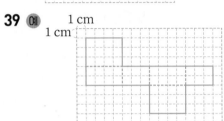

40 마

41 예

1 cm
1 cm

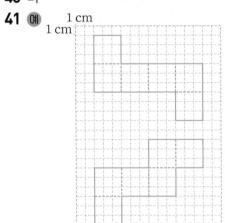

42 예

1 cm
1 cm

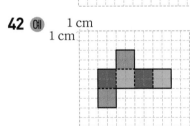

43

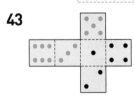

44

45

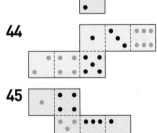

1 직사각형 6개로 둘러싸인 도형을 찾습니다.

2 직육면체는 직사각형 6개로 둘러싸인 도형이므로 직육면체의 면이 될 수 있는 도형은 나, 라입니다.

3 라온: 직육면체에서 선분으로 둘러싸인 부분은 면입니다.

4 직육면체에는 길이가 같은 모서리가 4개씩 3쌍 있습니다.

5 직육면체의 면, 모서리, 꼭짓점의 수는 각각 6개, 12개, 8개입니다.

$\Rightarrow \underset{\textcircled{\tiny ㄴ}}{12} > \underset{\textcircled{\tiny ㄷ}}{8} > \underset{\textcircled{\tiny ㄱ}}{6}$

✎6 예 면 가는 가로가 6 cm, 세로가 8 cm인 직사각형 모양입니다.」❶
따라서 면 가의 모든 모서리의 길이의 합은
$(6+8) \times 2 = 28$(cm)입니다.」❷

채점 기준
❶ 면 가의 가로, 세로 각각 구하기
❷ 면 가의 모든 모서리의 길이의 합 구하기

7 직육면체의 꼭짓점의 수는 8개이고, 직육면체의 한 면의 꼭짓점의 수는 4개입니다.

$\Rightarrow 8 \div 4 = 2$(배)

8 (모든 모서리의 길이의 합)

$= (7+7+\square) \times 4 = 100,$
$(14+\square) \times 4 = 100, \ 14+\square = 25,$
$\square = 25-14 = 11$

9 사용한 끈은 20 cm인 부분 2개, 15 cm인 부분 6개, 12 cm인 부분 4개입니다.

$\Rightarrow 20 \times 2 + 15 \times 6 + 12 \times 4 = 178$(cm)

10 정사각형 6개로 둘러싸인 도형을 찾습니다.

11 ㉡ 정육면체는 모서리의 길이가 모두 같습니다.

12 (1) 직육면체의 면의 모양은 직사각형이고 직사각형은 정사각형이라 할 수 없으므로 직육면체는 정육면체라고 할 수 없습니다.
(2) 정육면체의 면의 모양은 정사각형이고 정사각형은 직사각형이라 할 수 있으므로 정육면체는 직육면체라고 할 수 있습니다.

13 ㉠ 직육면체의 면의 모양은 직사각형이고, 정육면체의 면의 모양은 정사각형입니다.

14 정육면체는 모든 모서리의 길이가 같으므로 한 모서리의 길이는 96÷12=8(cm)입니다.

15 • 윤선: 모양과 크기가 같은 면이 4개인 직육면체이므로 가로가 3 cm, 세로가 5 cm인 직사각형 모양의 면이 4개인 다입니다.
　• 미라: 모든 면의 모양이 정사각형인 직육면체는 정육면체이므로 가입니다.

16 평행한 면은 주어진 면과 마주 보는 면입니다.

17 면 ㅁㅂㅅㅇ과 수직인 면은 면 ㅁㅂㅅㅇ과 평행한 면 ㄱㄴㄷㄹ을 제외한 나머지 4개의 면입니다.

18 색칠한 면과 평행한 면은 가로가 3 cm, 세로가 4 cm인 직사각형 모양입니다.

19 ㉠ 직육면체에서 한 면과 수직인 면은 4개입니다.
　㉡ 직육면체에서 한 면과 평행한 면은 1개입니다.
　㉢ 직육면체에서 밑면이 될 수 있는 면은 서로 마주 보는 면이므로 3쌍입니다.
　㉣ 직육면체의 한 꼭짓점에서 만나는 모서리는 3개입니다.
　따라서 소희의 휴대전화 비밀번호는 4133입니다.

20 면 ㄴㅂㅅㄷ과 수직인 면: 면 ㄱㄴㄷㄹ, 면 ㄴㅂㅁㄱ,
　　　　　　　　　　　　　 면 ㅁㅂㅅㅇ, 면 ㄷㅅㅇㄹ
　면 ㄷㅅㅇㄹ과 수직인 면: 면 ㄱㄴㄷㄹ, 면 ㄴㅂㅅㄷ,
　　　　　　　　　　　　　 면 ㅁㅂㅅㅇ, 면 ㄱㅁㅇㄹ
　따라서 두 면에 공통으로 수직인 면은 면 ㄱㄴㄷㄹ,
　면 ㅁㅂㅅㅇ입니다.

21 면 ㄴㅂㅅㄷ과 평행한 면은 면 ㄱㅁㅇㄹ입니다.
　면 ㄱㅁㅇㄹ은 가로가 6 cm, 세로가 11 cm인 직사각형 모양이므로 면 ㄱㅁㅇㄹ의 넓이는
　6×11=66(cm²)입니다.

22 보이는 모서리는 실선으로 그려야 하고, 보이지 않는 모서리는 점선으로 그려야 하므로 ○표 한 모서리가 잘못되었습니다.

24 예 보이지 않는 면의 수는 3개, 보이는 꼭짓점의 수는 7개입니다.」❶
　따라서 보이지 않는 면의 수와 보이는 꼭짓점의 수의 차는 7-3=4(개)입니다.」❷

채점 기준
❶ 보이지 않는 면의 수와 보이는 꼭짓점의 수 각각 구하기
❷ 보이지 않는 면의 수와 보이는 꼭짓점의 수의 차 구하기

25

직육면체의 겨냥도에서 실선으로 그려지는 모서리는 보이는 모서리이므로 9개입니다.
따라서 더 그려야 하는 실선은 9-5=4(개)입니다.

26 보이는 모서리는 길이가 각각 11 cm, 6 cm, 7 cm인 모서리가 3개씩 있습니다.
　따라서 보이는 모서리의 길이의 합은
　(11+6+7)×3=72(cm)입니다.

27 보이는 모서리는 9개이고 정육면체는 모서리의 길이가 모두 같습니다.
　따라서 보이는 모서리의 길이의 합은
　16×9=144(cm)입니다.

28 • 나: 전개도를 접었을 때 서로 겹치는 면과 없는 면이 있습니다.
　• 라: 면이 5개입니다.

29 예 전개도를 접었을 때 맞닿는 모서리의 길이가 다릅니다.」❶

채점 기준
❶ 직육면체의 전개도를 잘못 그린 이유 쓰기

30 전개도를 접었을 때 면 ㉮와 마주 보는 면은 면 ㉲입니다.

31 전개도를 접었을 때 면 ㉳와 수직인 면은 면 ㉳와 평행한 면 ㉯를 제외한 나머지 4개의 면입니다.

32 ㉢ 선분 ㄱㄴ과 선분 ㅋㅊ이 맞닿아 한 모서리를 이룹니다.

33 전개도를 접었을 때 각 모서리의 길이가 2 cm, 3 cm, 5 cm인 직육면체를 찾습니다.

34 전개도를 접었을 때 만나는 점끼리 같은 기호를 써넣습니다.

35 전개도는 한 변의 길이가 12 cm인 정사각형 6개로 이루어져 있으므로 선분 ㄱㄴ의 길이는
12×4=48(cm)입니다.

37 전개도를 접었을 때 마주 보는 면의 모양과 크기가 같고, 맞닿는 모서리의 길이가 같도록 전개도를 완성합니다.

38 전개도를 접었을 때 겹치는 면이 없도록 고칩니다.

39 마주 보는 면 3쌍의 모양과 크기가 같고 겹치는 면이 없으며 맞닿는 모서리의 길이가 같도록 그립니다.

40 가, 다는 점선을 따라 접히지 않고, 나, 라는 접었을 때 겹치는 면이 있습니다.
따라서 정사각형을 그릴 수 있는 곳은 마입니다.

41 접었을 때 정육면체가 되도록 한 변이 모눈 3칸인 정사각형 6개를 연결하여 그립니다.

42 한 모서리가 2 cm인 정육면체의 전개도를 그리고, 전개도를 접었을 때 마주 보는 면의 색깔이 같도록 색칠합니다.

43
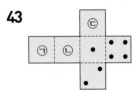
서로 평행한 두 면을 찾아 두 면의 눈의 수의 합이 7이 되게 합니다.
㉠: 7−1=6, ㉡: 7−4=3, ㉢: 7−2=5

44
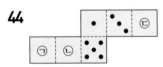
서로 평행한 두 면을 찾아 두 면의 눈의 수의 합이 7이 되게 합니다.
㉠: 7−5=2, ㉡: 7−3=4, ㉢: 7−1=6

45
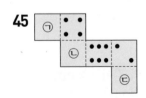
서로 평행한 두 면을 찾아 두 면의 눈의 수의 합이 7이 되게 합니다.
㉠: 7−6=1, ㉡: 7−2=5, ㉢: 7−4=3

유형책 86~89쪽) 상위권유형 강화

46 ❶ ㅂ, ㄹ, ㅁ   ❷ 나
47 다   **48** 나
49 ❶ (왼쪽에서부터) ㅁ, ㅂ, ㅁ, ㅇ, ㄹ, ㅇ, ㄱ, ㅁ
❷
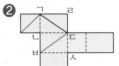

50
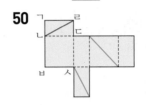
51
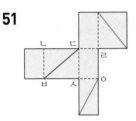

52 ❶ 144 cm   ❷ 12개   ❸ 12 cm
53 6 cm   **54** 12
55 ❶ 6   ❷ 8개, 4개, 2개   ❸ 52 cm
56 40 cm   **57** 80 cm

46 ❶ 전개도를 접었을 때 마주 보는 면은 초록색 면과 주황색 면, 노란색 면과 파란색 면, 빨간색 면과 보라색 면입니다.
❷ 가: 빨간색 면과 보라색 면은 서로 평행한 면이므로 수직으로 만날 수 없습니다.
다: 노란색 면과 파란색 면은 서로 평행한 면이므로 수직으로 만날 수 없습니다.

47 전개도를 접었을 때 서로 평행한 면의 모양은
♥와 ▲, ◆와 ■, ★과 ●입니다.
⇨ 가: ★과 ●는 서로 평행한 면이므로 수직으로 만날 수 없습니다.
나: ♥와 ▲는 서로 평행한 면이므로 수직으로 만날 수 없습니다.

48 전개도를 접었을 때 서로 평행한 면의 알파벳은
A와 D, B와 E, C과 F입니다.
⇨ 나: C와 F는 서로 평행한 면이므로 수직으로 만날 수 없습니다.

49
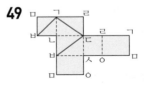
❶ 전개도의 면 ㄱㄴㄷㄹ을 기준으로 각 꼭짓점의 기호를 표시합니다. 전개도를 접었을 때 만나는 점끼리 같은 기호를 씁니다.

❷ 면 ㄴㅂㅁㄱ에서 점 ㄱ과 점 ㅂ을 잇는 선을 그리고, 면 ㄴㅂㅅㄷ에서 점 ㄷ과 점 ㅂ을 잇는 선을 그립니다.

50

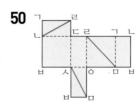

전개도의 면 ㄱㄴㄷㄹ을 기준으로 각 꼭짓점의 기호를 표시합니다. 전개도를 접었을 때 만나는 점끼리 같은 기호를 씁니다.
면 ㄱㅁㅇㄹ에서 점 ㄹ과 점 ㅁ을 잇는 선을 그리고,
면 ㅁㅂㅅㅇ에서 점 ㅁ과 점 ㅅ을 잇는 선을 그립니다.

51

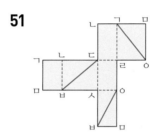

전개도의 면 ㄴㅂㅅㄷ을 기준으로 각 꼭짓점의 기호를 표시합니다. 전개도를 접었을 때 만나는 점끼리 같은 기호를 씁니다.
면 ㅁㅂㅅㅇ에서 점 ㅂ과 점 ㅇ을 잇는 선을 그리고,
면 ㄱㅁㅇㄹ에서 점 ㄱ과 점 ㅇ을 잇는 선을 그립니다.

52 ❶ (직육면체의 모든 모서리의 길이의 합)
$=(13+8+15)×4=144(cm)$
❷ 정육면체의 모서리의 수는 12개입니다.
❸ (정육면체의 한 모서리의 길이)
$=144÷12=12(cm)$

53 (직육면체의 모든 모서리의 길이의 합)
$=(8+5+5)×4=72(cm)$
정육면체의 모서리는 12개로 길이가 모두 같으므로 정육면체의 한 모서리의 길이는 $72÷12=6(cm)$입니다.

54 (정육면체의 모든 모서리의 길이의 합)
$=8×12=96(cm)$
(직육면체의 모든 모서리의 길이의 합)
$=(□+5+7)×4=96,$
$(□+12)×4=96, □+12=24,$
$□=24-12=12$

55 ❶ 직육면체의 모든 모서리의 길이의 합이 52 cm이므로 $(3+4+㉠)×4=52$입니다.
$⇨ (7+㉠)×4=52, 7+㉠=13,$
$㉠=13-7=6$
❷ 전개도의 둘레에서 길이가 3 cm인 선분은 8개, 길이가 4 cm인 선분은 4개, 길이가 ㉠ cm인 선분은 2개입니다.
❸ 전개도의 둘레는 $3×8+4×4+6×2=52(cm)$입니다.

56 직육면체에서 길이가 다른 한 모서리의 길이를 ㉠ cm라 하면 직육면체의 모든 모서리의 길이의 합이 40 cm이므로 $(5+㉠+3)×4=40$입니다.
$⇨ (8+㉠)×4=40, 8+㉠=10,$
$㉠=10-8=2$
전개도의 둘레에서 길이가 5 cm인 선분은 2개,
2 cm인 선분은 6개, 3 cm인 선분은 6개입니다.
따라서 전개도의 둘레는
$5×2+2×6+3×6=40(cm)$입니다.

57 직육면체에서 길이가 다른 한 모서리의 길이를 ㉠ cm라 하면 직육면체의 모든 모서리의 길이의 합이 68 cm이므로 $(㉠+6+8)×4=68$입니다.
$⇨ (㉠+14)×4=68, ㉠+14=17,$
$㉠=17-14=3$
전개도의 둘레에서 길이가 6 cm인 선분은 6개,
8 cm인 선분은 4개, 3 cm인 선분은 4개입니다.
따라서 전개도의 둘레는
$6×6+8×4+3×4=80(cm)$입니다.

유형책 90~92쪽 응용 단원 평가

✎ 서술형 문제는 풀이를 꼭 확인하세요.

1 ②, ⑤   **2** ( )( )(○)
3 면 ㄴㅂㅅㄷ   **4** ③
5 ㉠   **6** (위에서부터) 10, 8
7 나, 다   **8** 면 ㄱㄴㄷㅎ
9 선분 ㅁㄹ, 선분 ㅎㄱ
10 10개   **11** 22 cm

12 (위에서부터) ㄱ, ㄹ, ㄱ, ㅁ, ㅇ, ㅁ, ㅇ, ㅅ

13 예
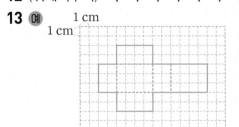

14 11 **15**
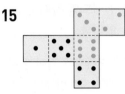

16 130 cm **17**
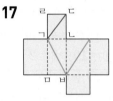

18 풀이 참조 **19** 7 cm

20 40 cm

---

1 직육면체는 직사각형 6개로 둘러싸인 도형입니다.

2 보이는 모서리는 실선으로, 보이지 않는 모서리는 점선으로 그린 것을 찾습니다.

3 면 ㄱㅁㅇㄹ과 마주 보는 면은 면 ㄴㅂㅅㄷ입니다.

4 ③ 면 ㄴㅂㅁㄱ은 면 ㄷㅅㅇㄹ과 평행한 면입니다.

5 ㉡ 면은 모두 직사각형입니다.
㉢ 꼭짓점의 수는 8개입니다.

7 ・가: 전개도를 접었을 때 맞닿는 모서리의 길이가 다른 부분이 있습니다.
・라: 전개도를 접었을 때 겹치는 면이 있습니다.

8 전개도를 접었을 때 면 ㅌㅅㅇㅋ과 마주 보는 면은 면 ㄱㄴㄷㅎ입니다.

9 전개도를 접었을 때 선분 ㄱㄴ과 선분 ㅁㄹ,
선분 ㅊㅈ과 선분 ㅎㄱ이 각각 맞닿아서 한 모서리를 이룹니다.

10 보이는 모서리의 수: 9개,
보이지 않는 꼭짓점의 수: 1개
➡ 9+1=10(개)

---

11 보이지 않는 모서리는 길이가 각각 10 cm, 7 cm,
5 cm인 모서리가 1개씩 있습니다.
따라서 보이지 않는 모서리의 길이의 합은
10+7+5=22(cm)입니다.

12 전개도를 접었을 때 만나는 점끼리 같은 기호를 써넣습니다.

13 면이 6개이고 서로 마주 보고 있는 면의 모양과 크기가 같으며 맞닿는 모서리의 길이가 같고 겹치는 면이 없도록 그립니다.

14 정육면체는 모든 모서리의 길이가 같으므로
□=132÷12=11입니다.

15
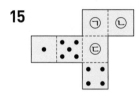

서로 평행한 두 면을 찾아 두 면의 눈의 수의 합이 7이 되게 합니다.
㉠: 7−4=3, ㉡: 7−5=2, ㉢: 7−1=6

16 사용한 테이프는 8 cm인 부분 6개, 12 cm인 부분 4개, 17 cm인 부분 2개입니다.
➡ 8×6+12×4+17×2=130(cm)

17
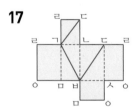

전개도의 면 ㄱㄴㄷㄹ을 기준으로 각 꼭짓점의 기호를 표시합니다. 전개도를 접었을 때 만나는 점끼리 같은 기호를 씁니다.
면 ㄴㅂㅁㄱ에서 점 ㄱ과 점 ㅂ을 잇는 선을 그리고,
면 ㄴㅂㅅㄷ에서 점 ㄷ과 점 ㅂ을 잇는 선을 그립니다.

18 예 공통점: 면의 수가 6개입니다. ❶
차이점: 직육면체는 면의 모양이 직사각형이고, 정육면체는 면의 모양이 정사각형입니다. ❷

채점 기준	
❶ 직육면체와 정육면체의 공통점 설명하기	1개 2점,
❷ 직육면체와 정육면체의 차이점 설명하기	2개 5점

19 예 (선분 ㄱㅎ)=(선분 ㄴㄷ)이므로 5 cm입니다.
(선분 ㅎㅍ)=(선분 ㅌㅍ)=(선분 ㅋㅊ)이므로 2 cm
입니다.」❶
⇨ (선분 ㄱㅍ)=(선분 ㄱㅎ)+(선분 ㅎㅍ)
　　　　　　　=5+2=7(cm)」❷

채점 기준	
❶ 선분 ㄱㅎ과 선분 ㅎㅍ의 길이 각각 구하기	3점
❷ 선분 ㄱㅍ의 길이 구하기	2점

20 예 전개도를 접어 만든 직육면체는
오른쪽과 같습니다.」❶
따라서 직육면체의 모든 모서리의
길이의 합은 (5+2+3)×4=40(cm)입니다.」❷

채점 기준	
❶ 전개도로 만든 직육면체 알아보기	3점
❷ 직육면체의 모든 모서리의 길이의 합 구하기	2점

유형책 93~94쪽 | 심화 단원 평가

✎ 서술형 문제는 풀이를 꼭 확인하세요.

1 3개, 9개, 7개

2

3 수연

4 나, 다, 라

5 예

6 52 cm
7 116 cm
8 80 cm
✎**9** 14
✎**10** 7 cm

---

2 보이는 모서리는 실선으로 그리고, 보이지 않는 모서
리는 점선으로 그립니다.

3 수연: 직육면체의 꼭짓점의 수는 면의 수보다 2개 더
많습니다.

---

4 가는 접었을 때 겹치는 면이 있고, 마는 점선을 따라
접히지 않습니다.
⇨ 정사각형을 그릴 수 있는 곳은 나, 다, 라입니다.

5 한 모서리가 3 cm인 정육면체의 전개도를 그리고,
전개도를 접었을 때 마주 보는 면의 색깔이 같도록 색
칠합니다.

6 정육면체는 모든 모서리의 길이가 같으므로 한 모서
리의 길이는 156÷12=13(cm)입니다.
색칠한 면은 한 변이 13 cm인 정사각형이므로 색칠
한 면의 모든 모서리의 길이의 합은
13×4=52(cm)입니다.

7 보이지 않는 모서리는 길이가 각각 12 cm, 9 cm,
☐ cm인 모서리가 1개씩 있습니다.
(보이지 않는 모서리의 길이의 합)
=12+9+☐=29, 21+☐=29, ☐=8
⇨ (모든 모서리의 길이의 합)
=(12+9+8)×4=116(cm)

8 직육면체에서 길이가 다른 한 모서리의 길이를 ㉠ cm
라 하면 직육면체의 모든 모서리의 길이의 합이
64 cm이므로 (5+㉠+8)×4=64입니다.
⇨ (13+㉠)×4=64, 13+㉠=16,
㉠=16-13=3
전개도의 둘레에서 길이가 8 cm인 선분은 6개,
5 cm인 선분은 4개, 3 cm인 선분은 4개입니다.
따라서 전개도의 둘레는
8×6+5×4+3×4=80(cm)입니다.

9 예 색칠한 면과 평행한 면에 적힌 수는 5이므로 색칠
한 면과 수직인 면에 적힌 수는 1, 3, 4, 6입니다.」❶
따라서 색칠한 면과 수직인 면에 적힌 수들의 합은
1+3+4+6=14입니다.」❷

채점 기준	
❶ 색칠한 면과 수직인 면에 적힌 수 찾기	6점
❷ 색칠한 면과 수직인 면에 적힌 수들의 합 구하기	4점

10 예 (직육면체의 모든 모서리의 길이의 합)
=(3+8+10)×4=84(cm)」❶
정육면체의 모서리는 12개로 길이가 모두 같으므로
정육면체의 한 모서리의 길이는 84÷12=7(cm)입
니다.」❷

채점 기준	
❶ 직육면체의 모든 모서리의 길이의 합 구하기	5점
❷ 정육면체의 한 모서리의 길이 구하기	5점

6. 평균과 가능성

유형책 96~103쪽 실전유형 강화

✎ 서술형 문제는 풀이를 꼭 확인하세요.

1 ◯

2 15개

3 민주

4 246 g

✎**5** 풀이 참조

6 21명

7 31분

8 2일

9 원희, 훈석, 지석

10 49쪽

11 예 50쪽

12 23번 / 24번

13 재희

14 재희

15 혜준

16 6학년

17 푸른 수영부, 2초

18 87점

19 3월

20 59번

✎**21** 오후 4시 20분

22 17 m

23 36분

24 347 kg

25 9초

26

27 (1) ㉡ (2) ㉠

28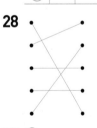

✎**29** 풀이 참조

30 ㉡

31 ㉡, ㉢, ㉤, ㉣, ㉠

32 빨간색

33 ㉠

34 ㉢

35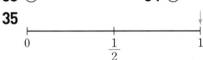

36

37 예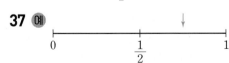

38 $\frac{1}{2}$ / $\frac{1}{2}$

✎**39** 풀이 참조

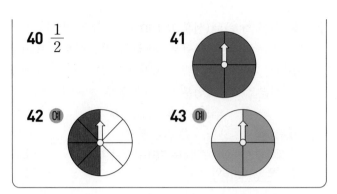

40 $\frac{1}{2}$

41

42 예

43 예

1 각 주머니의 사탕 수 중 가장 큰 수 또는 가장 작은 수만으로는 한 개의 주머니당 들어 있는 사탕 수를 정하기 어렵습니다.

2 사탕이 16개 들어 있는 주머니에서 1개를 꺼내 14개 들어 있는 주머니로 옮기면 사탕이 모두 15개로 고르게 됩니다.
따라서 한 개의 주머니에 들어 있는 사탕 수의 평균은 15개입니다.

3 2회에 건 고리의 수에서 1회로 1개, 4회로 1개를 옮기면 모두 8개로 고르게 되므로 한 회당 고리를 8개 걸었다고 할 수 있습니다.
따라서 가장 적절하게 말한 친구는 민주입니다.

4 사과의 무게를 고르게 하면 사과 한 개당 246 g이 되므로 사과 한 개의 무게의 평균은 246 g입니다.

✎**5** 예 평균은 자료의 값을 고르게 한 값이므로 우리 반 학생들 중 몸무게가 32 kg인 학생이 없어도 몸무게의 평균이 32 kg이 될 수 있습니다.」❶

채점 기준
❶ 이유 쓰기

6 (학생 수의 평균) = (22+18+21+23)÷4
= 84÷4 = 21(명)

7 (민재네 모둠 학생들이 어제 독서를 한 시간의 평균)
= (37+25+25+37+31)÷5
= 155÷5 = 31(분)

8 (단소 연습 횟수의 평균)
= (5+2+4+6+3)÷5 = 20÷5 = 4(회)
따라서 단소 연습 횟수가 평균보다 적었던 날은 화요일과 금요일로 모두 2일입니다.

9 (원희네 모둠 학생들의 100 m 달리기 기록의 평균)
$=(16+18+21+23+17)\div5=95\div5=19$(초)
따라서 100 m 달리기 기록이 19초보다 좋은 학생은
원희, 훈석, 지석입니다.

10 (하루에 읽은 동화책 쪽수의 평균)
$=(42+44+49+54+56)\div5=245\div5=49$(쪽)

11 토요일에 동화책을 읽었을 때 6일 동안 하루에 읽은
동화책 쪽수의 평균이 5일 동안 읽었을 때의 평균보
다 많으려면 5일 동안 읽었을 때의 평균인 49쪽보다
많은 쪽수를 읽어야 합니다.

12 • (현수의 기록의 평균)$=(20+25+24+23)\div4$
$\qquad\qquad\qquad\qquad=92\div4=23$(번)
• (재희의 기록의 평균)$=(30+21+21)\div3$
$\qquad\qquad\qquad\qquad=72\div3=24$(번)

13 윗몸 말아올리기 기록의 평균을 비교하면 23번<24번
이므로 재희가 더 잘했다고 할 수 있습니다.

14 재희의 기록의 평균이 더 높으므로 재희를 반 대표 선
수로 뽑아야 합니다.

15 • (연아의 기록의 평균)$=110\div10=10$(번)
• (혜준이의 기록의 평균)$=91\div7=13$(번)
따라서 제기차기 기록의 평균을 비교하면 10번<13번
이므로 하루 평균 제기차기를 더 많이 한 친구는 혜준
입니다.

16 • (참가한 4학년 학생 수의 평균)$=60\div5=12$(명)
• (참가한 5학년 학생 수의 평균)$=56\div4=14$(명)
• (참가한 6학년 학생 수의 평균)$=51\div3=17$(명)
따라서 참가한 학생 수의 평균을 비교하면
17명>14명>12명이므로 학급당 참가한 학생 수가
가장 많은 학년은 6학년입니다.

17 • (하늘 수영부의 기록의 평균)
$\quad=(89+97+95+91)\div4=372\div4=93$(초)
• (푸른 수영부의 기록의 평균)
$\quad=(86+98+89+88+94)\div5$
$\quad=455\div5=91$(초)
따라서 푸른 수영부의 기록의 평균이 $93-91=2$(초)
더 빠릅니다.

18 (점수의 총합)$=89\times5=445$(점)
$\Rightarrow$ (영어 점수)
$\qquad=445-(88+90+91+89)=87$(점)

19 (4월에 진료를 받은 환자 수)
$\quad=174\times5-(165+155+190+185)=175$(명)
따라서 진료를 받은 환자 수가 가장 많은 달은 3월입
니다.

20 평균이 53번 이상이 되려면 1회부터 6회까지 기록의
합이 $53\times6=318$(번) 이상이 되어야 합니다.
따라서 6회에 적어도
$318-(37+64+52+45+61)=59$(번)을 넘어야
합니다.

✎21 예 승미의 피아노 연습 시간이 어제는 40분, 오늘은
1시간 10분=70분이므로 3일 동안의 평균이 50분이
되려면 내일은 피아노 연습을
$50\times3-(40+70)=40$(분) 동안 해야 합니다. ❶
따라서 내일 피아노 연습이 끝나는 시각은
오후 3시 40분+40분=오후 4시 20분입니다. ❷

채점 기준
❶ 내일 피아노 연습을 해야 하는 시간 구하기
❷ 내일 피아노 연습이 끝나는 시각 구하기

22 (시우의 공 던지기 기록의 평균)
$=$(연희의 공 던지기 기록의 평균)
$=(15+21+18+14)\div4=68\div4=17$(m)
$\Rightarrow$ (시우의 3회의 기록)
$\qquad=17\times3-(16+18)=51-34=17$(m)

23 • (서아네 모둠의 운동 시간의 합)
$\quad=32\times5=160$(분)
• (도현이네 모둠의 운동 시간의 합)
$\quad=41\times4=164$(분)
$\Rightarrow$ (두 모둠 전체의 운동 시간의 평균)
$\qquad=(160+164)\div(5+4)=324\div9=36$(분)

24 • (가 지역의 사과 생산량의 합)
$\quad=357\times3=1071$(kg)
• (나 지역의 사과 생산량의 합)
$\quad=341\times5=1705$(kg)
$\Rightarrow$ (두 지역 전체의 사과 생산량의 평균)
$\qquad=(1071+1705)\div(3+5)$
$\qquad=2776\div8=347$(kg)

25 · (남학생의 기록의 합)=8.5×12=102(초)
　· (여학생의 기록의 합)=9.6×10=96(초)
　⇨ (예준이네 반 전체 학생의 기록의 평균)
　　=(102+96)÷(12+10)=198÷22=9(초)

27 (1) 주사위 눈의 수 중 4의 약수는 1, 2, 4이므로 눈의
　　수가 4의 약수로 나올 가능성은 '반반이다'입니다.
　(2) 주사위 눈의 수는 1부터 6까지 있기 때문에 눈의 수
　　가 1 미만으로 나올 가능성은 '불가능하다'입니다.

28 · 검은색 바둑돌만 6개 들어 있는 주머니에서 꺼낸 바
　둑돌이 흰색일 가능성은 '불가능하다'입니다.
　· 흰색 바둑돌만 6개 들어 있는 주머니에서 꺼낸 바둑
　돌이 흰색일 가능성은 '확실하다'입니다.
　· 검은색 바둑돌과 흰색 바둑돌이 3개씩 들어 있는 주
　머니에서 꺼낸 바둑돌이 흰색일 가능성은 '반반이다'
　입니다.
　· 검은색 바둑돌이 흰색 바둑돌보다 더 많이 들어 있
　는 주머니에서 꺼낸 바둑돌이 흰색일 가능성은 '~아
　닐 것 같다'입니다.
　· 흰색 바둑돌이 검은색 바둑돌보다 더 많이 들어 있
　는 주머니에서 꺼낸 바둑돌이 흰색일 가능성은 '~일
　것 같다'입니다.

29 불가능하다」❶
　예 수 카드 4장에 쓰인 수는 모두 홀수이므로 짝수가
　나올 수 없기 때문입니다.」❷

채점 기준	
❶ 가능성을 말로 표현하기	
❷ 이유 쓰기	

30 ㉠ 하루는 24시간이므로 12시간일 가능성은 '불가능
　하다'입니다.
　㉡ 월요일 다음은 화요일이므로 내일이 화요일일 가
　능성은 '확실하다'입니다.
　㉢ 노란색 공이 보라색 공보다 더 많이 들어 있는 상자
　에서 꺼낸 공이 노란색일 가능성은 '~일 것 같다'
　입니다.
　㉣ 주사위 눈의 수 중 5의 배수는 5뿐이므로 5의 배
　수로 나올 가능성은 '~아닐 것 같다'입니다.
　㉤ ○×문제의 답이 ×일 가능성은 '반반이다'입니다.
　따라서 일이 일어날 가능성이 가장 높은 것은 '확실하
　다'인 ㉡입니다.

31 일이 일어날 가능성이 높은 순서대로 기호를 쓰면
　㉡, ㉢, ㉤, ㉣, ㉠입니다.

32 빨간색이 칠해진 부분이 가장 넓으므로 화살이 멈출
　가능성이 가장 높은 색깔은 빨간색입니다.

33 ㉠ 전체 학생 수가 홀수이면 남학생 수와 여학생 수는
　같을 수 없으므로 가능성은 '불가능하다'입니다.
　㉡ 만들 수 있는 두 자리 수는 37, 73으로 모두 홀수
　이므로 가능성은 '확실하다'입니다.
　따라서 일이 일어날 가능성이 더 낮은 것은 ㉠입니다.

34 종이 20장 중 한 장을 뽑을 때 뽑은 종이에 여학생의
　이름이 적혀 있을 가능성은 '반반이다'입니다.
　따라서 가능성이 '반반이다'인 회전판은 노란색이 3칸
　색칠된 ㉢입니다.

35 수 카드에 쓰인 수는 모두 한 자리 수이므로 뽑은 수 카
　드에 쓰인 수가 한 자리 수일 가능성은 '확실하다'이고,
　이를 수로 표현하면 1입니다.

36 수 카드에 쓰인 수는 짝수가 2개, 홀수가 2개이므로
　뽑은 수 카드에 쓰인 수가 짝수일 가능성은 '반반이다'
　이고, 이를 수로 표현하면 $\frac{1}{2}$ 입니다.

37 수 카드에 쓰인 수가 4 이하인 경우는 2, 3, 4로 3가
　지이므로 뽑은 수 카드에 쓰인 수가 4 이하일 가능성
　은 '~일 것 같다'이고, 이것은 $\frac{1}{2}$ 과 1 사이에 ↓로 나
　타내면 됩니다.

38 빨간색 막대와 파란색 막대가 2개씩이므로 고리가 빨
　간색 막대에 걸릴 가능성과 파란색 막대에 걸릴 가능
　성은 각각 '반반이다'이고, 이를 수로 표현하면 $\frac{1}{2}$ 입
　니다.

39 **예** 공평하다고 생각합니다.」❶
　세희와 현석이가 점수를 얻을 가능성이 $\frac{1}{2}$ 로 같기 때
　문입니다.」❷

채점 기준	
❶ 공평한지 아닌지 쓰기	
❷ 이유 쓰기	

40 ㉠ 1년은 365일 또는 366일이므로 500명 중 서로 생일이 같은 사람이 있을 가능성은 '확실하다'입니다. → 1

㉡ 한 명의 아이가 태어날 때 남자아이일 가능성은 '반반이다'입니다. → $\frac{1}{2}$

⇨ ㉠－㉡＝$1-\frac{1}{2}=\frac{1}{2}$

41 월요일 다음이 화요일일 가능성은 '확실하다'이고, 이를 수로 표현하면 1입니다.
따라서 회전판 4칸을 모두 파란색으로 색칠하면 됩니다.

42 1부터 8까지의 수 중 홀수는 1, 3, 5, 7이므로 뽑은 수 카드에 쓰인 수가 홀수일 가능성은 '반반이다'이고, 이를 수로 표현하면 $\frac{1}{2}$입니다. 따라서 회전판 8칸 중 4칸을 빨간색으로 색칠하면 됩니다.

43 화살이 초록색에 멈출 가능성이 $\frac{1}{2}$보다 크고 1보다 작으려면 회전판 4칸 중 3칸을 초록색으로 색칠하면 됩니다.

┌──────────────────────────────────┐
│ **유형책 104~107쪽**) 상위권유형 강화 │
└──────────────────────────────────┘

44 ❶ 42 / 48 / 36 　　❷ 63
　　❸ 15 / 27 / 21
45 40 / 26 / 38 　　**46** 36 kg
47 ❶ 8개　❷ 11개　❸ 19개
48 14개 　　　　　　**49** 12개
50 ❶ 16살　❷ 2, 10　❸ 26살
51 500개 　　　　　**52** 268 kg
53 ❶ 56점　❷ 29점　❸ 12점
54 25분 　　　　　　**55** 92상자

44 ❶ ・(㉠＋㉡)÷2＝21 → ㉠＋㉡＝21×2＝42
　　・(㉡＋㉢)÷2＝24 → ㉡＋㉢＝24×2＝48
　　・(㉢＋㉠)÷2＝18 → ㉢＋㉠＝18×2＝36
❷ (㉠＋㉡)＋(㉡＋㉢)＋(㉢＋㉠)
　　＝42＋48＋36＝126,
　　(㉠＋㉡＋㉢)×2＝126,
　　㉠＋㉡＋㉢＝126÷2＝63
❸ ・㉡＋㉢＝48이므로 ㉠＝63－48＝15
　　・㉢＋㉠＝36이므로 ㉡＝63－36＝27
　　・㉠＋㉡＝42이므로 ㉢＝63－42＝21

45 ・(㉠＋㉡)÷2＝33 → ㉠＋㉡＝33×2＝66
・(㉡＋㉢)÷2＝32 → ㉡＋㉢＝32×2＝64
・(㉢＋㉠)÷2＝39 → ㉢＋㉠＝39×2＝78
(㉠＋㉡)＋(㉡＋㉢)＋(㉢＋㉠)
＝66＋64＋78＝208,
(㉠＋㉡＋㉢)×2＝208,
㉠＋㉡＋㉢＝208÷2＝104
⇨ ㉡＋㉢＝64이므로 ㉠＝104－64＝40
　　㉢＋㉠＝78이므로 ㉡＝104－78＝26
　　㉠＋㉡＝66이므로 ㉢＝104－66＝38

46 ・(영서와 지호의 몸무게의 합)＝41×2＝82(kg)
・(지호와 연희의 몸무게의 합)＝44×2＝88(kg)
・(연희와 영서의 몸무게의 합)＝39×2＝78(kg)
⇨ (세 사람의 몸무게의 합)
　　＝(82＋88＋78)÷2＝124(kg)
따라서 영서의 몸무게는 124－88＝36(kg)입니다.

47 ❶ 남은 사탕 중에서 1개를 꺼낼 때 꺼낸 사탕이 딸기 맛일 가능성과 포도 맛일 가능성이 같으므로 남은 포도 맛 사탕의 수는 딸기 맛 사탕의 수와 같은 8개입니다.
❷ (남은 포도 맛 사탕의 수)
　　＋(꺼내 먹은 포도 맛 사탕의 수)
　　＝8＋3＝11(개)
❸ 8＋11＝19(개)

48 남은 구슬 중에서 1개를 꺼낼 때 꺼낸 구슬이 빨간색일 가능성과 파란색일 가능성이 같으므로 남은 파란색 구슬의 수는 빨간색 구슬의 수와 같은 5개입니다.
(처음 상자에 들어 있었던 파란색 구슬의 수)
＝5＋4＝9(개)
⇨ (처음 상자에 들어 있었던 구슬의 수)
　　＝5＋9＝14(개)

49 남은 바둑돌 중에서 1개를 꺼낼 때 꺼낸 바둑돌이 흰색일 가능성과 검은색일 가능성이 같으므로 남은 검은색 바둑돌의 수는 흰색 바둑돌의 수와 같은 4개입니다.
(처음 주머니에 들어 있었던 검은색 바둑돌의 수)
＝4＋2＋2＝8(개)
⇨ (처음 주머니에 들어 있었던 바둑돌의 수)
　　＝4＋8＝12(개)

50 ❶ $(12+19+18+15) \div 4 = 64 \div 4 = 16$(살)
❸ $16+10=26$(살)

51 (7월부터 10월까지의 아이스크림 판매량의 평균)
$= (690+730+620+560) \div 4$
$= 2600 \div 4 = 650$(개)
7월부터 11월까지의 아이스크림 판매량의 평균이 30개
줄어들기 위해서는 11월의 아이스크림 판매량이 7월
부터 10월까지의 아이스크림 판매량의 평균보다
$30 \times 5 = 150$(개) 더 적어야 합니다.
⇨ (11월의 아이스크림 판매량)
$= 650-150 = 500$(개)

52 (월요일부터 목요일까지 딴 배의 무게의 평균)
$= (126+160+139+147) \div 4$
$= 572 \div 4 = 143$(kg)
월요일부터 금요일까지 딴 배의 무게의 평균이 25 kg
늘어나기 위해서는 금요일에 딴 배의 무게가 월요일
부터 목요일까지 딴 배의 무게의 평균보다
$25 \times 5 = 125$(kg) 더 무거워야 합니다.
⇨ (금요일에 딴 배의 무게) $= 143+125 = 268$(kg)

53 ❶ $14 \times 4 = 56$(점)
❷ $56-(8+19) = 29$(점)
❸ 3회의 점수를 □점이라 하면
2회의 점수는 (□+5)점이므로
□+5+□=29, □+□=24, □=12입니다.

54 • (주아네 모둠 학생이 등교할 때 걸리는 시간의 합)
$= 19 \times 4 = 76$(분)
• (정민이와 민호가 등교할 때 걸리는 시간의 합)
$= 76-(13+15) = 48$(분)
민호가 등교할 때 걸리는 시간을 □분이라 하면
정민이가 등교할 때 걸리는 시간은 (□-2)분이므로
□-2+□=48, □+□=50, □=25입니다.

55 • (네 농장의 오이 판매량의 합)
$= 135 \times 4 = 540$(상자)
• (㉮와 ㉲ 농장의 오이 판매량의 합)
$= 540-(119+145) = 276$(상자)
㉲ 농장의 판매량을 □상자라 하면
㉮ 농장의 판매량은 (□×2)상자이므로
□×2+□=276, □×3=276, □=92입니다.

✎ 서술형 문제는 풀이를 꼭 확인하세요.

1 ㉢ **2** 8명
3 현성 **4** 295명
5 반반이다 **6** 42 kg
7 2명
8

```
      ↓
├──────────┼──────────┤
0          1          1
           2
```

9 0 **10** 7번 / 6번
11 준희네 모둠 **12** ㉠, ㉢, ㉡
13 ㉡ **14** 285 t
15 142 cm **16** 20개
17 31 ✎**18** 1
✎**19** 94권 ✎**20** 27살

1 각 반의 안경을 쓴 학생 수 중 가장 큰 수나 가장 작은
수만으로는 각 반당 안경을 쓴 학생 수를 정하기 어렵
습니다.

2 각 반의 안경을 쓴 학생 수를 고르게 하면 한 반당 8
명이므로 학생 수의 평균은 8명입니다.

3 • 지수: 내일은 비가 올 수도 있고 오지 않을 수도 있으
므로 내일 비가 올 가능성은 '반반이다'입니다.
• 현성: 화요일 다음은 수요일이므로 내일이 수요일일
가능성은 '확실하다'입니다.
• 윤미: 5월은 항상 4월보다 늦게 오므로 5월이 4월보
다 빨리 올 가능성은 '불가능하다'입니다.

4 (네 마을의 학생 수의 평균)
$= (330+260+350+240) \div 4$
$= 1180 \div 4 = 295$(명)

5 흰색 공과 검은 색 공이 4개씩 들어 있는 주머니에서
꺼낸 공이 흰색일 가능성은 '반반이다'입니다.

6 (영서네 모둠 학생들의 몸무게의 평균)
$= (44+46+40+41+39) \div 5$
$= 210 \div 5 = 42$(kg)

7 몸무게가 42 kg보다 많이 나가는 학생은
영서(44 kg), 민용(46 kg)으로 모두 2명입니다.

8 빨간색과 파란색이 2칸씩 색칠된 회전판을 돌릴 때 화살이 빨간색에 멈출 가능성은 '반반이다'이고, 이를 수로 표현하면 $\frac{1}{2}$입니다.

9 ⑨ 카드를 뽑을 가능성은 '불가능하다'이고, 이를 수로 표현하면 0입니다.

10 • (준희네 모둠의 팔 굽혀 펴기 기록의 평균)
$=(10+6+5+7)\div 4=28\div 4=7$(번)
• (민지네 모둠의 팔 굽혀 펴기 기록의 평균)
$=(5+4+9)\div 3=18\div 3=6$(번)

11 팔 굽혀 펴기 기록의 평균을 비교하면 7번>6번이므로 준희네 모둠이 더 잘했다고 볼 수 있습니다.

12 ㉠ 확실하다 ㉡ 불가능하다 ㉢ 반반이다
$\Rightarrow$ ㉠>㉢>㉡

13 회전판에서 파란색은 전체의 $\frac{1}{2}$이고, 빨간색과 노란색은 각각 전체의 $\frac{1}{4}$이므로 빨강 26회, 파랑 50회, 노랑 24회인 ㉡과 일이 일어날 가능성이 가장 비슷합니다.

14 (다 지역의 밤 생산량)$=244+156+15=415$(t)
$\Rightarrow$ (네 지역의 밤 생산량의 평균)
$=(325+244+415+156)\div 4$
$=1140\div 4=285$(t)

15 • (남학생의 키의 합)$=141.3\times 16=2260.8$(cm)
• (여학생의 키의 합)$=142.8\times 14=1999.2$(cm)
$\Rightarrow$ (상우네 반 전체 학생의 키의 평균)
$=(2260.8+1999.2)\div(16+14)$
$=4260\div 30=142$(cm)

16 가능성이 $\frac{1}{2}$이므로 말로 표현하면 '반반이다'입니다.
따라서 상자에 들어 있는 파란색 구슬은 전체 구슬의 반인 20개입니다.

17 • $(㉠+㉡)\div 2=46 \rightarrow ㉠+㉡=46\times 2=92$
• $(㉡+㉢)\div 2=37 \rightarrow ㉡+㉢=37\times 2=74$
• $(㉢+㉠)\div 2=40 \rightarrow ㉢+㉠=40\times 2=80$
$(㉠+㉡)+(㉡+㉢)+(㉢+㉠)$
$=92+74+80=246$,
$(㉠+㉡+㉢)\times 2=246$,
$㉠+㉡+㉢=246\div 2=123$
$\Rightarrow ㉠+㉡=92$이므로 $㉢=123-92=31$

18 예 「꺼낸 바둑돌이 흰색일 가능성은 '확실하다'입니다.」❶
따라서 가능성을 수로 표현하면 1입니다.」❷

채점 기준	
❶ 꺼낸 바둑돌이 흰색일 가능성을 말로 표현하기	2점
❷ 꺼낸 바둑돌이 흰색일 가능성을 수로 표현하기	3점

19 예 「모둠 학생들이 가지고 있는 책의 수의 합은 $87\times 4=348$(권)입니다.」❶
따라서 동현이가 가지고 있는 책은
$348-(74+99+81)=94$(권)입니다.」❷

채점 기준	
❶ 모둠 학생들이 가지고 있는 책의 수의 합 구하기	2점
❷ 동현이가 가지고 있는 책의 수 구하기	3점

20 예 「새로운 회원이 들어오기 전 5명의 나이의 평균은 $(12+16+21+15+11)\div 5=15$(살)입니다.」❶
따라서 새로운 회원의 나이는 5명의 나이의 평균보다 $2\times 6=12$(살) 더 많아야 하므로 $15+12=27$(살)입니다.」❷

채점 기준	
❶ 새로운 회원이 들어오기 전 5명의 나이의 평균 구하기	2점
❷ 새로운 회원의 나이 구하기	3점

유형책 111~112쪽 심화 단원 평가

∥ 서술형 문제는 풀이를 꼭 확인하세요.

1 불가능하다 / 0 **2** 92번

3 93번 **4** $\frac{1}{2}$

5 1 **6** 86점

7 예

8 84점

∥**9** 영호네 논 ∥**10** 8개

1 5장의 수 카드에 쓰인 수는 모두 한 자리 수이므로 한 장의 수 카드를 뽑을 때 두 자리 수가 나올 가능성은 '불가능하다'이고, 이를 수로 표현하면 0입니다.

2 (줄넘기 기록의 평균)
$=(120+48+114+106+72)÷5$
$=460÷5=92$(번)

3 6회까지 줄넘기 기록의 평균이 5회까지 줄넘기 기록의 평균보다 높으려면 6회에는 5회까지 줄넘기 기록의 평균인 92번보다 더 많이 넘어야 합니다.
따라서 6회에는 줄넘기를 적어도 93번을 넘어야 합니다.

4 상자 속에 구슬은 모두 $3+1+4=8$(개)이고,
이 중 검은색 구슬은 4개입니다.
이 상자에서 구슬 1개를 꺼낼 때 꺼낸 구슬이 검은색일 가능성은 '반반이다'이고, 이를 수로 표현하면 $\dfrac{1}{2}$입니다.

5 ㉠ 흰색 바둑돌 2개가 들어 있는 주머니에서 꺼낸 바둑돌이 흰색일 가능성은 '확실하다'입니다. → 1
㉡ 검은색 바둑돌 2개가 들어 있는 주머니에서 꺼낸 바둑돌이 흰색일 가능성은 '불가능하다'입니다.
→ 0
⇨ ㉠+㉡=1+0=1

6 (민하네 모둠의 과학 점수의 평균)
=(준기네 모둠의 과학 점수의 평균)
$=(93+85+74+86+97)÷5=435÷5=87$(점)
⇨ (성연이의 과학 점수)$=87×4-(80+100+82)$
$=348-262=86$(점)

7 파란색 공만 들어 있는 상자에서 꺼낸 공이 빨간색일 가능성은 '불가능하다'이고, 이를 수로 표현하면 0입니다. 따라서 회전판을 모두 노란색이 아닌 다른 색으로 색칠하면 됩니다.

8 • (지혜네 모둠 학생들의 영어 점수의 합)
$=88×5=440$(점)
• (은호와 윤지의 영어 점수의 합)
$=440-(85+92+87)=176$(점)
윤지의 영어 점수를 □점이라 하면
은호의 영어 점수는 (□+8)점이므로
$□+8+□=176$, $□+□=168$, $□=84$입니다.

9 **예** 소희네 논의 1 km^2당 벼 수확량의 평균은
$4816÷28=172$(kg)입니다.」❶
영호네 논의 1 km^2당 벼 수확량의 평균은
$2625÷15=175$(kg)입니다.」❷
따라서 172 kg<175 kg이므로 영호네 논의 1 km^2당 벼 수확량이 더 많습니다.」❸

채점 기준	
❶ 소희네 논의 1 km^2당 벼 수확량의 평균 구하기	4점
❷ 영호네 논의 1 km^2당 벼 수확량의 평균 구하기	4점
❸ 누구네 논의 1 km^2당 벼 수확량이 더 많은지 구하기	2점

10 **예** 남은 풍선 중 1개를 꺼낼 때 꺼낸 풍선이 빨간색일 가능성과 노란색일 가능성이 같으므로 남은 노란색 풍선의 수는 빨간색 풍선의 수와 같은 3개입니다.」❶
처음 주머니에 들어 있었던 노란색 풍선은
$3+2=5$(개)입니다.」❷
따라서 처음 주머니에 들어 있었던 풍선은 모두
$3+5=8$(개)입니다.」❸

채점 기준	
❶ 꺼내고 남은 노란색 풍선의 수 구하기	2점
❷ 처음 주머니에 들어 있었던 노란색 풍선의 수 구하기	4점
❸ 처음 주머니에 들어 있었던 풍선의 수 구하기	4점

MEMO

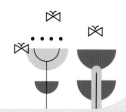

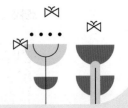

초5 김 ○○ 학생에 대한 **진단명**

갑자기 찾아온 공부 싫어증, 단 하나의 처방은
공부력 향상 프로그램 **피어나다**입니다!

공부력이 향상되는 5 in 1 토탈 에듀 케어

진단검사
한국심리학회 공인
학습·마음 상태 점검

모둠 코칭
또래 친구들과 함께
성장력과 학습전략 UP

1:1 상담
전문 코치가 이끄는
개별 맞춤 코칭

학부모 상담
아이를 이해하는
가정 연계 분석 상담

스마트 플래너
앱으로 완성하는
목표 관리·습관

공부 친구들과 함께하는 원격 수업으로 매일 매일 **공부 생명력이 피어나다**

· 심리학 기반 검증된 성장 코칭 커리큘럼을 통해 자기 주도력 향상
· 석박사 이상 전문 코치의 체계적인 코칭으로 공부 습관 완성
· 교육업계 유일 한국심리학회 인증 진단검사로 개인 맞춤 솔루션 제공

" 내가 공부의 주인공이 되는
피어나다가 궁금하다면?
무료 코칭 받아보기

✚ 개념·플러스·유형·시리즈 개념과 유형이 하나로! 가장 효과적인 수학 공부 방법을 제시합니다.

대표전화 1544-0554
주소 서울특별시 구로구 디지털로33길 48 대륭포스트타워 7차 20층
협의 없는 무단 복제는 법으로 금지되어 있습니다.

✛ 개념·플러스·유형·시리즈 개념과 유형이 하나로! 가장 효과적인 수학 공부 방법을 제시합니다.

http://book.visang.com/

발간 이후에 발견되는 오류 비상교재 누리집 › 학습자료실 › 초등교재 › 정오표
본 교재의 정답 비상교재 누리집 › 학습자료실 › 초등교재 › 정답·해설

비상교재
누리집에
방문해보세요

초등학교   반   번   이름

품질혁신코드 VS01QI24_1

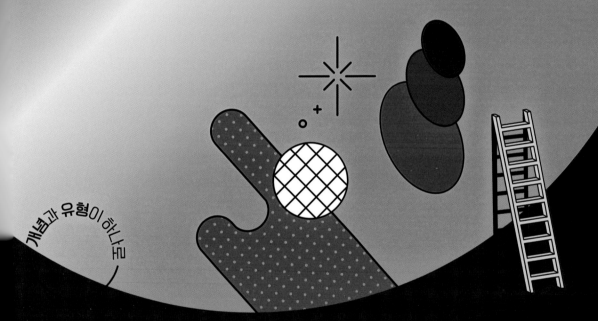

15개정 교육과정

유형 강화 시스템

파워 유형완성

- 응용을 완성하는 **실전유형강화학습**
- 상위권으로 가는 **상위권유형강화학습**
- 어려운 시험까지 대비하는 **응용·심화 단계평가**

개념과 유형이 하나로

PLUS

visang

ABOVE IMAGINATION

우리는 남다른 상상과 혁신으로
교육 문화의 새로운 전형을 만들어
모든 이의 행복한 경험과 성장에 기여한다

개념＋유형

파워

유형책

초등 수학 ——

5·2

개념+유형 **파워**

유형책에서는
실전·상위권 유형을 통해
응용 유형을 강화**합니다**

1 수의 범위와 어림하기

실전유형 강화

개념책 6쪽

유형 1 **이상, 이하**

- ■ **이상**인 수: ■와 **같거나 큰 수** → ■가 포함됨.
  예 20 이상인 수: 20, 22, 24.1, 25.8……
- ▲ **이하**인 수: ▲와 **같거나 작은 수** → ▲가 포함됨.
  예 18 이하인 수: 18, 17, 14.9, 11.5……

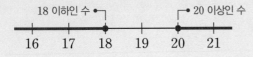

18 이하인 수 ←   → 20 이상인 수

16 17 18 19 20 21

1 40 이하인 수를 모두 찾아 ○표 하시오.

| 32.4 40 49.7 36.8 54.6 |

2 14 이상인 수를 수직선에 나타내어 보시오.

11 12 13 14 15 16 17

3 55 이상인 수가 <u>아닌</u> 것을 모두 고르시오.
( )

① 70.4   ② 62   ③ 38.9

④ 55   ⑤ $50\frac{4}{5}$

4 5 이하인 자연수들의 합을 구해 보시오.
( )

5 수호네 모둠 학생들의 키를 나타낸 표입니다. 키가 150 cm 이하인 학생의 이름을 모두 써 보시오.

학생들의 키

이름	수호	준상	태영	슬아
키(cm)	142.7	150	153.1	150.5

( )

서술형

6 다음은 ☐ 이상인 수를 쓴 것입니다. ☐ 안에 들어갈 수 있는 가장 큰 자연수는 얼마인지 풀이 과정을 쓰고 답을 구해 보시오.

| 29   23.4   31   27.6 |

풀이 |

답 |

7 수민이네 모둠 학생들이 한 달 동안 읽은 책의 수를 나타낸 표입니다. 한 달 동안 책을 8권 이상 읽은 학생들에게 연필을 5자루씩 나누어주려고 합니다. 필요한 연필은 모두 몇 자루입니까?

한 달 동안 읽은 책의 수

이름	수민	진호	은우	기영	태민
책의 수(권)	7	8	5	3	10

( )

1 단원

유형 2 초과, 미만

- ● 초과인 수: ●보다 **큰 수** → ●가 포함되지 않음.
  예 63 초과인 수: 64, 67, 80.4, 82.7……
- ★ 미만인 수: ★보다 **작은 수** → ★이 포함되지 않음.
  예 60 미만인 수: 59, 55, 52.6, 49.9……

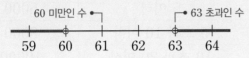

8 27 초과인 수로만 이루어진 것을 찾아 기호를 써 보시오.

> ㉠ 26, 27, 28, 29
> ㉡ 28, 29, 30, 31
> ㉢ 27, 28, 29, 30

( )

9 30을 포함하는 수의 범위를 모두 찾아 기호를 써 보시오.

> ㉠ 30 미만인 수   ㉡ 29 초과인 수
> ㉢ 29 이하인 수   ㉣ 30 이상인 수

( )

10 수의 범위에 대해 바르게 설명한 사람은 누구입니까?

> • 석호: 50은 50 초과인 수에 포함돼.
> • 지아: 22, 23, 24 중에서 23 미만인 수는 22 뿐이야.

( )

11 수직선에 나타낸 수의 범위에 속하는 자연수 중에서 가장 큰 수를 구해 보시오.

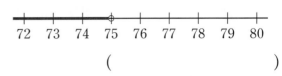

( )

12 주성이네 모둠 학생들이 가지고 있는 색종이 수를 나타낸 표입니다. 수직선에 나타낸 수의 범위에 속하는 수만큼 색종이를 가지고 있는 학생은 모두 몇 명입니까?

가지고 있는 색종이 수

이름	색종이 수(장)	이름	색종이 수(장)
주성	14	준모	19
희수	23	예은	28
동엽	18	서현	17

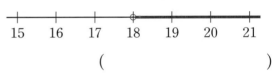

( )

교과 역량 문제 해결, 추론

13 ■와 ▲에 알맞은 자연수의 합을 구해 보시오.

> • ■ 미만인 자연수는 8개입니다.
> • ▲ 초과인 자연수 중에서 한 자리 수는 4개입니다.

( )

개념책 8쪽

유형 3 ｜ 수의 범위의 활용

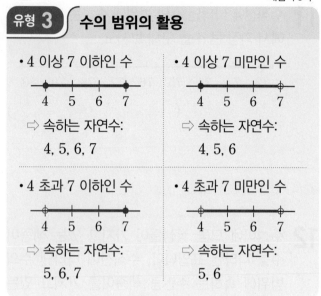

• 4 이상 7 이하인 수	• 4 이상 7 미만인 수
⇨ 속하는 자연수: 4, 5, 6, 7	⇨ 속하는 자연수: 4, 5, 6
• 4 초과 7 이하인 수	• 4 초과 7 미만인 수
⇨ 속하는 자연수: 5, 6, 7	⇨ 속하는 자연수: 5, 6

(14~15) 유리네 모둠 학생들의 오래 매달리기 기록과 등급별 오래 매달리기 기록을 나타낸 표입니다. 물음에 답하시오.

오래 매달리기 기록

이름	기록(초)	이름	기록(초)	이름	기록(초)
유리	30	나은	24	은채	33
한성	45	석진	56	세혁	16

등급별 오래 매달리기 기록

등급	기록(초)
1	40 이상
2	20 이상 40 미만
3	20 미만

14 유리와 같은 등급에 속한 학생의 이름을 모두 써 보시오.

( )

15 세혁이가 속한 등급의 기록의 범위를 수직선에 나타내어 보시오.

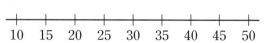

교과 역량 정보처리, 추론

16 미소네 어머니는 이모에게 무게가 각각 3 kg, 7 kg인 물건을 한 상자에 담아 택배로 보내려고 합니다. 상자의 무게가 0.7 kg일 때 택배 요금은 얼마입니까?

무게별 택배 요금

무게(kg)	요금(원)
5 이하	5000
5 초과 10 이하	8000
10 초과 20 이하	10000
20 초과 30 이하	13000

( )

서술형

17 민규네 학교 학생들이 현장학습을 가려면 45인승 버스가 3대 필요합니다. 민규네 학교 학생 수의 범위를 이상과 이하를 이용하여 나타내려고 합니다. 풀이 과정을 쓰고 답을 구해 보시오.

풀이 |

답 |

18 자연수 부분이 5 초과 8 이하이고 소수 첫째 자리 수가 1 이상 4 미만인 소수 한 자리 수를 만들려고 합니다. 만들 수 있는 소수 한 자리 수는 모두 몇 개입니까?

( )

까다로운
유형 4 수의 범위에 공통으로 속하는 자연수 구하기

❶ 공통된 수의 범위 구하기
└•수의 범위가 겹치는 부분
❷ 공통된 수의 범위에 속하는 자연수 구하기

유형 5 올림

올림: 구하려는 자리의 **아래 수를 올려서** 나타내는 방법
예 327을 올림하여 백의 자리까지 나타내기

327 ⇨ 400
└•올립니다.

19 ㉠과 ㉡에 공통으로 속하는 자연수를 모두 써 보시오.

> ㉠ 56 초과 63 미만인 수
> ㉡ 58 이상 67 미만인 수

( )

22 올림하여 주어진 자리까지 나타내어 보시오.

수	백의 자리	천의 자리
7205		
81496		

23 올림하여 천의 자리까지 나타내면 56000이 되는 수를 모두 찾아 기호를 써 보시오.

> ㉠ 55008   ㉡ 56010
> ㉢ 56392   ㉣ 55270

( )

20 ㉠과 ㉡에 공통으로 속하는 자연수를 모두 써 보시오.

> ㉠ 84 이상 94 미만인 수
> ㉡ 90 초과 95 이하인 수

( )

24 올림하여 소수 첫째 자리까지 나타낸 수가 <u>다른</u> 하나는 어느 것입니까? ( )

① 3.192   ② 3.103   ③ 3.21
④ 3.2   ⑤ 3.14

21 두 수직선에 나타낸 수의 범위에 공통으로 속하는 자연수는 모두 몇 개입니까?

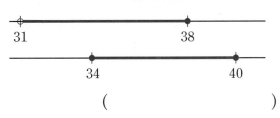

( )

교과 역량 문제 해결

25 다음 수를 올림하여 천의 자리까지 나타내면 286000입니다. 올림하기 전의 수를 구해 보시오.

$$\boxed{\square\square\square 245}$$

( )

서술형

26 4127을 올림하여 백의 자리까지 나타낸 수와 올림하여 십의 자리까지 나타낸 수의 차는 얼마인지 풀이 과정을 쓰고 답을 구해 보시오.

풀이 |

답 |

27 올림하여 백의 자리까지 나타내면 5700이 되는 수의 범위를 수직선에 나타내어 보시오.

```
├──┼──┼──┼──┼──┼──┼──┼──┼──┼──┼──┼──┼──┤
 5600        5700        5800
```

유형 6 버림

버림: 구하려는 자리의 **아래 수를 버려서** 나타내는 방법

예 581을 버림하여 백의 자리까지 나타내기

$$581 \Rightarrow 500$$
버립니다.

28 버림하여 주어진 자리까지 나타내어 보시오.

수	백의 자리	천의 자리
3156		
76004		

29 버림하여 소수 첫째 자리까지 나타낸 것입니다. 잘못 나타낸 사람은 누구입니까?

· 가인: 2.801 ⇨ 2.8
· 윤서: 1.766 ⇨ 1.8
· 한준: 5.906 ⇨ 5.9

( )

30 더 큰 수의 기호를 써 보시오.

㉮ 7205를 버림하여 백의 자리까지 나타낸 수
㉯ 7499를 버림하여 천의 자리까지 나타낸 수

( )

31 47.382를 버림하여 각각 주어진 자리까지 나타낼 때 수가 가장 작은 것을 찾아 기호를 써 보시오.

> ㉠ 일의 자리
> ㉡ 소수 둘째 자리
> ㉢ 소수 첫째 자리

( )

32 버림하여 천의 자리까지 나타내면 32000이 되는 자연수 중에서 가장 작은 수를 써 보시오.

( )

교과 역량 문제 해결, 추론

33 다음 조건을 모두 만족하는 자연수를 모두 구해 보시오.

조건
• 38 이상 42 미만인 수입니다.
• 버림하여 십의 자리까지 나타내면 30이 되는 수입니다.

( )

개념책 14쪽

유형 **7** 반올림

반올림: 구하려는 자리 바로 아래 자리의 숫자가 0, 1, 2, 3, 4이면 버리고, 5, 6, 7, 8, 9이면 올리는 방법

예 265를 반올림하여 백의 자리까지 나타내기

265 ⇨ 300
5보다 크므로 올립니다.

34 반올림하여 주어진 자리까지 나타내어 보시오.

수	천의 자리	만의 자리
13724		
86205		

35 반올림하여 천의 자리까지 나타낸 수가 작은 것부터 차례대로 기호를 써 보시오.

> ㉠ 16570   ㉡ 16259   ㉢ 17762

( )

36 도하네 모둠 학생들의 50 m 달리기 기록을 조사하여 나타낸 표입니다. 50 m 달리기 기록을 반올림하여 일의 자리까지 나타낼 때, 반올림한 기록이 도하와 같은 학생은 누구입니까?

50 m 달리기 기록

이름	도하	재희	민기	수빈
기록(초)	10.9	9.8	11.3	10.2

( )

개념책 15쪽

37 반올림하여 백의 자리까지 나타내면 900이 되는 자연수 중에서 가장 작은 수와 가장 큰 수를 각각 구해 보시오.

가장 작은 수 (   )

가장 큰 수 (   )

38 수 카드 4장을 한 번씩 모두 사용하여 가장 작은 네 자리 수를 만들었습니다. 만든 수를 반올림하여 천의 자리까지 나타내어 보시오.

| 5 | 1 | 6 | 8 |

(   )

39 어떤 수를 반올림하여 십의 자리까지 나타내었더니 280이 되었습니다. 어떤 수가 될 수 있는 수의 범위를 수직선에 나타내어 보시오.

```
+++++++++++++++++++++++++
    270        280        290
```

40 어떤 자연수에 9를 곱해서 나온 수를 반올림하여 십의 자리까지 나타냈더니 60이 되었습니다. 어떤 자연수는 얼마입니까?

(   )

유형 8 **올림, 버림, 반올림의 활용**

- **올림을 사용하는 경우**
  - 지폐로 물건을 사는 경우
  - 묶음 단위로만 파는 물건을 사는 경우
- **버림을 사용하는 경우**
  - 묶음으로 물건을 포장하는 경우
  - 동전을 지폐로 바꾸는 경우
- **반올림을 사용하는 경우**
  - 키, 몸무게, 관객 수 등을 어림하는 경우
  - 인구, 면적 등 통계 자료를 만드는 경우

41 승우네 집에서 학교까지의 거리는 몇 km인지 반올림하여 일의 자리까지 나타내어 보시오

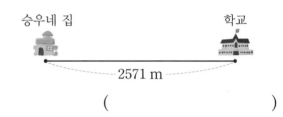

승우네 집   학교

2571 m

(   )

교과 역량 추론

42 어림하는 방법이 <u>다른</u> 한 친구는 누구입니까?

- 재석: 초콜릿 472개를 10개씩 상자에 담아 팔 때, 팔 수 있는 초콜릿은 모두 몇 개일까?
- 동훈: 동전 3880원을 1000원짜리 지폐로 바꾼다면 최대 얼마까지 바꿀 수 있을까?
- 재현: 38.9 kg인 몸무게를 1 kg 단위로 가까운 쪽의 눈금을 읽으면 몇 kg일까?

(   )

43 과수원에서 빨간 사과를 3670개, 초록 사과를 2120개 땄습니다. 이 과수원에서 딴 사과를 섞어서 한 상자에 100개씩 담아서 판다면 최대 몇 상자까지 팔 수 있고, 남는 사과는 몇 개입니까?

(,   )

서술형

44 경시대회에 참가한 학생 수를 반올림하여 십의 자리까지 나타내면 360명입니다. 경시대회에 참가한 학생 모두에게 기념품을 한 개씩 나누어 주려면 기념품을 적어도 몇 개 준비해야 하는지 풀이 과정을 쓰고 답을 구해 보시오.

풀이 |

답 |

파워 pick

45 색종이 482장을 사려고 합니다. 가 문구점에서는 10장씩 묶음을 550원에 팔고, 나 문구점에서는 100장씩 묶음을 5300원에 팝니다. 어느 문구점에서 살 때 내는 돈이 더 적은지 구해 보시오.

(   )

까다로운
유형 9 □ 안에 들어갈 수 있는 숫자 구하기

❶ 어림하기 전 수의 범위를 구합니다.

❷ ❶의 수의 범위에 포함되도록 □ 안에 알맞은 수를 구합니다.

46 다음 수를 반올림하여 십의 자리까지 나타내면 360입니다. □ 안에 알맞은 숫자를 모두 구해 보시오.

36□

(   )

47 다음 수를 버림하여 만의 자리까지 나타내면 640000입니다. □ 안에 알맞은 숫자를 구해 보시오.

6□3251

(   )

48 7■●03을 올림하여 천의 자리까지 나타내면 79000입니다. 7■●03이 될 수 있는 수 중에서 가장 작은 수와 가장 큰 수를 각각 구해 보시오.

가장 작은 수 (   )
가장 큰 수 (   )

상위권유형 강화

수의 범위에 속하는 자연수를 모두 구해서 경곗값과 비교해 봐!

대표문제

49 수직선에 나타낸 수의 범위에 속하는 자연수가 4개일 때, ㉠에 알맞은 자연수를 구해 보시오.

문제 풀이

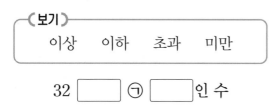

❶ 〈보기〉에서 알맞은 말을 찾아 ☐ 안에 써넣기

┌〈보기〉────────
│   이상   이하   초과   미만
└──────────────────

32 ☐ ㉠ ☐ 인 수

❷ 수의 범위에 속하는 자연수 모두 구하기

( )

❸ ㉠에 알맞은 자연수 구하기

( )

50 수직선에 나타낸 수의 범위에 속하는 자연수가 5개일 때, ㉠에 알맞은 자연수를 구해 보시오.

( )

51 수직선에 나타낸 수의 범위에 속하는 자연수가 7개일 때, ㉠에 알맞은 자연수를 구해 보시오.

( )

유형11 ·어림하기 전 수의 범위 알아보기·

각 조건을 만족하는 수의 범위를 먼저 구한 다음 공통된 범위를 찾아!

대표문제

52 다음 조건을 모두 만족하는 자연수를 모두 구해 보시오.

문제 풀이

> ㉠ 올림하여 십의 자리까지 나타내면 120입니다.
> ㉡ 버림하여 십의 자리까지 나타내면 110입니다.
> ㉢ 반올림하여 십의 자리까지 나타내면 120입니다.

❶ ㉠을 만족하는 수의 범위 구하기

110 ☐ 120 ☐인 수

❷ ㉡을 만족하는 수의 범위 구하기

110 ☐ 120 ☐인 수

❸ ㉢을 만족하는 수의 범위 구하기

115 ☐ 125 ☐인 수

❹ 조건을 모두 만족하는 자연수 모두 구하기

(   )

53 다음 조건을 모두 만족하는 자연수를 모두 구해 보시오.

> ㉠ 올림하여 십의 자리까지 나타내면 450입니다.
> ㉡ 버림하여 십의 자리까지 나타내면 440입니다.
> ㉢ 반올림하여 십의 자리까지 나타내면 440입니다.

(   )

54 다음 조건을 모두 만족하는 자연수는 모두 몇 개입니까?

> ㉠ 올림하여 십의 자리까지 나타내면 2190입니다.
> ㉡ 버림하여 십의 자리까지 나타내면 2180입니다.
> ㉢ 반올림하여 십의 자리까지 나타내면 2190입니다.

(   )

유형12 ·물건을 사는 데 필요한 최소 금액 구하기·

올림을 이용하여 최소로 사야 하는 묶음의 수를 먼저 구해!

대표문제

55 선하네 학교 학생 236명에게 마스크를 2장씩 모두 나누어 주려고 합니다. 마트에서는 마스크를 10장씩 묶음으로만 팔고 한 묶음에 7800원입니다. 마스크를 사는 데 필요한 돈은 최소 얼마입니까?

문제 풀이

❶ 선하네 학교 학생들에게 나누어 줄 마스크의 수 구하기

(   )

❷ 마스크를 최소 몇 장 사야 하는지 구하기

(   )

❸ 마스크를 사는 데 필요한 돈은 최소 얼마인지 구하기

(   )

56 어느 회사에서 직원 398명에게 쿠키를 3개씩 모두 나누어 주려고 합니다. 마트에서 한 봉지에 10개씩 들어 있는 쿠키를 5900원에 판다면 쿠키를 사는 데 필요한 돈은 최소 얼마입니까?

(   )

57 효린이네 마을 주민 1174명에게 수건을 2장씩 모두 나누어 주려고 합니다. 공장에서는 수건을 100장씩 묶음으로만 팔고 한 묶음에 34700원입니다. 수건을 사는 데 필요한 돈은 최소 얼마입니까?

(   )

1 단원

유형13 ・각 자리 숫자의 조건을 만족하는 자연수 구하기・

먼저 자리별로 조건에 맞는 숫자를 구해 봐!

대표문제

58 다음 조건을 모두 만족하는 수 중에서 가장 큰 수를 구해 보시오.

문제 풀이

- 5000 이상 6000 미만인 자연수입니다.
- 백의 자리 숫자는 7 초과 9 미만인 수입니다.
- 십의 자리 숫자는 3의 배수입니다.
- 일의 자리 숫자는 백의 자리 숫자의 반입니다.

❶ 천, 백, 일의 자리 숫자 각각 구하기

천의 자리 숫자	백의 자리 숫자	일의 자리 숫자

❷ 모든 조건을 만족하는 수 모두 구하기

( )

❸ 모든 조건을 만족하는 수 중에서 가장 큰 수 구하기

( )

59 다음 조건을 모두 만족하는 수 중에서 가장 작은 수를 구해 보시오.

- 버림하여 천의 자리까지 나타내면 2000이 되는 자연수입니다.
- 백의 자리 숫자는 가장 큰 수입니다.
- 십의 자리 숫자는 천의 자리 숫자의 4배입니다.
- 일의 자리 숫자는 홀수입니다.

( )

60 다음 조건을 모두 만족하는 수 중에서 가장 큰 수를 구해 보시오.

- 반올림하여 백의 자리까지 나타내면 7400이 되는 자연수입니다.
- 백의 자리 숫자는 짝수입니다.
- 십의 자리 숫자는 가장 작은 수입니다.
- 일의 자리 숫자는 2 이상 6 미만인 수입니다.

( )

1 30 이하인 수를 찾아 ○표, 50 초과인 수를 찾아 △표 하시오.

| 21 | 34 | 59 | 30 | 42 | 50 |

2 7216을 올림, 버림하여 각각 천의 자리까지 나타내어 보시오.

올림 (   )

버림 (   )

3 수직선에 나타낸 수의 범위를 써 보시오.

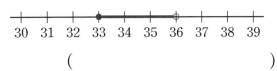

(   )

4 수를 올림하여 십의 자리까지 나타낸 수가 850이 <u>아닌</u> 것은 어느 것입니까? (   )

① 849   ② 850   ③ 841

④ 851   ⑤ 845

(5~7) 기석이네 모둠 학생들의 수학 점수와 상별 오른 점수를 나타낸 표입니다. 지난 점수보다 이번 점수가 오른 학생들에게 상을 주려고 합니다. 물음에 답하시오.

수학 점수

이름	기석	유라	성민	준호
지난 점수(점)	90	95	81	75
이번 점수(점)	95	92	90	85
이름	아인	진욱	채빈	혜진
지난 점수(점)	80	79	85	96
이번 점수(점)	84	82	80	98

상별 오른 점수

상	오른 점수(점)
최우수상	12 이상
으뜸상	8 이상 12 미만
우수상	4 이상 8 미만
장려상	2 이상 4 미만

5 기석이와 같은 상을 받는 학생의 이름을 써 보시오.

(   )

6 장려상을 받는 학생의 이름을 모두 써 보시오.

(   )

7 준호가 받는 상의 오른 점수의 범위를 수직선에 나타내어 보시오.

| 2 | 3 | 4 | 5 | 6 | 7 | 8 | 9 | 10 | 11 | 12 |

8 어느 도시의 인구는 473576명이라고 합니다. 이 도시의 인구를 반올림하여 만의 자리까지 나타내어 보시오.

( )

9 올림, 버림, 반올림하여 백의 자리까지 나타낸 수가 모두 같은 수를 찾아 ○표 하시오.

| 180 | 700 | 472 | 519 |

10 보트 한 대에 10명씩 탈 수 있다고 합니다. 237명이 모두 보트를 타고 강을 건너려면 보트는 최소 몇 번 운행해야 합니까?

( )

11 10 미만인 자연수들의 합을 구해 보시오.

( )

12 다음 수를 반올림하여 만의 자리까지 나타내면 70000입니다. □ 안에 들어갈 수 있는 숫자를 모두 고르시오. ( )

6□315

① 5　　　② 2　　　③ 9
④ 4　　　⑤ 0

13 74 초과 86 미만인 자연수 중에서 가장 큰 수와 가장 작은 수의 차를 구해 보시오

( )

잘 틀리는 문제
14 다음 조건을 모두 만족하는 자연수는 모두 몇 개입니까?

> • 올림하여 십의 자리까지 나타내면 660입니다.
> • 버림하여 십의 자리까지 나타내면 650입니다.
> • 반올림하여 십의 자리까지 나타내면 650입니다.

( )

15 예림이네 과수원에서 수확한 배는 685개, 건우네 과수원에서 수확한 배는 432개입니다. 두 과수원에서 수확한 배를 모아 한 상자에 100개씩 포장할 때 최대 몇 상자까지 포장할 수 있고, 남는 배는 몇 개입니까?

(,   )

잘 틀리는 문제

16 승희는 친구에게 무게가 각각 2 kg, 3 kg인 물건을 한 상자에 담아 택배로 보내려고 합니다. 상자의 무게가 0.4 kg일 때 택배 요금은 얼마입니까?

무게별 택배 요금

무게(kg)	요금(원)
5 이하	4500
5 초과 10 이하	8000
10 초과 20 이하	10000
20 초과 30 이하	12000

(   )

17 어떤 자연수에 8를 곱해서 나온 수를 버림하여 십의 자리까지 나타냈더니 50이 되었습니다. 어떤 자연수는 얼마입니까?

(   )

◀ 서술형 문제

18 62.15를 반올림하여 각각 주어진 자리까지 나타낼 때 수가 더 큰 것의 기호를 쓰려고 합니다. 풀이 과정을 쓰고 답을 구해 보시오.

> ㉠ 일의 자리
> ㉡ 소수 첫째 자리

풀이 |

답 |

19 94 이상 ■ 미만인 자연수는 6개입니다. ■에 알맞은 자연수는 얼마인지 풀이 과정을 쓰고 답을 구해 보시오.

풀이 |

답 |

20 자연수 부분이 7 이상 10 미만이고 소수 첫째 자리 수가 3 초과 6 이하인 소수 한 자리 수를 만들려고 합니다. 만들 수 있는 소수 한 자리 수는 모두 몇 개인지 풀이 과정을 쓰고 답을 구해 보시오.

풀이 |

답 |

1 35 이상인 수는 모두 몇 개입니까?

$3\frac{9}{10}$	13	35	29.9
41.2	25.3	$10\frac{4}{5}$	$36\frac{1}{2}$

( )

2 수를 버림하여 주어진 자리까지 나타낼 때 나타낸 수가 가장 큰 것은 어느 것입니까?

( )

529078

① 십의 자리 ② 백의 자리

③ 천의 자리 ④ 만의 자리

⑤ 십만의 자리

3 지후네 모둠 학생들이 놀이기구를 타려고 합니다. 키가 130 cm 이하인 사람은 놀이기구를 탈 수 없을 때 놀이기구를 탈 수 없는 학생은 모두 몇 명입니까?

이름	지후	규민	은서	상진	혜빈
키(cm)	131.6	129.8	140.7	130.0	136.4

( )

4 재활용 센터에서 빈 병 10개를 비누 1개로 바꾸어 준다고 합니다. 빈 병 314개로는 비누를 최대 몇 개까지 바꿀 수 있습니까?

( )

5 ㉠과 ㉡에 공통으로 속하는 자연수를 모두 써 보시오.

㉠ 77 초과 83 이하인 수
㉡ 79 초과 86 미만인 수

( )

6 2021년 강원도 속초시의 인구는 남자가 41080명, 여자가 41711명입니다. 속초시의 인구를 반올림하여 천의 자리까지 나타내어 보시오.

( )

7 민아네 학교 5학년 학생들이 모두 박물관에 가려면 43인승 버스가 4대 필요합니다. 민아네 학교 5학년 학생 수의 범위를 이상과 이하를 이용하여 나타내어 보시오.

(   )

8 종이봉투 176장을 사려고 합니다. 가 편의점에서는 10장씩 묶음을 1500원에 팔고, 나 편의점에서는 100장씩 묶음을 14000원에 팝니다. 어느 편의점에서 살 때 내는 돈이 더 적은지 구해 보시오.

(   )

◀ 서술형 문제

9 수 카드 5장을 한 번씩만 사용하여 가장 큰 다섯 자리 수를 만들었습니다. 이 수를 반올림하여 만의 자리까지 나타낸 수는 얼마인지 풀이 과정을 쓰고 답을 구해 보시오.

2   1   9   5   7

풀이 |

답 |

10 수지네 학교 학생 245명에게 공책을 3권씩 모두 나누어 주려고 합니다. 문구점에서는 공책을 10권씩 묶음으로만 팔고 한 묶음에 4000원입니다. 공책을 사는 데 필요한 돈은 최소 얼마인지 풀이 과정을 쓰고 답을 구해 보시오.

풀이 |

답 |

2 분수의 곱셈

실전유형 강화

개념책 28쪽

유형 1 (진분수)×(자연수)

● $\frac{3}{4} \times 2$의 계산

약분하는 순서에 따라 두 가지로 계산할 수 있습니다.

$$\frac{3}{4} \times 2 = \frac{3 \times 2}{4} = \frac{\overset{3}{\cancel{6}}}{\underset{2}{\cancel{4}}} = \frac{3}{2} = 1\frac{1}{2}$$ → 분자와 자연수를 곱한 후 약분하여 계산하기

$$\frac{3}{\underset{2}{\cancel{4}}} \times \overset{1}{\cancel{2}} = \frac{3}{2} = 1\frac{1}{2}$$ → 분모와 자연수를 약분한 후 계산하기

1 빈칸에 두 수의 곱을 써넣으시오.

$\frac{2}{7}$	5

2 계산 결과가 <u>다른</u> 하나를 찾아 기호를 써 보시오.

$\bigcirc$ $\frac{3}{10} + \frac{3}{10}$ $\bigcirc$ $\frac{2}{5} \times 3$

$\bigcirc$ $\frac{3}{10} \times 2$ $\bigcirc$ $\frac{9}{10} - \frac{3}{10}$

( )

3 통조림 한 개의 무게는 $\frac{5}{9}$ kg입니다. 통조림 6개의 무게는 몇 kg입니까?

( )

4 길이가 5 m인 철사를 $\frac{3}{8}$ m씩 잘라 12명에게 나누어 주었습니다. 남은 철사는 몇 m입니까?

( )

교과 역량 문제 해결   서술형

5 수 카드 3장 중에서 2장을 골라 한 번씩만 사용하여 만들 수 있는 가장 작은 진분수와 3의 곱은 얼마인지 풀이 과정을 쓰고 답을 구해 보시오.

5 9 2

풀이 |

_____

_____

_____

답 |

6 마름모 ㉮와 정삼각형 ㉯의 둘레의 합은 몇 m 입니까?

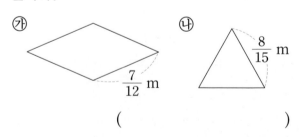

㉮   ㉯

$\frac{7}{12}$ m $\frac{8}{15}$ m

( )

유형 2 (대분수)×(자연수)

개념책 29쪽

• $2\frac{1}{5} \times 3$의 계산

방법1 $2\frac{1}{5} \times 3 = (2 \times 3) + \left(\frac{1}{5} \times 3\right)$

$= 6 + \frac{3}{5} = 6\frac{3}{5}$ → 대분수를 자연수와 진분수의 합으로 바꾸어 계산하기

방법2 $2\frac{1}{5} \times 3 = \frac{11}{5} \times 3$

$= \frac{33}{5} = 6\frac{3}{5}$ → 대분수를 가분수로 바꾸어 계산하기

7 설명하는 수는 얼마입니까?

$2\frac{7}{8}$이 4개인 수

( )

8 계산 결과의 크기를 비교하여 ○ 안에 >, =, <를 알맞게 써넣으시오.

$2\frac{1}{6} \times 9$ ○ $1\frac{5}{12} \times 15$

9 어느 동물원에 있는 다람쥐의 무게는 $1\frac{1}{5}$ kg이고, 노루의 무게는 다람쥐의 무게의 15배입니다. 노루의 무게는 몇 kg입니까?

( )

10 한 자루에 $3\frac{7}{12}$ kg인 밤을 10자루 샀습니다. 그중 $9\frac{5}{6}$ kg을 먹었다면 남은 밤은 몇 kg입니까?

( )

11 둘레가 더 긴 도형의 기호를 써 보시오.

㉠ 한 변의 길이가 $3\frac{4}{7}$ cm인 정오각형

㉡ 한 변의 길이가 $2\frac{1}{3}$ cm인 정구각형

( )

파워 pick

12 □ 안에 들어갈 수 있는 자연수를 모두 구해 보시오.

$2\frac{5}{7} \times 14 < □ < 4\frac{2}{3} \times 9$

( )

개념책 30쪽

(자연수) × (진분수)

● $3 \times \dfrac{5}{6}$ 의 계산

약분하는 순서에 따라 두 가지로 계산할 수 있습니다.

$3 \times \dfrac{5}{6} = \dfrac{3 \times 5}{6} = \dfrac{\overset{5}{\cancel{15}}}{\underset{2}{\cancel{6}}} = \dfrac{5}{2} = 2\dfrac{1}{2}$ → 자연수와 분자를 곱한 후 약분하여 계산하기

$\overset{1}{\cancel{3}} \times \dfrac{5}{\underset{2}{\cancel{6}}} = \dfrac{5}{2} = 2\dfrac{1}{2}$ → 자연수와 분모를 약분한 후 계산하기

13 바르게 이야기한 사람은 누구입니까?

> • 희주: 12의 $\dfrac{1}{2}$ 은 6입니다.
>
> • 예서: $12 \times \dfrac{3}{4}$ 은 12보다 큽니다.

( )

14 가장 큰 수와 가장 작은 수의 곱은 얼마입니까?

$$\dfrac{3}{10} \qquad \dfrac{2}{3} \qquad 3$$

( )

15 굵기가 일정한 철근 1 m의 무게가 18 kg입니다. 이 철근 $\dfrac{7}{8}$ m의 무게는 몇 kg입니까?

( )

16 식혜가 4 L 있습니다. 그중에서 $\dfrac{3}{8}$ 을 마셨다면 남은 식혜는 몇 L입니까?

( )

서술형

17 전체 쪽수가 120쪽인 동화책을 영도는 전체의 $\dfrac{3}{5}$ 을 읽었고, 윤서는 전체의 $\dfrac{2}{3}$ 를 읽었습니다. 누가 동화책을 몇 쪽 더 많이 읽었는지 풀이 과정을 쓰고 답을 구해 보시오.

풀이 |

_____

_____

_____

답 | _____ , _____

교과 역량 문제 해결

18 한 변의 길이가 10 cm인 정사각형이 있습니다. 이 정사각형의 각 변의 길이를 $\dfrac{9}{16}$ 배 하여 새로운 정사각형을 만들 때 새로운 정사각형의 둘레는 몇 cm입니까?

( )

개념책 31쪽

유형 4 (자연수)×(대분수)

• $4 \times 3\frac{1}{6}$ 의 계산

방법1 $4 \times 3\frac{1}{6} = (4 \times 3) + \left(\overset{2}{4} \times \frac{1}{\overset{6}{3}}\right)$

$= 12 + \frac{2}{3} = 12\frac{2}{3}$ → 대분수를 자연수와 진분수의 합으로 바꾸어 계산하기

방법2 $4 \times 3\frac{1}{6} = \overset{2}{4} \times \frac{19}{\overset{6}{3}}$

$= \frac{38}{3} = 12\frac{2}{3}$ → 대분수를 가분수로 바꾸어 계산하기

19 계산 결과를 찾아 선으로 이어 보시오.

$4 \times 2\frac{3}{8}$ ·

$3 \times 3\frac{1}{4}$ ·

· $9\frac{1}{4}$

· $9\frac{1}{2}$

· $9\frac{3}{4}$

20 ㉠과 ㉡의 계산한 값의 차는 얼마입니까?

㉠ $5 \times 2\frac{7}{10}$ ㉡ $8 \times 1\frac{3}{20}$

(   )

21 수호는 일정한 빠르기로 한 시간에 3 km를 걷습니다. 수호가 같은 빠르기로 2시간 40분 동안 걸은 거리는 몇 km입니까?

(   )

22 □ 안에 들어갈 수 있는 자연수는 모두 몇 개입니까?

$6 \times 1\frac{5}{9} > □\frac{1}{3}$

(   )

23 어떤 수를 $3\frac{3}{4}$ 으로 나누었더니 2가 되었습니다. 어떤 수의 2배는 얼마입니까?

(   )

파워 pick

24 수도 ㉮, ㉯에서 1분 동안 각각 6 L, 8 L의 물이 일정하게 나온다고 합니다. 두 수도를 동시에 틀어서 5분 15초 동안 물을 받는다면 모두 몇 L의 물을 받을 수 있습니까?

(   )

개념책 35쪽

유형 **5** **(진분수) × (진분수)**

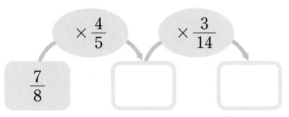

• $\frac{3}{5} \times \frac{5}{6}$ 의 계산

약분하는 순서에 따라 두 가지로 계산할 수 있습니다.

$$\frac{3}{5} \times \frac{5}{6} = \frac{3 \times 5}{5 \times 6} = \frac{15}{30} = \frac{1}{2}$$ → 분자는 분자끼리, 분모는 분모끼리 곱한 후 약분하여 계산하기

$$\frac{3}{5} \times \frac{5}{6} = \frac{1}{2}$$ → 분자와 분모를 약분한 후 계산하기

25 빈칸에 알맞은 수를 써넣으시오.

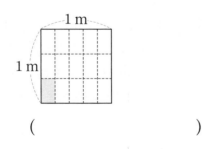

26 한 변의 길이가 1 m인 정사각형을 그림과 같이 가로를 똑같이 다섯으로, 세로를 똑같이 셋으로 나누었습니다. 나누어진 한 칸의 넓이는 몇 m²입니까?

1 m

1 m

(   )

27 선우네 반 학생의 $\frac{4}{9}$ 는 남학생이고, 남학생 중에서 $\frac{5}{6}$ 는 안경을 썼습니다. 선우네 반에서 안경을 쓴 남학생은 반 전체의 몇 분의 몇입니까?

(   )

28 ☐ 안에 들어갈 수 있는 자연수 중에서 가장 작은 수는 얼마입니까?

$$\frac{1}{\square} \times \frac{1}{7} < \frac{1}{42}$$

(   )

29 도형에서 색칠한 부분의 넓이는 몇 m²입니까?

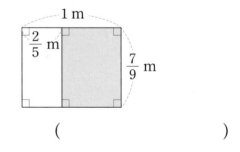

(   )

30 우유가 $\frac{8}{9}$ L 있습니다. 현주가 전체의 $\frac{1}{4}$ 을 마셨고, 유민이가 전체의 $\frac{1}{2}$ 을 마셨습니다. 현주와 유민이 중에서 누가 우유를 몇 L 더 많이 마셨는지 구해 보시오.

(,   )

개념책 36쪽

유형 6 (대분수) × (대분수)

• $1\frac{4}{5} \times 2\frac{1}{3}$ 의 계산

방법1 $1\frac{4}{5} \times 2\frac{1}{3} = \left(1\frac{4}{5} \times 2\right) + \left(1\frac{4}{5} \times \frac{1}{3}\right)$

$= \left(\frac{9}{5} \times 2\right) + \left(\frac{\overset{3}{\cancel{9}}}{5} \times \frac{1}{\cancel{3}_1}\right)$

$= 3\frac{3}{5} + \frac{3}{5} = 4\frac{1}{5}$ → 대분수를 자연수와 진분수의 합으로 바꾸어 계산하기

방법2 $1\frac{4}{5} \times 2\frac{1}{3} = \frac{\overset{3}{\cancel{9}}}{5} \times \frac{7}{\cancel{3}_1}$

$= \frac{21}{5} = 4\frac{1}{5}$ → 대분수를 가분수로 바꾸어 계산하기

31 계산 결과가 더 작은 것에 ○표 하시오.

$2\frac{1}{3} \times 1\frac{5}{14}$ $1\frac{5}{6} \times 2\frac{2}{5}$

(   )   (   )

32 평행사변형의 넓이는 몇 cm²입니까?

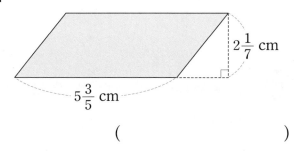

$2\frac{1}{7}$ cm

$5\frac{3}{5}$ cm

(   )

33 1분에 $2\frac{1}{12}$ km를 가는 자동차를 타고 $8\frac{2}{5}$분 동안 간 거리는 모두 몇 km입니까?

(   )

34 1보다 큰 자연수 중에서 □ 안에 들어갈 수 있는 자연수를 모두 구해 보시오.

$2\frac{2}{9} \times 1\frac{7}{8} < 4\frac{1}{\square}$

(   )

서술형

35 수 카드 3장을 한 번씩만 사용하여 대분수를 만들려고 합니다. 만들 수 있는 가장 큰 대분수와 가장 작은 대분수의 곱은 얼마인지 풀이 과정을 쓰고 답을 구해 보시오.

4   1   3

풀이 |

_____

_____

답 |

36 통에 물이 $2\frac{1}{2}$ L 담겨 있습니다. 담긴 물의 양의 $1\frac{4}{5}$ 만큼을 더 붓는다면 통에 담긴 물은 모두 몇 L가 됩니까? (단, 통의 들이는 10 L입니다.)

(   )

개념책 36쪽

유형 7 세 분수의 곱셈

• $\dfrac{1}{4} \times \dfrac{5}{8} \times \dfrac{2}{5}$ 의 계산

방법 1 $\dfrac{1}{4} \times \dfrac{5}{8} \times \dfrac{2}{5} = \left(\dfrac{1}{4} \times \dfrac{5}{8} \right) \times \dfrac{2}{5}$

$= \dfrac{\overset{1}{\cancel{5}}}{\underset{16}{\cancel{32}}} \times \dfrac{\overset{1}{\cancel{2}}}{\underset{1}{\cancel{5}}} = \dfrac{1}{16}$ → 두 분수씩 계산하기

방법 2 $\dfrac{1}{4} \times \dfrac{5}{8} \times \dfrac{2}{5} = \dfrac{1 \times \overset{1}{\cancel{5}} \times \overset{1}{\cancel{2}}}{\underset{2}{\cancel{4}} \times 8 \times \underset{1}{\cancel{5}}} = \dfrac{1}{16}$ → 세 분수를 한꺼번에 계산하기

37 잘못 계산한 사람은 누구입니까?

> • 혜지: $1\dfrac{1}{6} \times \dfrac{5}{9} \times \dfrac{2}{5} = \dfrac{7}{27}$
>
> • 정구: $\dfrac{7}{12} \times \dfrac{3}{4} \times \dfrac{1}{2} = \dfrac{3}{32}$

( )

서술형

38 ㉠과 ㉡의 계산한 값의 합은 얼마인지 풀이 과정을 쓰고 답을 구해 보시오.

> ㉠ $\dfrac{5}{6} \times 1\dfrac{3}{5} \times 3$ ㉡ $\dfrac{3}{4} \times \dfrac{6}{7} \times \dfrac{8}{9}$

풀이 |

답 |

39 유호의 몸무게는 45 kg입니다. 동생은 유호의 몸무게의 $\dfrac{8}{15}$ 이고, 어머니는 동생의 몸무게의 $2\dfrac{5}{8}$ 입니다. 어머니의 몸무게는 몇 kg입니까?

( )

40 ☐ 안에 들어갈 수 있는 자연수를 모두 구해 보시오.

> $\dfrac{1}{8} \times \dfrac{1}{9} < \dfrac{1}{2} \times \dfrac{1}{6} \times \dfrac{1}{\square} < \dfrac{1}{7} \times \dfrac{1}{5}$

( )

41 바닥에 한 변의 길이가 $2\dfrac{1}{4}$ cm인 정사각형 모양의 타일 32장을 겹치지 않게 이어 붙였습니다. 타일을 이어 붙인 부분의 넓이는 몇 cm^2 입니까?

( )

42 어느 목장에서 기르고 있는 가축은 모두 270마리입니다. 이 중에서 $\dfrac{7}{9}$ 이 소이고, 그중 $\dfrac{3}{7}$ 이 수소입니다. 이 목장에서 기르고 있는 암소는 몇 마리입니까?

( )

까다로운

유형 8 바르게 계산한 값 구하기

❶ 어떤 수를 ☐라 하여 잘못 계산한 식 만들기

❷ 덧셈과 뺄셈의 관계를 이용하여 어떤 수 구하기
- ☐＋▲＝● → ●－▲＝☐
- ☐－▲＝● → ●＋▲＝☐

❸ 바르게 계산한 값 구하기

43 어떤 수에 $\frac{3}{5}$을 곱해야 할 것을 잘못하여 더했더니 $1\frac{1}{35}$이 되었습니다. 바르게 계산하면 얼마입니까?

(   )

44 어떤 수에 $2\frac{7}{12}$을 곱해야 할 것을 잘못하여 뺐더니 $7\frac{5}{12}$가 되었습니다. 바르게 계산하면 얼마입니까?

(   )

45 $3\frac{8}{9}$에 어떤 수를 곱해야 할 것을 잘못하여 더했더니 $5\frac{1}{18}$이 되었습니다. 바르게 계산하면 얼마입니까?

(   )

비법 있는

유형 9 계산 결과가 가장 작은 진분수의 곱셈식 만들기

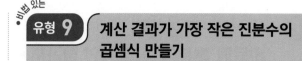

$$\frac{㉠}{■}\times\frac{㉡}{▲}=\frac{㉠\times㉡}{■\times▲}$$

→ 분자 ㉠, ㉡이 작을수록 ┐
　분모 ■, ▲가 클수록 ┘ 곱이 작습니다.

46 수 카드 4장을 한 번씩만 사용하여 2개의 진분수를 만들어 곱하려고 합니다. 계산 결과가 가장 작을 때의 곱은 얼마입니까?

6 7 8 9

(   )

47 수 카드 6장을 한 번씩만 사용하여 3개의 진분수를 만들어 곱하려고 합니다. 계산 결과가 가장 작을 때의 곱은 얼마입니까?

2 3 4 5 6 7

(   )

48 수 카드 8장 중에서 6장을 골라 한 번씩만 사용하여 3개의 진분수를 만들어 곱하려고 합니다. 계산 결과가 가장 작을 때의 곱은 얼마입니까?

1 2 3 4 5 6 7 8

(   )

유형 10 ·빨라지는(느려지는) 시계가 가리키는 시각 구하기·

하루에 ■분씩 ▲일 동안 빨라지는(늦어지는) 시간은 (■ × ▲)분이야!

대표문제

49 하루에 $\dfrac{9}{20}$ 분씩 빨라지는 시계가 있습니다. 이 시계를 오늘 오전 10시에 정확하게 맞추어 놓았습니다. 4일 후 오전 10시에 이 시계가 가리키는 시각은 오전 몇 시 몇 분 몇 초입니까?

문제 풀이

❶ 4일 동안 빨라진 시간 구하기

(   )

❷ 4일 후 오전 10시에 시계가 가리키는 시각 구하기

(   )

50 하루에 $\dfrac{7}{15}$ 분씩 느려지는 시계가 있습니다. 이 시계를 오늘 오후 3시에 정확하게 맞추어 놓았습니다. 10일 후 오후 3시에 이 시계가 가리키는 시각은 오후 몇 시 몇 분 몇 초입니까?

(   )

51 한 시간에 $5\dfrac{1}{2}$ 초씩 빨라지는 시계가 있습니다. 이 시계를 오늘 오후 7시에 정확하게 맞추어 놓았습니다. 내일 오전 7시에 이 시계가 가리키는 시각은 오전 몇 시 몇 분 몇 초입니까?

(   )

유형11 · 튀어 오른 공의 높이 구하기 ·

공이 떨어진 높이의 ■/■ 만큼 튀어 오를 때, 튀어 오른 높이는 (떨어진 높이) × ■/■ 야!

대표문제

52 땅에 닿으면 떨어진 높이의 $\frac{2}{3}$만큼 튀어 오르는 공이 있습니다. 이 공을 18 m 높이에서 떨어뜨렸다면 공이 땅에 2번 닿았다가 튀어 오른 높이는 몇 m입니까?

문제 풀이

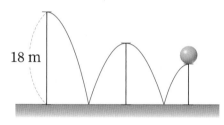

18 m

❶ 공이 땅에 한 번 닿았다가 튀어 오른 높이 구하기

(   )

❷ 공이 땅에 2번 닿았다가 튀어 오른 높이 구하기

(   )

53 땅에 닿으면 떨어진 높이의 $\frac{1}{2}$만큼 튀어 오르는 공이 있습니다. 이 공을 $4\frac{2}{7}$ m 높이에서 떨어뜨렸다면 공이 땅에 2번 닿았다가 튀어 오른 높이는 몇 m입니까?

(   )

54 땅에 닿으면 떨어진 높이의 $\frac{2}{5}$만큼 튀어 오르는 공이 있습니다. 이 공을 $5\frac{5}{12}$ m 높이에서 떨어뜨렸다면 공이 땅에 3번 닿았다가 튀어 오른 높이는 몇 m입니까?

(   )

유형12 · 전체의 양 구하기 ·

전체(1)의 ■/▲를 뺀 나머지는 $\left(1-\dfrac{▲}{■}\right)$이고, 나머지의 $\dfrac{ⓛ}{ⓙ}$은 $\left(1-\dfrac{▲}{■}\right)×\dfrac{ⓛ}{ⓙ}$이야!

대표문제

문제 풀이

55 정희는 가지고 있던 색종이의 $\dfrac{2}{3}$를 언니에게 주고, 나머지의 $\dfrac{4}{7}$를 동생에게 주었더니 색종이가 12장 남았습니다. 정희가 처음에 가지고 있던 색종이는 몇 장입니까?

❶ 그림을 보고 ☐ 안에 알맞은 수 써넣기

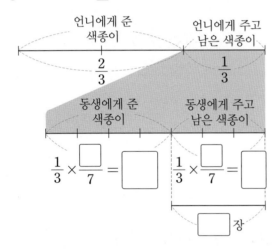

언니에게 준 색종이 $\dfrac{2}{3}$

언니에게 주고 남은 색종이 $\dfrac{1}{3}$

동생에게 준 색종이

동생에게 주고 남은 색종이

$\dfrac{1}{3}×\dfrac{☐}{7}=\boxed{}$　$\dfrac{1}{3}×\dfrac{☐}{7}=\boxed{}$

$\boxed{}$장

❷ 정희가 처음에 가지고 있던 색종이의 수 구하기

(　　　　　　　　)

56 윤석이는 가지고 있던 돈의 $\dfrac{2}{5}$로 수첩을 사고, 나머지의 $\dfrac{1}{6}$로 연필을 샀더니 5000원이 남았습니다. 윤석이가 처음에 가지고 있던 돈은 얼마입니까?

(　　　　　　　　)

57 서준이는 삼촌 댁에 가는 데 전체 걸린 시간의 $\dfrac{5}{9}$는 지하철을 타고, 나머지의 $\dfrac{3}{4}$은 버스를 타고 나머지는 걸어갔습니다. 걸어간 시간이 10분일 때 서준이가 삼촌 댁에 가는 데 걸린 시간은 몇 시간 몇 분입니까?

(　　　　　　　　)

유형13 • 변의 길이를 늘이거나 줄여서 만든 도형의 넓이 구하기 •

길이 ㉠을 $\dfrac{\blacksquare}{\bullet}$ 만큼 늘이면 ㉠ × $\left(1+\dfrac{\blacksquare}{\bullet}\right)$ 가 되고, $\dfrac{\blacksquare}{\bullet}$ 만큼 줄이면 ㉠ × $\left(1-\dfrac{\blacksquare}{\bullet}\right)$ 가 돼!

대표문제

58 한 변의 길이가 12 cm인 정사각형의 가로를 처음 길이의 $\dfrac{1}{4}$ 만큼 늘이고, 세로를 처음 길이의 $\dfrac{1}{6}$ 만큼 줄여서 직사각형을 만들었습니다. 만든 직사각형의 넓이는 몇 cm²입니까?

❶ ☐ 안에 알맞은 수 써넣기

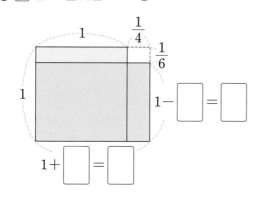

$1-\boxed{}=\boxed{}$

$1+\boxed{}=\boxed{}$

❷ 만든 직사각형의 가로와 세로 각각 구하기

가로 (   )
세로 (   )

❸ 만든 직사각형의 넓이 구하기

(   )

59 한 변의 길이가 14 cm인 정사각형의 가로를 처음 길이의 $\dfrac{1}{7}$ 만큼 늘이고, 세로를 처음 길이의 $\dfrac{5}{8}$ 만큼 줄여서 직사각형을 만들었습니다. 만든 직사각형의 넓이는 몇 cm²입니까?

(   )

60 한 변의 길이가 25 cm인 정사각형의 가로를 처음 길이의 $\dfrac{3}{10}$ 만큼 늘이고, 세로를 처음 길이의 $\dfrac{4}{5}$ 만큼 줄여서 직사각형을 만들었습니다. 만든 직사각형의 넓이는 몇 cm²입니까?

(   )

1 계산해 보시오.

$$\frac{3}{4} \times \frac{5}{12} \times \frac{4}{9}$$

2 빈칸에 알맞은 수를 써넣으시오.

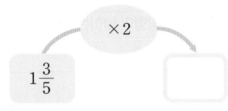

3 두 수의 곱은 얼마입니까?

$$1\frac{5}{14} \qquad 2\frac{1}{3}$$

( )

4 계산 결과가 $\frac{5}{6}$ 보다 작은 것을 찾아 기호를 써 보시오.

> ⓐ $\frac{5}{6} \times 1$ ⓑ $\frac{5}{6} \times \frac{7}{10}$ ⓒ $\frac{5}{6} \times 1\frac{1}{2}$

( )

5 계산 결과를 찾아 선으로 이어 보시오.

$4 \times 1\frac{5}{6}$ •

$18 \times 1\frac{1}{12}$ •

• $19\frac{1}{2}$

• $15\frac{1}{3}$

• $7\frac{1}{3}$

6 가장 큰 수와 가장 작은 수의 곱은 얼마입니까?

> $9 \qquad 2\frac{1}{12} \qquad 5\frac{2}{3}$

( )

7 계산 결과가 가장 큰 것을 찾아 기호를 써 보시오.

> ⓐ $4 \times 1\frac{1}{8}$ ⓑ $\frac{7}{12} \times \frac{1}{7}$
>
> ⓒ $3\frac{1}{3} \times 2\frac{3}{10}$ ⓓ $\frac{4}{5} \times \frac{5}{6}$

( )

점수   확인

잘 틀리는 문제

8 수 카드 5장 중에서 2장을 골라 한 번씩만 사용하여 다음과 같은 분수의 곱셈식을 만들려고 합니다. 계산 결과가 가장 큰 곱셈식을 만들고, 계산해 보시오.

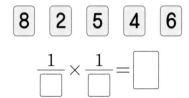

$$\frac{1}{\Box} \times \frac{1}{\Box} = \boxed{}$$

9 한 명에게 피자 한 판의 $\frac{3}{8}$씩 나누어 주려고 합니다. 32명에게 똑같이 나누어 주려면 필요한 피자는 모두 몇 판입니까?

(   )

10 바르게 말한 친구를 찾아 이름을 써 보시오.

- 형준: 1 L의 $\frac{1}{4}$은 200 mL야.
- 주희: 1시간의 $\frac{1}{5}$은 15분이야.
- 소진: 1 m의 $\frac{1}{2}$은 50 cm야.

(   )

11 어떤 수는 9의 $\frac{4}{15}$배입니다. 어떤 수와 10의 곱은 얼마입니까?

(   )

12 한 변의 길이가 $4\frac{5}{6}$ cm인 정사각형의 둘레와 넓이를 각각 구해 보시오.

둘레 (   )
넓이 (   )

13 석규네 학교 전체 학생 수의 $\frac{1}{2}$은 여학생입니다. 여학생 중에서 $\frac{6}{7}$은 꽃을 좋아하고 그중 $\frac{1}{4}$은 장미를 좋아합니다. 장미를 좋아하는 여학생은 석규네 학교 전체 학생의 몇 분의 몇입니까?

(   )

14 수 카드 3장을 한 번씩만 사용하여 대분수를 만들려고 합니다. 만들 수 있는 가장 큰 대분수와 가장 작은 대분수의 곱은 얼마입니까?

7   1   3

(   )

잘 틀리는 문제

15 ☐ 안에 들어갈 수 있는 자연수를 모두 구해 보시오.

$$\frac{1}{6} \times \frac{1}{8} < \frac{1}{\square} \times \frac{1}{5} < \frac{1}{7} \times \frac{1}{4}$$

(   )

16 다음은 두 개의 정사각형을 겹쳐 놓은 모양입니다. 큰 정사각형의 각 변의 중앙에 작은 정사각형의 네 꼭짓점이 닿을 때 색칠한 부분의 넓이는 몇 m²입니까?

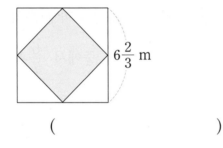

$6\frac{2}{3}$ m

(   )

17 땅에 닿으면 떨어진 높이의 $\frac{4}{5}$ 만큼 튀어 오르는 공이 있습니다. 이 공을 $6\frac{7}{8}$ m 높이에서 떨어뜨렸다면 공이 땅에 3번 닿았다가 튀어 오른 높이는 몇 m입니까?

(   )

◁ 서술형 문제

18 ㉠과 ㉡의 계산 결과의 차를 구하려고 합니다. 풀이 과정을 쓰고 답을 구해 보시오.

$$㉠ \ \frac{7}{10} \times 22 \qquad ㉡ \ 36 \times \frac{5}{24}$$

풀이 |

답 |

19 어느 미술관의 어제 입장객 120명 중에서 $\frac{3}{4}$ 은 어른이고 그중에서 $\frac{2}{9}$ 는 남자입니다. 이 미술관에 어제 입장한 남자 어른은 몇 명인지 풀이 과정을 쓰고 답을 구해 보시오.

풀이 |

답 |

20 하루에 $1\frac{3}{4}$ 분씩 느려지는 시계가 있습니다. 이 시계를 오늘 오전 11시에 정확하게 맞추어 놓았습니다. 6일 후 오전 11시에 이 시계가 가리키는 시각은 오전 몇 시 몇 분 몇 초인지 풀이 과정을 쓰고 답을 구해 보시오.

풀이 |

답 |

1 빈칸에 두 수의 곱을 써넣으시오.

$$2\frac{1}{4} \quad 2\frac{2}{3}$$

2 계산 결과의 크기를 비교하여 ○ 안에 >, =, <를 알맞게 써넣으시오.

$$\frac{5}{6} \times \frac{7}{10} \bigcirc \frac{3}{8} \times \frac{4}{9}$$

3 잘못 계산한 곳을 찾아 바르게 계산해 보시오.

$$2\frac{5}{\cancel{9}_{3}} \times \cancel{6}^{2} = 2\frac{5}{3} \times 2 = \frac{11}{3} \times 2$$
$$= \frac{22}{3} = 7\frac{1}{3}$$

⇩

$$2\frac{5}{9} \times 6 = \underline{\hspace{4cm}}$$

4 수정이는 주스를 어제는 전체의 $\frac{2}{5}$만큼 마셨고, 오늘은 어제 마신 주스의 $\frac{5}{8}$만큼 마셨습니다. 수정이가 오늘 마신 주스는 전체의 몇 분의 몇입니까?

( )

5 □ 안에 들어갈 수 있는 자연수는 모두 몇 개입니까?

$$14 \times \frac{4}{7} < □ < 4\frac{1}{2} \times 3\frac{1}{3}$$

( )

6 연우네 집에 감자가 $8\frac{4}{5}$ kg 있습니다. 그중에서 $5\frac{1}{2}$ kg을 덜어내고 남은 감자의 $\frac{1}{3}$을 이웃집에 나누어 주려고 합니다. 이웃집에 나누어 줄 감자는 몇 kg입니까?

( )

7 아버지께서 쌀을 ㉮, ㉯, ㉰ 세 통에 나누어 담으셨습니다. ㉮ 통에는 4 kg, ㉯ 통에는 ㉮ 통의 $1\frac{3}{4}$ 만큼, ㉰ 통에는 ㉯ 통의 $\frac{3}{5}$ 만큼 담았습니다. ㉮, ㉯, ㉰ 세 통에 담은 쌀은 모두 몇 kg입니까?

(   )

8 한 변의 길이가 18 cm인 정사각형의 가로를 처음 길이의 $\frac{2}{9}$ 만큼 늘이고, 세로를 처음 길이의 $\frac{11}{12}$ 만큼 줄여서 직사각형을 만들었습니다. 만든 직사각형의 넓이는 몇 cm^2 입니까?

(   )

⌐ **서술형 문제**

9 어떤 수에 $2\frac{1}{3}$ 을 곱해야 할 것을 잘못하여 뺐더니 $3\frac{1}{15}$ 이 되었습니다. 바르게 계산한 값은 얼마인지 풀이 과정을 쓰고 답을 구해 보시오.

풀이 |

_____

_____

답 |

10 현주네 학교 학생 중에서 여학생은 $\frac{9}{16}$ 이고, 남학생 중 $\frac{3}{7}$ 은 수학을 좋아합니다. 현주네 학교 학생 중에서 수학을 좋아하지 않는 남학생이 120명일 때 전체 학생은 몇 명인지 풀이 과정을 쓰고 답을 구해 보시오.

풀이 |

_____

_____

답 |

3 합동과 대칭

실전유형 강화

개념책 48쪽

유형 1 도형의 합동

합동: 모양과 크기가 같아서 포개었을 때 완전히 겹치는 두 도형의 관계

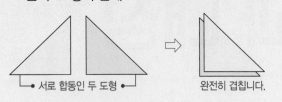

1 서로 합동인 도형을 모두 찾아 써 보시오.

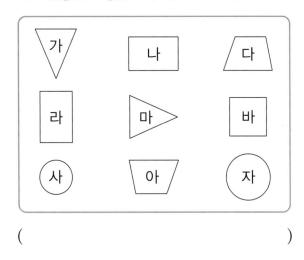

(   )

2 정삼각형 모양의 종이를 점선을 따라 잘랐을 때 만들어지는 두 도형이 서로 합동이 되는 점선을 모두 찾아 기호를 써 보시오.

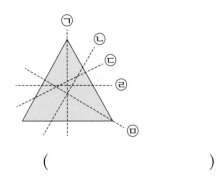

(   )

교과 역량 추론, 창의·융합

3 태현이네 집 앞 도로에서 깨진 보도블록을 새 보도블록으로 바꾸어 깔려고 합니다. 다음 세 보도블록 중에서 바꾸어 깔 수 있는 보도블록을 찾아 써 보시오.

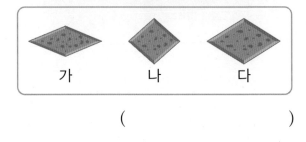

가   나   다

(   )

4 직사각형 모양의 종이를 점선을 따라 잘랐을 때 서로 합동인 도형은 모두 몇 쌍 만들어집니까?

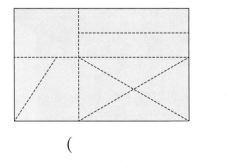

(   )

5 두 도형이 서로 합동이 <u>아닌</u> 것을 찾아 기호를 써 보시오.

┌─────────────────────────────┐
│ ㉠ 한 변의 길이가 같은 두 정오각형   │
│ ㉡ 둘레가 같은 두 정육각형   │
│ ㉢ 넓이가 같은 두 정사각형   │
│ ㉣ 둘레가 같은 두 이등변삼각형   │
└─────────────────────────────┘

(   )

개념책 49쪽

유형 2 합동인 도형의 성질

서로 합동인 두 도형에서
• 각각의 **대응변**의 길이가 서로 **같습니다.**
• 각각의 **대응각**의 크기가 서로 **같습니다.**

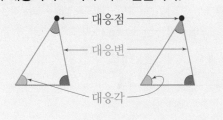

6 두 사각형은 서로 합동입니다. ☐ 안에 알맞은 수를 써넣으시오.

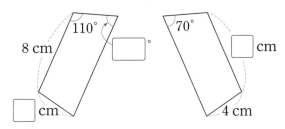

7 합동인 도형에 대해 말한 것입니다. 바르게 말한 사람을 찾아 이름을 써 보시오.

> • 지예: 두 삼각형의 세 각의 크기가 각각 같으면 두 삼각형은 서로 합동이야.
> • 정재: 넓이가 같은 두 삼각형은 서로 합동이야.
> • 선우: 서로 합동인 두 삼각형의 둘레는 서로 같아.

(   )

8 두 삼각형은 서로 합동입니다. 삼각형 ㄱㄴㄷ의 넓이는 몇 cm²입니까?

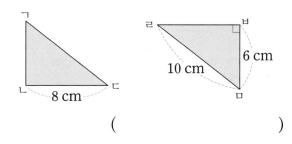

(   )

서술형

9 사각형 ㄱㄴㄷㄹ과 사각형 ㅇㅅㅂㅁ은 서로 합동입니다. 각 ㅁㅇㅅ은 몇 도인지 풀이 과정을 쓰고 답을 구해 보시오.

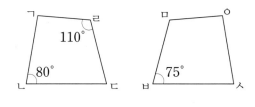

풀이 |

답 |

10 삼각형 ㄱㄴㄷ과 삼각형 ㄷㅁㄹ은 서로 합동입니다. 선분 ㄱㅁ은 몇 cm입니까?

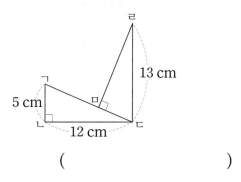

(   )

3
단원

교과 역량 문제 해결

11 두 오각형은 서로 합동입니다. 오각형 ㄱㄴㄷㄹㅁ 의 둘레가 30 cm일 때 변 ㄱㄴ은 몇 cm입니까?

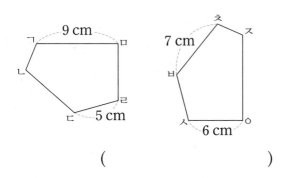

( )

12 삼각형 ㄱㄴㄷ과 삼각형 ㄹㄷㄴ은 서로 합동 입니다. 각 ㄴㅁㄷ은 몇 도입니까?

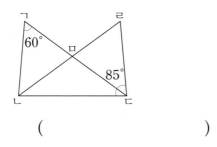

( )

파워 pick

13 삼각형 ㄱㄴㅁ과 삼각형 ㄹㅁㄷ은 서로 합동 입니다. 사각형 ㄱㄴㄷㄹ의 넓이는 몇 cm²입 니까?

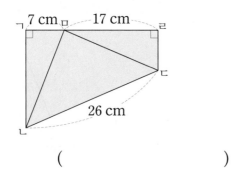

( )

개념책 53쪽

유형 3 선대칭도형

선대칭도형: 한 직선을 따라 접었을 때 완전히 겹치는 도형

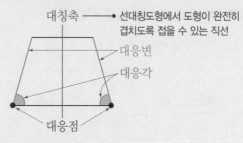

참고 선대칭도형에서 대칭축에 의해 나누어진 두 도형은 서로 합동입니다.

14 선대칭도형이 아닌 것을 찾아 기호를 써 보시오.

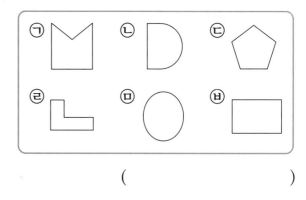

( )

15 다음 도형은 선대칭도형입니다. 대칭축을 모두 그려 보시오.

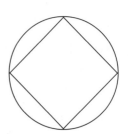

16 선대칭도형인 알파벳을 모두 찾아 기호를 써 보시오.

( )

(17~18) 선대칭도형을 보고 물음에 답하시오.

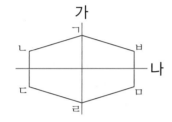

17 직선 가를 대칭축으로 할 때, 점 ㄴ의 대응점, 변 ㄷㄹ의 대응변을 각각 써 보시오.

점 ㄴ의 대응점 ( )
변 ㄷㄹ의 대응변 ( )

18 직선 나를 대칭축으로 할 때, 변 ㄱㄴ의 대응변, 각 ㄱㅂㅁ의 대응각을 각각 써 보시오.

변 ㄱㄴ의 대응변 ( )
각 ㄱㅂㅁ의 대응각 ( )

19 대칭축이 많은 도형부터 차례대로 기호를 써 보시오.

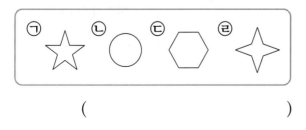

( )

유형 4 **선대칭도형의 성질**

선대칭도형에서
• 각각의 대응변의 길이가 서로 **같습니다.**
• 각각의 대응각의 크기가 서로 **같습니다.**
• 각각의 대응점에서 대칭축까지의 거리는 서로 **같습니다.**

대응점끼리 이은 선분은 대칭축과 수직으로 만납니다.

20 직선 ㅅㅇ을 대칭축으로 하는 선대칭도형입니다. ☐ 안에 알맞은 수를 써넣으시오.

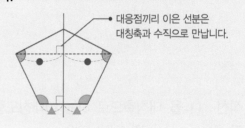

21 오른쪽은 선분 ㄱㄹ을 대칭축으로 하는 선대칭도형입니다. 선분 ㄷㄹ은 몇 cm인지 풀이 과정을 쓰고 답을 구해 보시오.

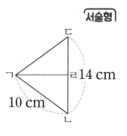

서술형

풀이 |

답 |

22 선대칭도형이 되도록 그림을 완성해 보시오.

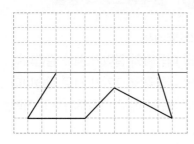

23 직선 ㄱㄴ을 대칭축으로 하는 선대칭도형입니다. 각 ㄷㅁㅂ은 몇 도입니까?

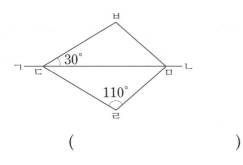

( )

24 직선 ㄱㄴ을 대칭축으로 하는 선대칭도형을 완성하고, 완성한 선대칭도형의 둘레는 몇 cm인지 구해 보시오.

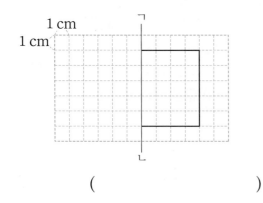

( )

25 직선 ㄱㄴ을 대칭축으로 하는 선대칭도형입니다. 도형의 둘레가 40 cm일 때 변 ㄷㄹ은 몇 cm입니까?

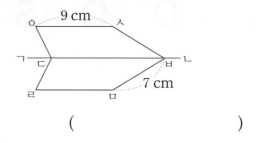

( )

26 직선 ㅅㅇ을 대칭축으로 하는 선대칭도형입니다. 각 ㄱㄴㄷ은 몇 도입니까?

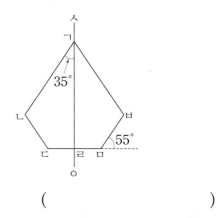

( )

27 선분 ㄱㄷ을 대칭축으로 하는 선대칭도형입니다. 사각형 ㄱㄴㄷㄹ의 넓이는 몇 cm²입니까?

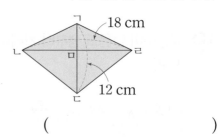

( )

개념책 55쪽

유형 5 점대칭도형

점대칭도형: 한 도형을 어떤 점을 중심으로 180° 돌렸을 때 처음 도형과 완전히 겹치는 도형

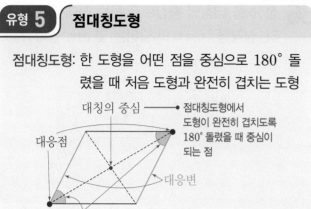

28 점대칭도형을 모두 찾아 기호를 써 보시오.

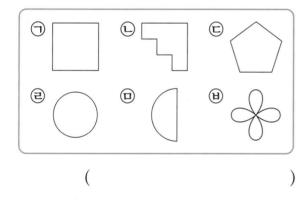

( )

29 다음 도형은 점대칭도형입니다. 대칭의 중심을 찾는 방법을 설명하고, 대칭의 중심은 몇 개인지 구해 보시오.

서술형

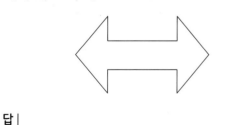

답 |

_____

_____

교과 역량 추론

30 오른쪽은 점 ㅇ을 대칭의 중심으로 하는 점대칭도형입니다. 잘못 설명한 사람을 찾아 이름을 써 보시오.

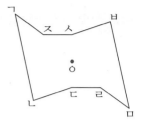

- 수미: 점 ㄴ의 대응점은 점 ㅂ이야.
- 인하: 변 ㄷㄹ의 대응변은 변 ㄱㅈ이야.
- 진예: 각 ㅈㄱㄴ의 대응각은 각 ㄹㅁㅂ이야.

( )

31 점대칭도형이 <u>아닌</u> 것을 모두 고르시오.
( )

① 정삼각형   ② 정육각형
③ 사다리꼴   ④ 평행사변형
⑤ 마름모

32 점대칭도형을 모두 찾아 ◯표 하고, 대칭의 중심을 표시해 보시오.

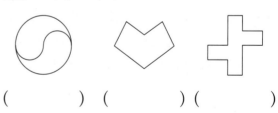

( )   ( )   ( )

33 선대칭도형이면서 점대칭도형인 것을 모두 찾아 기호를 써 보시오.

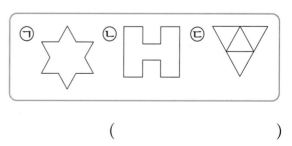

( )

개념책 56쪽

유형 6 점대칭도형의 성질

점대칭도형에서
• 각각의 **대응변의 길이가** 서로 **같습니다.**
• 각각의 **대응각의 크기가** 서로 **같습니다.**
• 각각의 **대응점에서** 대칭의 중심까지의 거리는 서로 **같습니다.**

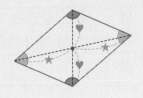

34 점 ㅇ을 대칭의 중심으로 하는 점대칭도형입니다. ☐ 안에 알맞은 수를 써넣으시오.

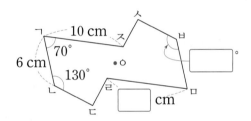

35 점 ㅇ을 대칭의 중심으로 하는 점대칭도형입니다. 변 ㄷㄹ과 변 ㅁㅂ의 길이의 차는 몇 cm인지 풀이 과정을 쓰고 답을 구해 보시오. (서술형)

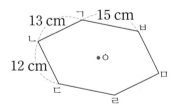

풀이 |

_____

_____

_____

답 | _____

36 점 ㅇ을 대칭의 중심으로 하는 점대칭도형입니다. 삼각형 ㄱㄴㄷ의 넓이는 몇 cm²입니까?

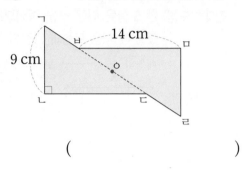

(   )

교과 역량 문제 해결, 추론
37 점 ㅇ을 대칭의 중심으로 하는 점대칭도형입니다. 각 ㄴㄷㄹ은 몇 도입니까?

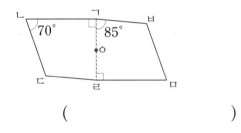

(   )

38 점 ㅇ을 대칭의 중심으로 하는 점대칭도형입니다. 두 대각선의 길이의 합이 28 cm일 때, 선분 ㄱㅇ은 몇 cm입니까?

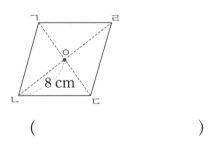

(   )

교과 역량 문제 해결

39 점 ㅇ을 대칭의 중심으로 하는 점대칭도형입니다. 도형의 둘레가 70 cm일 때 변 ㄱㄴ은 몇 cm입니까?

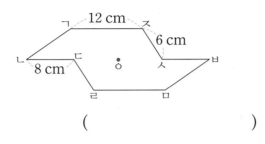

(   )

40 점 ㅇ을 대칭의 중심으로 하는 점대칭도형입니다. 각 ㄹㅁㅂ은 몇 도입니까?

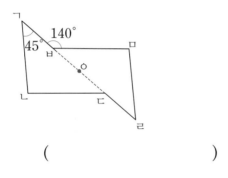

(   )

교과 역량 문제 해결, 추론

41 다음 도형은 선대칭도형이면서 점대칭도형입니다. 이 도형의 둘레는 몇 cm입니까?

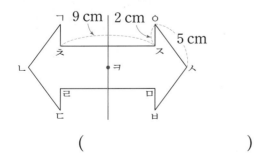

(   )

비법 있는

유형 **7** **점대칭도형의 둘레 구하기**

대칭의 중심은 대응점끼리 이은 선분을 **둘로 똑같이** 나눕니다.

42 점 ㅇ을 대칭의 중심으로 하는 점대칭도형입니다. 점대칭도형의 둘레는 몇 cm입니까?

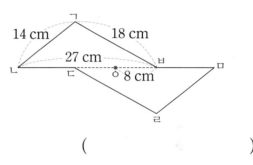

(   )

43 점 ㅇ을 대칭의 중심으로 하는 점대칭도형입니다. 점대칭도형의 둘레는 몇 cm입니까?

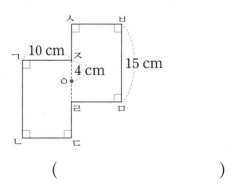

(   )

44 점 ㅇ을 대칭의 중심으로 하는 점대칭도형입니다. 점대칭도형의 둘레는 몇 cm입니까?

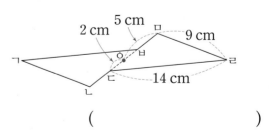

(   )

상위권유형 강화

• 완성한 점대칭도형의 넓이 구하기 •

(완성한 점대칭도형의 넓이)=(주어진 도형의 넓이)×2

대표문제

45 점 ㅇ을 대칭의 중심으로 하는 점대칭도형을 완성하려고 합니다. 완성한 점대칭도형의 넓이는 몇 cm²입니까?

문제 풀이

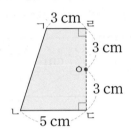

❶ ☐ 안에 알맞은 수 써넣기

> 점대칭도형의 넓이는 주어진 도형의 넓이의 ☐배입니다.

❷ 주어진 도형의 넓이 구하기

(   )

❸ 완성한 점대칭도형의 넓이 구하기

(   )

46 점 ㅇ을 대칭의 중심으로 하는 점대칭도형을 완성하려고 합니다. 완성한 점대칭도형의 넓이는 몇 cm²입니까?

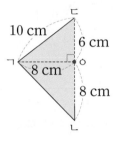

(   )

47 점 ㅇ을 대칭의 중심으로 하는 점대칭도형을 완성하려고 합니다. 완성한 점대칭도형의 넓이는 몇 cm²입니까?

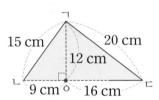

(   )

유형 9 ・종이를 접은 모양에서 도형의 넓이 구하기・

접은 모양과 접기 전 모양은 서로 합동이야!

대표문제

48 그림과 같이 직사각형 모양의 종이를 접었을 때 삼각형 ㄱㄴㅁ과 삼각형 ㄷㅂㅁ은 서로 합동이 됩니다. 직사각형 ㄱㄴㄷㄹ의 넓이는 몇 cm^2입니까?

문제 풀이

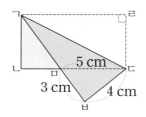

❶ 변 ㄱㄴ과 변 ㄴㅁ의 길이 각각 구하기

변 ㄱㄴ (   )
변 ㄴㅁ (   )

❷ 선분 ㄴㄷ의 길이 구하기

(   )

❸ 직사각형 ㄱㄴㄷㄹ의 넓이 구하기

(   )

49 그림과 같이 직사각형 모양의 종이를 접었을 때 삼각형 ㅁㄱㅂ과 삼각형 ㄹㄷㅂ은 서로 합동이 됩니다. 직사각형 ㄱㄴㄷㄹ의 넓이는 몇 cm^2입니까?

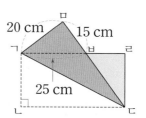

(   )

50 그림과 같이 직사각형 모양의 종이를 접었을 때 삼각형 ㄱㄴㅂ과 삼각형 ㅁㄹㅂ은 서로 합동이 됩니다. 삼각형 ㄱㄴㄹ의 넓이는 몇 cm^2입니까?

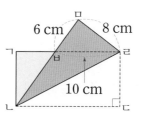

(   )

유형10 · 선대칭도형에서 각의 크기 구하기 ·

선대칭도형은 대칭축에 의해 도형이 둘로 똑같이 나눠져!

대표문제

51 직선 ㅁㅂ을 대칭축으로 하는 선대칭도형입니다. 각 ㄱㄴㄷ은 몇 도입니까?

문제 풀이

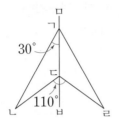

❶ 각 ㄴㄷㅂ의 크기 구하기

(   )

❷ 각 ㄴㄷㄱ의 크기 구하기

(   )

❸ 각 ㄱㄴㄷ의 크기 구하기

(   )

52 직선 ㅅㅇ을 대칭축으로 하는 선대칭도형입니다. 각 ㄷㄹㅁ은 몇 도입니까?

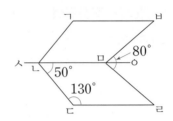

(   )

53 사각형 ㄱㄴㄷㅁ과 삼각형 ㅁㄴㄹ은 각각 선대칭도형입니다. 각 ㄷㄹㅁ은 몇 도입니까?

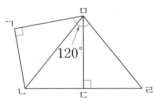

(   )

유형 11 • 점대칭이 되는 네 자리 수 구하기 •

점대칭이 되는 숫자를 찾아 점대칭이 되는 네 자리 수를 만들어!

대표문제

54 8008은 점대칭이 되는 수입니다. 다음 숫자를 사용하여 8008보다 작은 점대칭이 되는 네 자리 수를 만들려고 합니다. 만들 수 있는 수를 모두 구해 보시오. (단, 같은 숫자를 여러 번 사용할 수 있습니다.)

문제 풀이

0	1	4	7	8

❶ 주어진 숫자 중에서 점대칭이 되는 숫자 모두 구하기

(   )

❷ 위 ❶에서 구한 숫자로 만들 수 있는 수 중에서 점대칭이 되는 네 자리 수 모두 구하기

(   )

❸ 8008보다 작은 점대칭이 되는 네 자리 수 모두 구하기

(   )

55 6969는 점대칭이 되는 수입니다. 다음 숫자를 사용하여 6969보다 큰 점대칭이 되는 네 자리 수를 만들려고 합니다. 만들 수 있는 수를 모두 구해 보시오. (단, 같은 숫자를 여러 번 사용할 수 있습니다.)

0	2	4	6	7	9

(   )

56 6119는 점대칭이 되는 수입니다. 다음 숫자를 사용하여 6119보다 작은 점대칭이 되는 네 자리 수를 만들려고 합니다. 만들 수 있는 수는 모두 몇 개입니까? (단, 같은 숫자를 여러 번 사용할 수 있습니다.)

0	1	2	3	5	6	7	8	9

(   )

1 오른쪽 도형과 포개었을 때 완전히 겹치는 도형은 어느 것입니까? (   )

① 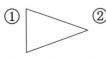 ②   ③

④ ⑤

(2~4) 두 삼각형은 서로 합동입니다. 물음에 답하시오.

2 변 ㄹㅂ의 대응변을 써 보시오.

(   )

3 변 ㄱㄴ은 몇 cm입니까?

(   )

4 각 ㄴㄷㄱ은 몇 도입니까?

(   )

(5~7) 도형을 보고 물음에 답하시오.

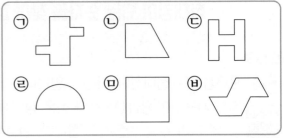

5 선대칭도형을 모두 찾아 기호를 써 보시오.

(   )

6 점대칭도형을 모두 찾아 기호를 써 보시오.

(   )

7 선대칭도형이면서 점대칭도형인 것을 모두 찾아 기호를 써 보시오.

(   )

8 대칭축이 가장 많은 도형을 찾아 기호를 써 보시오.

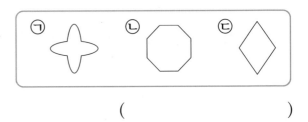

(   )

· 정답 60쪽

점수

확인

9 직선 ㄱㄴ을 대칭축으로 하는 선대칭도형 입니다. □ 안에 알맞은 수를 써넣으시오.

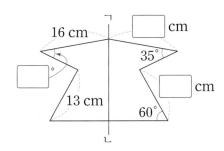

10 점대칭도형이 되도록 그림을 완성해 보시오.

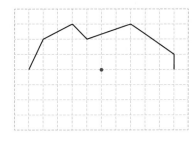

11 항상 서로 합동인 도형이 <u>아닌</u> 것을 찾아 기 호를 써 보시오.

> ㉠ 반지름이 같은 두 원
> ㉡ 넓이가 같은 두 직사각형
> ㉢ 둘레가 같은 두 정삼각형

(   )

12 다음 도형은 선대칭도형입니다. 선대칭도 형의 둘레는 몇 cm입니까?

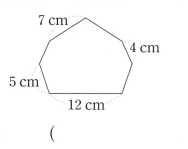

(   )

잘 틀리는 문제

13 평행사변형은 점 ㅇ을 대칭의 중심으로 하 는 점대칭도형입니다. 두 대각선의 길이의 합이 52 cm일 때, 선분 ㄱㅇ은 몇 cm입 니까?

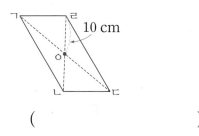

(   )

14 직선 ㅁㅂ을 대칭축으로 하는 선대칭도형 입니다. 각 ㄱㄹㅁ은 몇 도입니까?

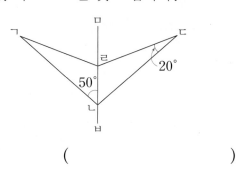

(   )

잘 틀리는 문제

15 점 ㅇ을 대칭의 중심으로 하는 점대칭도형입니다. 도형의 둘레가 60 cm일 때, 변 ㄴㄷ은 몇 cm입니까?

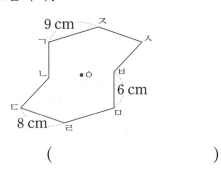

(   )

16 삼각형 ㄱㄴㄷ과 삼각형 ㅂㄴㄹ은 서로 합동입니다. 각 ㄹㅁㄷ은 몇 도입니까?

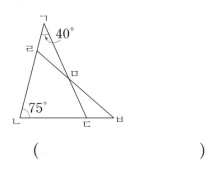

(   )

17 점 ㅇ을 대칭의 중심으로 하는 점대칭도형을 완성하려고 합니다. 주어진 도형이 평행사변형일 때, 완성한 점대칭도형의 넓이는 몇 cm²입니까?

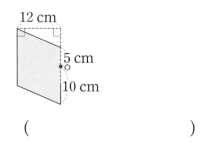

(   )

◀ 서술형 **문제**

18 오른쪽은 점 ㅇ을 대칭의 중심으로 하는 점대칭도형입니다. 각 ㄴㄷㄹ은 몇 도인지 풀이 과정을 쓰고 답을 구해 보시오.

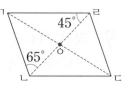

풀이 |

_____

_____

답 |

19 삼각형 ㄱㄴㄷ과 삼각형 ㄹㅁㄷ은 서로 합동입니다. 삼각형 ㅁㄷㄹ의 넓이는 몇 cm²인지 풀이 과정을 쓰고 답을 구해 보시오.

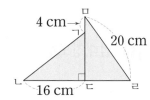

풀이 |

_____

_____

답 |

20 오른쪽은 점 ㅇ을 대칭의 중심으로 하는 점대칭도형입니다. 점대칭도형의 둘레는 몇 cm인지 풀이 과정을 쓰고 답을 구해 보시오.

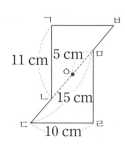

풀이 |

_____

_____

답 |

1 선대칭도형의 대칭축을 <u>잘못</u> 나타낸 것을 모두 찾아 기호를 써 보시오.

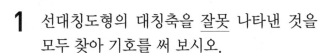

(　　　　　　)

2 두 도형은 서로 합동입니다. 사각형 ㄱㄴㄷㄹ의 둘레는 몇 cm입니까?

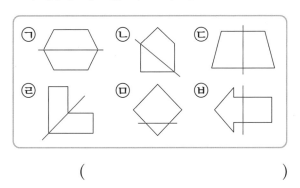

(　　　　　　)

3 삼각형 ㄱㄴㄷ과 삼각형 ㄹㄷㄴ은 서로 합동입니다. 각 ㄴㄷㄹ은 몇 도입니까?

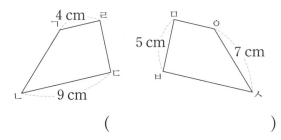

(　　　　　　)

4 점 ㅇ을 대칭의 중심으로 하는 점대칭도형입니다. 직사각형 ㄱㄴㅅㅈ의 넓이는 몇 cm²입니까?

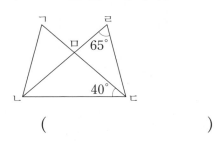

(　　　　　　)

5 점 ㅇ을 대칭의 중심으로 하는 점대칭도형입니다. 각 ㄴㄷㅂ은 몇 도입니까?

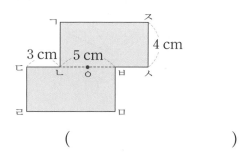

(　　　　　　)

6 직선 ㅁㅂ을 대칭축으로 하는 선대칭도형을 완성하려고 합니다. 완성한 선대칭도형의 넓이는 몇 cm²입니까?

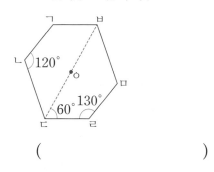

(　　　　　　)

7 직선 ㅁㅂ을 대칭축으로 하는 선대칭도형입니다. 각 ㄴㄱㄹ은 몇 도입니까?

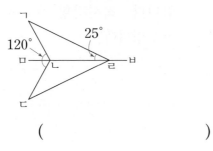

( )

서술형 **문제**

9 선분 ㄱㄷ을 대칭축으로 하는 선대칭도형입니다. 사각형 ㄱㄴㄷㄹ의 넓이는 몇 cm² 인지 풀이 과정을 쓰고 답을 구해 보시오.

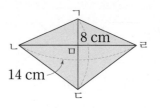

풀이 |

답 |

8 6009는 점대칭이 되는 수입니다. 다음 숫자를 사용하여 6009보다 작은 점대칭이 되는 네 자리 수를 만들려고 합니다. 만들 수 있는 수를 모두 구해 보시오. (단, 같은 숫자를 여러 번 사용할 수 있습니다.)

| 0 | 1 | 3 | 5 | 6 | 9 |

( )

10 그림과 같이 직사각형 모양의 종이를 접었을 때 삼각형 ㄱㄴㅁ과 삼각형 ㄷㅂㅁ은 서로 합동이 됩니다. 삼각형 ㄱㄴㄷ의 넓이는 몇 cm²인지 풀이 과정을 쓰고 답을 구해 보시오.

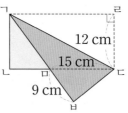

풀이 |

답 |

4 소수의 곱셈

실전유형 강화

개념책 68쪽

유형 1 (1보다 작은 소수) × (자연수)

● 0.4 × 6의 계산

방법 1 $0.4 \times 6 = \frac{4}{10} \times 6 = \frac{4 \times 6}{10} = \frac{24}{10} = 2.4$

방법 2

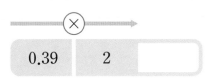

1 빈칸에 알맞은 수를 써넣으시오.

$$\xrightarrow{\times}$$

| 0.39 | 2 | |

교과 역량 의사소통, 정보 처리   서술형

2 계산 결과를 잘못 어림한 사람의 이름을 쓰고, 잘못 어림한 부분을 바르게 고쳐 보시오.

• 지민: 82와 6의 곱은 약 500이니까 0.82와 6의 곱은 5 정도가 돼.

• 해수: 0.68×5는 0.7과 5의 곱으로 어림할 수 있으니까 계산 결과는 0.35 정도가 될 거야.

답 |

_____

_____

3 계산 결과가 작은 것부터 차례대로 기호를 써 보시오.

㉠ 0.2 × 8	㉡ 0.72 × 6
㉢ 0.3 × 13	㉣ 0.64 × 9

(   )

4 직사각형의 둘레는 몇 m입니까?

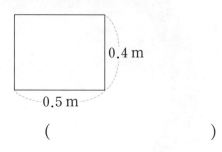

(   )

5 ☐ 안에 들어갈 수 있는 가장 작은 자연수는 얼마입니까?

$$0.8 \times 21 < \square$$

(   )

6 동주의 간식표를 보고 이번 주에 필요한 간식을 준비하려고 합니다. 마트에서 우유를 1 L짜리만 판다면 1 L짜리 우유를 적어도 몇 개 사야 합니까?

동주의 간식표

월요일	우유 0.3 L
화요일	주스 0.5 L, 빵 1개
수요일	우유 0.3 L, 사과 1개
목요일	우유 0.3 L, 빵 1개
금요일	주스 0.3 L, 감자 1개
토요일	우유 0.3 L, 사과 1개
일요일	우유 0.3 L, 바나나 1개

(   )

개념책 69쪽

유형 **2** **(1보다 큰 소수)×(자연수)**

● **2.7×3의 계산**

방법1 $2.7×3=\dfrac{27}{10}×3=\dfrac{27×3}{10}=\dfrac{81}{10}=8.1$

방법2
$$\begin{array}{r} 2\ 7 \\ ×\ \ \ 3 \\ \hline 8\ 1 \end{array} \longrightarrow \begin{array}{r} 2.7 \\ ×\ \ \ 3 \\ \hline 8.1 \end{array}$$

7 빈칸에 알맞은 수를 써넣으시오.

×5

36.6 →

8 계산 결과를 찾아 선으로 이어 보시오.

1.2×9 ·   · 10.8

2.8×7 ·   · 12.8

6.4×2 ·   · 19.6

9 가장 큰 수와 가장 작은 수의 곱을 구해 보시오.

4	5.83	7.29	7

( )

10 예인이네 집에서 공원까지의 거리는 1 km 300 m입니다. 예인이가 집에서 공원까지 다녀온다면 예인이가 걸은 거리는 몇 km입니까?

( )

11 빈칸에 알맞은 수를 써넣으시오.

→ ÷5 → 31.2

12 가로가 3.8 cm, 세로가 6 cm인 직사각형 모양의 타일 16장을 겹치지 않게 벽에 붙였습니다. 타일을 붙인 벽의 넓이는 몇 cm^2입니까?

( )

교과 역량 문제 해결, 추론

13 두 사람의 대화를 읽고 물을 누가 몇 L 더 많이 마셨는지 구해 보시오.

난 물을 1.05 L의 3배만큼 마셨어. — 지수

난 물을 1.4 L의 2배만큼 마셨어. — 민우

(,)

개념책 70쪽

유형 **3** **(자연수)×(1보다 작은 소수)**

● **5×0.9의 계산**

방법1 $5 \times 0.9 = 5 \times \dfrac{9}{10} = \dfrac{5 \times 9}{10} = \dfrac{45}{10} = 4.5$

방법2

$$
\begin{array}{r}
5 \\
\times\ 9 \\
\hline
4\,5
\end{array}
\longrightarrow
\begin{array}{r}
5 \\
\times\ 0.9 \\
\hline
4.5
\end{array}
$$

14 빈칸에 두 수의 곱을 써넣으시오.

43	0.07

15 계산 결과가 자연수인 것을 찾아 기호를 써 보시오.

㉠ 27×0.4 ㉡ 8×0.45

㉢ 16×0.3 ㉣ 4×0.75

( )

16 계산 결과의 크기를 비교하여 ○ 안에 >, =, <를 알맞게 써넣으시오.

(1) $56 \times 0.8 \bigcirc 67 \times 0.6$

(2) $18 \times 0.4 \bigcirc 21 \times 0.32$

17 ㉠과 ㉡의 계산 결과의 합을 구해 보시오.

㉠ 25×0.6 ㉡ 19×0.41

( )

18 코끼리의 무게는 3 t이고 북극곰의 무게는 코끼리의 무게의 0.12배입니다. 북극곰의 무게는 몇 t입니까?

( )

19 □ 안에 들어갈 수 있는 자연수는 모두 몇 개입니까?

$14 \times 0.7 < \square < 23 \times 0.57$

( )

교과 역량 문제 해결, 추론, 창의·융합

20 떨어진 높이의 0.6배만큼 튀어 오르는 공을 15 m 높이에서 떨어뜨렸습니다. 이 공이 두 번째로 튀어 오른 높이는 몇 m입니까?

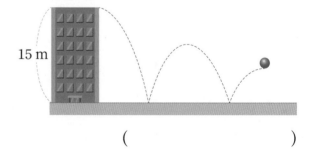

( )

개념책 71쪽

유형 4 **(자연수)×(1보다 큰 소수)**

● 6 × 1.2의 계산

방법 1 $6×1.2=6×\dfrac{12}{10}=\dfrac{6×12}{10}=\dfrac{72}{10}=7.2$

방법 2

$$\begin{array}{r} 6 \\ ×\ 1\ 2 \\ \hline 7\ 2 \end{array} \longrightarrow \begin{array}{r} 6 \\ ×\ 1.2 \\ \hline 7.2 \end{array}$$

21 빈칸에 알맞은 수를 써넣으시오.

24 →| ×1.5 |→ ☐ →| ×3.5 |→ ☐

22 잘못 계산한 것의 기호를 써 보시오.

$\bigcirc\ 8×1.6=8×\dfrac{16}{10}=\dfrac{8×16}{10}$

$\qquad =\dfrac{128}{10}=12.8$

$\bigcirc\ 7×1.8=7×\dfrac{18}{100}=\dfrac{7×18}{100}$

$\qquad =\dfrac{126}{100}=1.26$

(   )

23 계산 결과가 ㉮보다 큰 것을 모두 찾아 기호를 써 보시오.

| ㉠ ㉮×0.9 | ㉡ ㉮×1.3 |
| ㉢ ㉮×0.86 | ㉣ ㉮×2.07 |

(   )

교과 역량 문제 해결

24 나연이가 1시간에 21 km씩 일정한 빠르기로 자전거를 타고 있습니다. 나연이가 이 자전거를 1시간 30분 동안 탄 거리는 몇 km입니까?

(   )

서술형

25 태우가 1500원으로 과자를 사려고 합니다. 사려는 과자의 가격표가 찢어져 있을 때 태우가 가진 돈으로 과자 200 g을 살 수 있는지 알아보고, 그 이유를 써 보시오.

1g당 8.3원
과자 200g

답 |

_____

_____

26 수 카드 4장 중에서 3장을 뽑아 한 번씩만 사용하여 가장 큰 소수 한 자리 수를 만들었습니다. 사용하지 않은 수 카드의 수와 만든 소수 한 자리 수의 곱은 얼마입니까?

8 5 3 7

(   )

개념책 76쪽

유형 5 **1보다 작은 소수끼리의 곱셈**

● **0.8×0.7의 계산**

방법1 $0.8 \times 0.7 = \dfrac{8}{10} \times \dfrac{7}{10} = \dfrac{8 \times 7}{100}$

$= \dfrac{56}{100} = 0.56$

방법2
$$
\begin{array}{ccc}
8 & \longrightarrow & 0.8 \\
\times\,7 & \longrightarrow & \times\,0.7 \\
\hline
5\,6 & \longrightarrow & 0.5\,6
\end{array}
$$

27 어림하여 0.29×0.53의 계산 결과를 찾아 ○ 표 하시오.

0.1537	1.537	15.37

28 계산 결과가 0.3×0.6과 같은 것을 모두 고르시오. (   )

① 0.45×0.04 ② 0.9×0.2
③ 0.12×0.15 ④ 0.36×0.5
⑤ 0.2×0.09

29 계산 결과가 더 큰 곱셈식을 들고 있는 사람은 누구입니까?

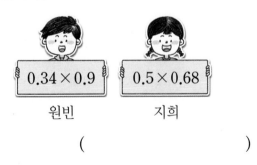

0.34×0.9   원빈
0.5×0.68   지희

(   )

30 굵기가 일정한 막대 1 m의 무게는 0.42 kg입니다. 이 막대 0.25 m의 무게는 몇 kg입니까?

(   )

31 1부터 9까지의 자연수 중에서 ☐ 안에 들어갈 수 있는 가장 작은 수는 얼마입니까?

$$0.7 \times 0.19 < 0.1\square$$

(   )

교과 역량 문제 해결, 정보 처리

32 1부터 9까지의 자연수 중에서 ☐ 안에 알맞은 수를 써넣으시오.

$$
\begin{array}{r}
0.\;\boxed{}\;8 \\
\times\quad 0.\;\boxed{} \\
\hline
0\,.\,1\;\;4
\end{array}
$$

33 호민이가 사려고 하는 미숫가루 0.5 kg 한 봉지의 0.96배만큼이 탄수화물 성분입니다. 같은 미숫가루 4봉지의 탄수화물 성분은 몇 kg입니까?

(   )

개념책 77쪽

유형 6 | 1보다 큰 소수끼리의 곱셈

● 2.5 × 1.3의 계산

방법1 $2.5 \times 1.3 = \dfrac{25}{10} \times \dfrac{13}{10} = \dfrac{25 \times 13}{100}$

$$= \dfrac{325}{100} = 3.25$$

방법2

$$
\begin{array}{r}
2\,5 \\
\times\ 1\,3 \\
\hline
3\,2\,5
\end{array}
\longrightarrow
\begin{array}{r}
2.5 \\
\times\ 1.3 \\
\hline
3.2\,5
\end{array}
$$

34 두 수의 곱을 구해 보시오.

| 3.6 | 1.95 |

(   )

서술형

35 곱의 소수점 아래 자리 수가 다른 것을 찾아 기호를 쓰려고 합니다. 풀이 과정을 쓰고 답을 구해 보시오.

ㄱ 7.5 × 1.9   ㄴ 2.8 × 1.5   ㄷ 4.1 × 2.6

풀이 |

_____

_____

답 |

36 한 시간에 2.9 cm씩 일정한 빠르기로 타는 양초가 있습니다. 이 양초에 불을 붙이고 1시간 24분 동안 태웠다면 탄 양초의 길이는 몇 cm입니까?

(   )

37 은경이는 7월에 몸무게가 35.8 kg이었습니다. 12월에는 7월보다 몸무게가 0.2배만큼 무거워졌습니다. 은경이의 12월 몸무게는 몇 kg입니까?

(   )

파워 pick

38 정사각형의 네 변의 가운데 점을 이어 마름모를 그렸습니다. 마름모의 넓이는 몇 cm²입니까?

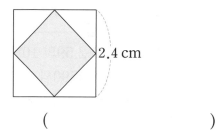

2.4 cm

(   )

교과 역량 문제 해결, 추론, 창의·융합

39 수 카드 5장 중에서 2장을 뽑아 한 번씩만 사용하여 소수 한 자리 수를 만들려고 합니다. 만들 수 있는 소수 한 자리 수 중에서 가장 큰 수와 가장 작은 수의 곱을 구해 보시오.

6   2   3   9   7

(   )

개념책 78쪽

유형 7 곱의 소수점 위치

● (소수)×(자연수), (자연수)×(소수)에서 곱의 소수점 위치

$1.52 \times 10 = 15.2$	$49 \times 0.1 = 4.9$
$1.52 \times 100 = 152$	$49 \times 0.01 = 0.49$
$1.52 \times 1000 = 1520$	$49 \times 0.001 = 0.049$

● (소수)×(소수)에서 곱의 소수점 위치

$$2.4 \quad \times \quad 0.91 \quad = \quad 2.184$$
소수 한 자리 수　　소수 두 자리 수　　소수 세 자리 수

40 빈칸에 알맞은 수를 써넣으시오.

×	9	0.9	0.09	0.009
4				

교과 역량 문제 해결, 의사소통

41 계산 결과가 <u>다른</u> 사람을 찾아 이름을 써 보시오.

- 명석: 2.59의 10배야.
- 예지: 2590의 0.001배야.
- 준호: 0.1과 259의 곱이야.

(　　　　　)

42 76×34=2584를 이용하여 □ 안에 알맞은 수를 써넣으시오.

(1) $7.6 \times \boxed{} = 25.84$

(2) $\boxed{} \times 3.4 = 2.584$

43 □ 안에 알맞은 수를 써넣으시오.

358에 0.01을 2번 곱한 것은 358에 0.1을 □번 곱한 것과 같습니다.

44 다음을 보고 900과 ㉮의 곱을 구해 보시오.

$$742.8 \times ㉮ = 7.428$$

(　　　　　)

45 범수가 가진 리본의 길이는 0.51 m이고, 원준이가 가진 리본의 길이는 49.5 cm입니다. 가지고 있는 리본의 길이가 더 긴 사람은 누구입니까?

(　　　　　)

46 68×17=1156임을 이용하여 ㉠은 ㉡의 몇 배인지 구해 보시오.

㉠ 68×0.17 　　㉡ 0.68×1.7

(　　　　　)

유형 8 바르게 계산한 값 구하기

❶ 어떤 수를 □라 하여 잘못 계산한 식 만들기

❷ 잘못 계산한 식을 이용하여 어떤 수 구하기

❸ 바르게 계산한 값 구하기

47 어떤 소수에 6.9를 곱해야 할 것을 잘못하여 더했더니 15.28이 되었습니다. 바르게 계산한 값은 얼마입니까?

(   )

48 어떤 소수에 0.24를 곱해야 할 것을 잘못하여 뺐더니 0.51이 되었습니다. 바르게 계산한 값은 얼마입니까?

(   )

49 어떤 소수에 2.5를 곱해야 할 것을 잘못하여 더했더니 13.3이 되었습니다. 바르게 계산한 값과 잘못 계산한 값의 곱은 얼마입니까?

(   )

유형 9 곱이 가장 큰(작은) 곱셈식 만들기

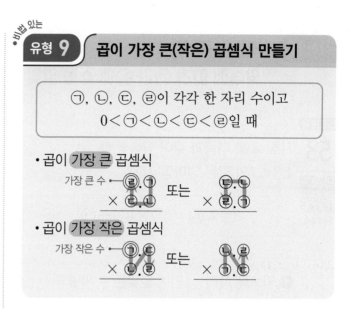

㉠, ㉡, ㉢, ㉣이 각각 한 자리 수이고
0<㉠<㉡<㉢<㉣일 때

50 수 카드 4장을 한 번씩 모두 사용하여 소수 한 자리 수의 곱셈식을 만들려고 합니다. 곱이 가장 큰 곱셈식을 만들고, 계산해 보시오.

6 5 9 3

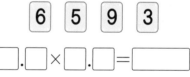

51 수 카드 4장을 한 번씩 모두 사용하여 다음과 같은 곱셈식을 만들려고 합니다. 곱이 가장 작을 때의 곱을 구해 보시오.

1 4 7 2

⇨ 0.□□×0.□□

(   )

52 공에 적힌 5개의 수를 한 번씩 모두 사용하여 (소수 두 자리 수)×(소수 한 자리 수)의 곱셈식을 만들려고 합니다. 곱이 가장 클 때의 곱을 구해 보시오.

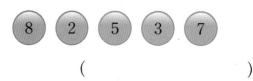

(   )

상위권유형 강화

약속에 따라 ㉠과 ㉡에 수를 알맞게 넣어서 계산해!

대표문제

53 기호 ▲를 다음과 같이 약속할 때, 4.3▲7의 값은 얼마입니까?

문제 풀이

$$㉠▲㉡=(㉠×㉡)-㉠$$

❶ 약속에 따라 ☐ 안에 알맞은 수 써넣기

$$4.3▲7=(\boxed{}×\boxed{})-\boxed{}$$

❷ 4.3▲7의 값 구하기

(   )

54 기호 ★을 다음과 같이 약속할 때, 0.11★0.14의 값은 얼마입니까?

$$㉠★㉡=(㉠+㉡)×㉡$$

(   )

55 기호 ♥를 '㉠♥㉡=(㉠-㉡)×㉡'으로 약속할 때, 9.4♥5.8의 값을 바르게 구한 사람은 누구입니까?

| 이진: 20.78 | 희수: 20.88 |

(   )

유형11 • 색칠한 부분의 넓이 구하기 •

큰 도형의 넓이에서 작은 도형의 넓이를 빼서 색칠한 부분의 넓이를 구해!

대표문제

56 색칠한 부분의 넓이는 몇 cm²입니까?

문제 풀이

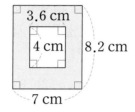

❶ 두 도형으로 나누어 각 도형의 넓이 구하기

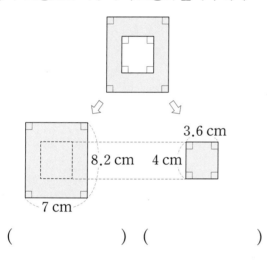

(   ) (   )

❷ 색칠한 부분의 넓이 구하기

(   )

57 색칠한 부분의 넓이는 몇 cm²입니까?

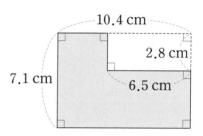

(   )

58 사다리꼴의 네 변의 가운데 점을 이어 마름모를 그렸습니다. 색칠한 부분의 넓이는 몇 cm²입니까?

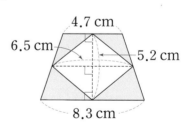

(   )

유형12 • 이어 붙인 색 테이프의 전체 길이 구하기 •

(겹쳐진 부분의 수)＝(색 테이프의 수)−1

대표문제

59 길이가 14.5 cm인 색 테이프 10장을 그림과 같이 3.8 cm씩 겹쳐서 한 줄로 길게 이어 붙였습니다. 이어 붙인 색 테이프의 전체 길이는 몇 cm입니까?

문제 풀이

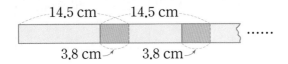

❶ 색 테이프 10장의 길이의 합 구하기

( )

❷ 겹쳐진 부분의 길이의 합 구하기

( )

❸ 이어 붙인 색 테이프의 전체 길이 구하기

( )

60 길이가 20.8 cm인 색 테이프 16장을 그림과 같이 5.2 cm씩 겹쳐서 한 줄로 길게 이어 붙였습니다. 이어 붙인 색 테이프의 전체 길이는 몇 cm입니까?

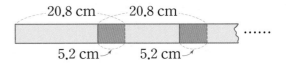

( )

61 길이가 9.2 m인 리본 12개를 4.5 m씩 겹쳐서 한 줄로 길게 이어 붙였습니다. 이어 붙인 리본의 전체 길이는 몇 m입니까?

( )

유형13 • 사용한 휘발유의 양 구하기 •

1시간은 60분이므로 분을 시간 단위로 나타내면 ■분은 $\frac{■}{60}$ 시간이야!

대표문제

62 1 km를 달리는 데 0.08 L의 휘발유를 사용하는 자동차가 있습니다. 이 자동차가 한 시간에 65 km를 가는 빠르기로 3시간 30분 동안 달렸다면 사용한 휘발유는 몇 L입니까?

문제 풀이

❶ 3시간 30분은 몇 시간인지 소수로 나타내기

(   )

❷ 자동차가 3시간 30분 동안 달린 거리 구하기

(   )

❸ 사용한 휘발유의 양 구하기

(   )

63 1 km를 달리는 데 0.06 L의 휘발유를 사용하는 자동차가 있습니다. 이 자동차가 한 시간에 72 km를 가는 빠르기로 2시간 48분 동안 달렸다면 사용한 휘발유는 몇 L입니까?

(   )

64 정재네 자동차는 1 km를 달리는 데 0.09 L의 휘발유를 사용합니다. 이 자동차로 한 시간에 76 km를 가는 빠르기로 1시간 15분 동안 달려 할머니 댁에 도착했습니다. 출발하기 전 자동차에 들어 있던 휘발유가 64 L였다면 할머니 댁에 도착 후 남은 휘발유는 몇 L입니까?

(   )

유형14 • 심은 부분의 넓이 구하기 •

전체의 넓이에서 다른 것을 심은 부분의 넓이를 빼서 넓이를 구해!

대표문제

65 가로가 15 m, 세로가 8.4 m인 직사각형 모양의 밭이 있습니다. 이 밭의 0.6배만큼에는 고구마를 심고, 나머지의 0.7배만큼에는 감자를 심었습니다. 감자를 심은 부분의 넓이는 몇 m²입니까?

❶ 전체 밭의 넓이 구하기

(   )

❷ 고구마를 심은 부분의 넓이 구하기

(   )

❸ 고구마를 심고 남은 부분의 넓이 구하기

(   )

❹ 감자를 심은 부분의 넓이 구하기

(   )

66 가로가 12 m, 세로가 7.25 m인 직사각형 모양의 꽃밭이 있습니다. 이 꽃밭의 0.45배만큼에는 장미를 심고, 나머지의 0.8배만큼에는 튤립을 심었습니다. 튤립을 심은 부분의 넓이는 몇 m²입니까?

(   )

67 가로가 25 m, 세로가 20.8 m인 직사각형 모양의 공원이 있습니다. 이 공원의 0.4배만큼에는 농구장을 만들고, 나머지의 0.15배만큼에는 탁구장을 만들었습니다. 농구장과 탁구장의 넓이의 차는 몇 m²입니까?

(   )

4
단원

유형15 · 빈 병의 무게 구하기 ·

(빈 병의 무게)=(음료가 들어 있는 병의 무게)-(음료의 무게)

대표문제

68 주스가 가득 들어 있는 병의 무게를 재어 보니 2.59 kg이었습니다. 이 중 주스의 $\frac{1}{6}$을 마신 후 다시 무게를 재어 보니 2.27 kg이 되었습니다. 빈 병의 무게는 몇 kg입니까?

문제 풀이

❶ 주스의 $\frac{1}{6}$의 무게 구하기

( )

❷ 전체 주스의 무게 구하기

( )

❸ 빈 병의 무게 구하기

( )

69 식용유가 가득 들어 있는 병의 무게를 재어 보니 3.09 kg이었습니다. 이 중 식용유의 $\frac{1}{5}$을 사용한 후 다시 무게를 재어 보니 2.64 kg이 되었습니다. 빈 병의 무게는 몇 kg입니까?

( )

70 우유가 가득 들어 있는 병의 무게를 재어 보니 2.8 kg이었습니다. 이 중 우유의 $\frac{1}{7}$을 마신 후 다시 무게를 재어 보니 2.54 kg이 되었습니다. 빈 병의 무게는 몇 kg입니까?

( )

1 어림하여 64×0.53의 계산 결과를 찾아 기호를 써 보시오.

> ㉠ 0.3392   ㉡ 3.392   ㉢ 33.92

(   )

2 두 수의 곱을 구해 보시오.

> 0.8   6

(   )

3 계산 결과를 찾아 선으로 이어 보시오.

                   · 0.26

0.95×0.8 ·

                   · 0.46

0.65×0.4 ·

                   · 0.76

4 곱의 소수점을 바르게 찍은 것은 어느 것입니까? (   )

① $36 \times 0.17 = 612$
② $0.36 \times 17 = 61.2$
③ $3.6 \times 17 = 0.612$
④ $36 \times 0.017 = 61.2$
⑤ $0.036 \times 17 = 0.612$

5 ㉠에 알맞은 수를 구해 보시오.

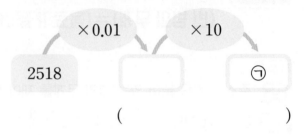

(   )

6 계산 결과의 크기를 비교하여 ○ 안에 >, =, <를 알맞게 써넣으시오.

$2.6 \times 3 \bigcirc 4 \times 1.97$

7 계산 결과가 가장 큰 것을 찾아 기호를 써 보시오.

> ㉠ 0.28×75 ㉡ 82×0.19
> ㉢ 0.65×29 ㉣ 61×0.36

(   )

8 ☐ 안에 알맞은 수가 가장 작은 것을 찾아 기호를 써 보시오.

> ㉠ $4.7 \times \square = 470$
> ㉡ $\square \times 47 = 0.47$
> ㉢ $0.047 \times \square = 47$

(   )

9 직사각형의 넓이는 몇 cm²입니까?

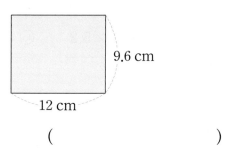

9.6 cm

12 cm

( )

10 배 한 상자의 무게는 6.7 kg입니다. 똑같은 배 12상자는 몇 kg입니까?

( )

11 집에서 학교까지의 거리는 0.92 km입니다. 집에서 도서관까지의 거리는 집에서 학교까지의 거리의 0.6배일 때, 집에서 도서관까지의 거리는 몇 km입니까?

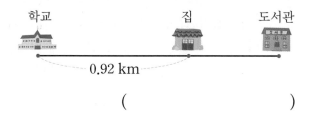

학교   집   도서관

0.92 km

( )

12 1분에 6.4 L의 물이 일정하게 나오는 수도가 있습니다. 이 수도에서 10분 15초 동안 나오는 물은 몇 L입니까?

( )

잘 틀리는 문제

13 여우의 무게는 10 kg입니다. 강아지의 무게는 여우 무게의 0.8배이고, 원숭이의 무게는 강아지 무게의 1.5배입니다. 원숭이의 무게는 몇 kg입니까?

( )

14 도화지 위에 한 변의 길이가 10.5 cm인 정사각형 모양의 색종이 20장을 겹치지 않게 붙였습니다. 색종이를 붙인 부분의 넓이는 몇 cm²입니까?

( )

15 승민이는 길이가 45.6 m인 털실의 0.2배만큼을 사용하였고, 진주는 길이가 60.4 m인 털실의 0.35배만큼을 사용하였습니다. 사용하고 남은 털실이 더 긴 사람은 누구이고, 몇 m 더 깁니까?

(,   )

잘 틀리는 문제

16 어떤 소수에 3.6을 곱해야 할 것을 잘못하여 뺐더니 8.2가 되었습니다. 바르게 계산한 값은 얼마입니까?

(   )

17 기호 ▨를 다음과 같이 약속할 때, 13▨2.8의 값은 얼마입니까?

$$㉠▨㉡=(㉠×㉡)+㉡$$

(   )

◀ 서술형 문제

18 ㉠은 ㉡의 몇 배인지 풀이 과정을 쓰고 답을 구해 보시오.

㉠ 74×5.2   ㉡ 0.74×52

풀이 |

답 |

19 물 4.17 L가 있습니다. 유미가 매일 물을 1.24 L씩 마신다면 3일 동안 마시고 남은 물은 몇 L인지 풀이 과정을 쓰고 답을 구해 보시오.

풀이 |

답 |

20 길이가 5.25 cm인 색 테이프 16장을 0.6 cm씩 겹쳐서 한 줄로 길게 이어 붙였습니다. 이어 붙인 색 테이프의 전체 길이는 몇 cm인지 풀이 과정을 쓰고 답을 구해 보시오.

풀이 |

답 |

 • 정답 68쪽

1 어림하여 계산 결과가 8보다 큰 것을 찾아 ○표 하시오.

$$10 \times 0.78 \qquad 16 \times 0.53 \qquad 8 \times 0.96$$

2 가장 큰 수와 가장 작은 수의 곱을 구해 보시오.

$$0.3 \qquad 0.24 \qquad 0.68 \qquad 0.7$$

(   )

3 평행사변형의 넓이는 몇 m²입니까?

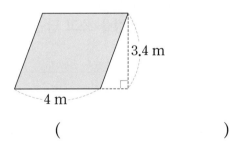

3.4 m

4 m

(   )

4 ㉠은 ㉡의 몇 배입니까?

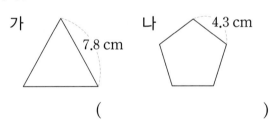

㉠ 0.39×100 ㉡ 390×0.001

(   )

5 가는 정삼각형이고, 나는 정오각형입니다. 가와 나 중에서 둘레가 더 짧은 것은 어느 것입니까?

가

7.8 cm

나

4.3 cm

(   )

6 떨어진 높이의 0.45배만큼 튀어 오르는 공을 8 m 높이에서 떨어뜨렸습니다. 이 공이 세 번째로 튀어 오른 높이는 몇 m입니까?

(   )

7 수 카드 4장을 한 번씩 모두 사용하여 소수 한 자리 수의 곱셈식을 만들려고 합니다. 곱이 가장 큰 곱셈식을 만들고, 계산해 보시오.

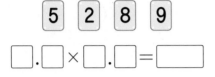

□.□ × □.□ = □

8 가로가 11.75 m, 세로가 8 m인 직사각형 모양의 밭이 있습니다. 이 밭의 0.55배만큼에는 옥수수를 심고, 나머지의 0.6배만큼에는 호박을 심었습니다. 호박을 심은 부분의 넓이는 몇 m²입니까?

(   )

〈 서술형 **문제**

9 직사각형 모양의 공원이 있습니다. 이 공원에 직사각형 모양의 수영장과 테니스장이 있을 때, 수영장과 테니스장의 넓이의 합은 몇 m²인지 풀이 과정을 쓰고 답을 구해 보시오.

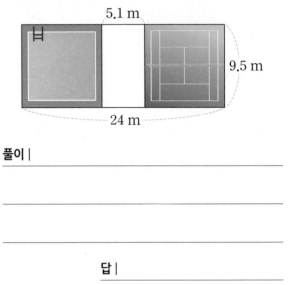

풀이 |

답 |

10 1 km를 달리는 데 0.07 L의 휘발유를 사용하는 자동차가 있습니다. 이 자동차가 한 시간에 70 km를 가는 빠르기로 2시간 36분 동안 달렸다면 사용한 휘발유는 몇 L인지 풀이 과정을 쓰고 답을 구해 보시오.

풀이 |

답 |

5 직육면체

실전유형 강화

개념책 90쪽

파워 pick 교과서에 자주 나오는 응용 문제
교과 역량 생각하는 힘을 키우는 문제

유형 1 직육면체

직육면체: 직사각형 6개로 둘러싸인 도형

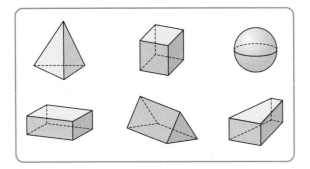

- 면: 선분으로 둘러싸인 부분
- 모서리: 면과 면이 만나는 선분
- 꼭짓점: 모서리와 모서리가 만나는 점

1 직육면체를 모두 찾아 ○표 하시오.

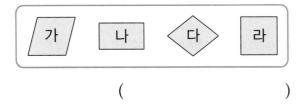

2 직육면체의 면이 될 수 있는 도형을 모두 찾아 써 보시오.

가 나 다 라

( )

교과 역량 의사소통

3 직육면체에 대해 잘못 말한 친구는 누구입니까?

- 겨운: 직육면체의 면은 모두 직사각형이야.
- 라온: 직육면체에서 선분으로 둘러싸인 부분을 모서리라고 해.
- 다미: 직육면체의 꼭짓점은 모서리와 모서리가 만나는 점이야.

( )

4 직육면체에서 길이가 9 cm인 모서리는 모두 몇 개입니까?

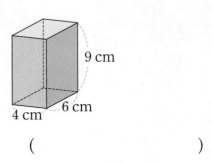

9 cm
6 cm
4 cm

( )

5 ☐ 안에 알맞은 수가 큰 것부터 차례대로 기호를 써 보시오.

- ㉠ 직육면체의 면은 ☐개입니다.
- ㉡ 직육면체의 모서리는 ☐개입니다.
- ㉢ 직육면체의 꼭짓점은 ☐개입니다.

( )

서술형

6 직육면체에서 면 가의 모든 모서리의 길이의 합은 몇 cm인지 풀이 과정을 쓰고 답을 구해 보시오.

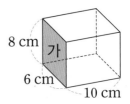

8 cm 가
6 cm 10 cm

풀이 |

답 |

7 직육면체의 꼭짓점의 수는 직육면체의 한 면의 꼭짓점의 수의 몇 배입니까?

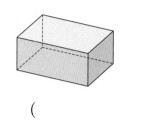

(   )

파워 pick

8 직육면체에서 모든 모서리의 길이의 합이 100 cm일 때, □ 에 알맞은 수를 구해 보시오.

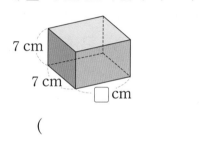

(   )

9 직육면체 모양의 상자를 그림과 같이 끈으로 팽팽하게 묶었습니다. 사용한 끈의 길이는 모두 몇 cm입니까? (단, 매듭의 길이는 생각하지 않습니다.)

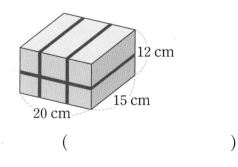

(   )

유형 2   **정육면체**

- 정육면체: 정사각형 6개로 둘러싸인 도형

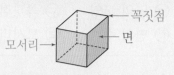

- 직육면체와 정육면체의 비교
  - 같은 점: 면의 수, 모서리의 수, 꼭짓점의 수
  - 다른 점: 면의 모양, 길이가 같은 모서리의 수

10 정육면체를 모두 찾아 ◯표 하시오.

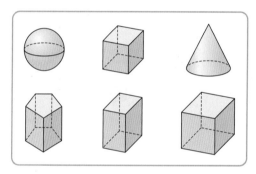

11 정육면체에 대한 설명으로 틀린 것을 찾아 기호를 써 보시오.

> ㉠ 면의 모양과 크기가 모두 같습니다.
> ㉡ 모서리의 길이가 모두 다릅니다.
> ㉢ 꼭짓점은 8개입니다.

(   )

12 직육면체와 정육면체에 대하여 바르게 설명한 것에 ◯표, 잘못 설명한 것에 ✕표 하시오.

(1) 직육면체는 정육면체라고 말할 수 있습니다. ┄┄┄┄┄┄┄┄┄ (   )

(2) 정육면체는 직육면체라고 말할 수 있습니다. ┄┄┄┄┄┄┄┄┄ (   )

실전유형강화

파워 pick

개념책 92쪽

13 직육면체와 정육면체가 <u>다른</u> 점을 찾아 기호를 써 보시오.

> ㉠ 면의 모양 ㉡ 꼭짓점의 수
> ㉢ 면의 수 ㉣ 모서리의 수

( )

14 정육면체에서 모든 모서리의 길이의 합은 96 cm입니다. 한 모서리의 길이는 몇 cm입니까?

( )

15 윤선이와 미라는 서로 다른 직육면체를 가지고 있습니다. 대화를 읽고 두 학생이 가진 직육면체를 각각 찾아 써 보시오.

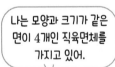 나는 모양과 크기가 같은 면이 4개인 직육면체를 가지고 있어.

 내가 가진 직육면체는 모든 면의 모양이 정사각형이야!

 윤선

 미라

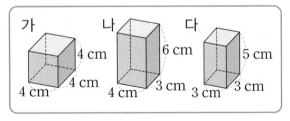

가 나 다

윤선 ( )
미라 ( )

유형 3 **직육면체의 성질**

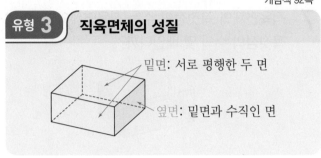

밑면: 서로 평행한 두 면
옆면: 밑면과 수직인 면

(16~17) 직육면체를 보고 물음에 답하시오.

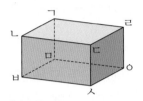

16 주어진 면과 각각 평행한 면을 찾아 써 보시오.

면 ㅁㅂㅅㅇ	면 ㄷㅅㅇㄹ	면 ㄴㅂㅅㄷ

17 면 ㅁㅂㅅㅇ과 수직인 면을 모두 찾아 써 보시오.

_____

18 직육면체에서 색칠한 면과 평행한 면을 그려 보시오.

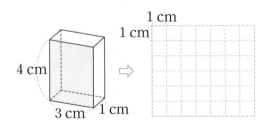

19 직육면체에 대한 설명입니다. ㉠, ㉡, ㉢, ㉣에 알맞은 수를 차례로 쓴 네 자리 수가 소희의 휴대전화 비밀번호입니다. 소희의 휴대전화 비밀번호를 구해 보시오.

- 한 면과 수직인 면은 ㉠개입니다.
- 한 면과 평행한 면은 ㉡개입니다.
- 밑면이 될 수 있는 면은 ㉢쌍입니다.
- 한 꼭짓점에서 만나는 모서리는 ㉣개입니다.

( )

교과 역량 추론, 문제 해결

20 직육면체에서 색칠한 두 면에 공통으로 수직인 면을 모두 찾아 써 보시오.

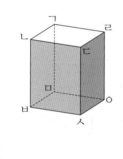

( )

21 직육면체에서 면 ㄴㅂㅅㄷ과 평행한 면의 넓이는 몇 cm²입니까?

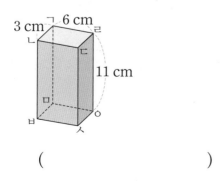

( )

유형 4 **직육면체의 겨냥도**

직육면체의 겨냥도: 직육면체 모양을 잘 알 수 있도록 나타낸 그림

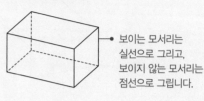

보이는 모서리는 실선으로 그리고, 보이지 않는 모서리는 점선으로 그립니다.

22 직육면체의 겨냥도에서 잘못된 부분을 모두 찾아 바르게 고쳐 보시오.

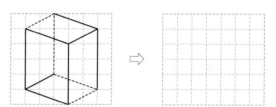

23 정육면체의 겨냥도를 보고 표를 완성해 보시오.

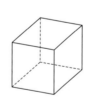

보이지 않는 면의 수(개)	
보이지 않는 모서리의 수(개)	
보이지 않는 꼭짓점의 수(개)	

서술형

24 오른쪽 정육면체의 겨냥도에서 보이지 않는 면의 수와 보이는 꼭짓점의 수의 차는 몇 개인지 풀이 과정을 쓰고 답을 구해 보시오.

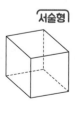

풀이 |

답 |

개념책 97쪽

25 그림에서 빠진 부분을 그려 넣어 직육면체의 겨 냥도를 완성하려고 합니다. 실선으로 더 그려야 하는 모서리는 몇 개입니까?

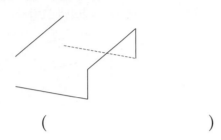

( )

26 직육면체에서 보이는 모서리의 길이의 합은 몇 cm입니까?

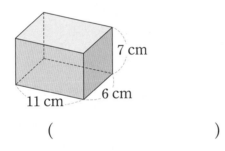

7 cm
11 cm   6 cm

( )

27 정육면체에서 보이지 않는 한 모서리의 길이가 16 cm입니다. 보이는 모서리의 길이의 합은 몇 cm입니까?

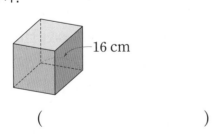

16 cm

( )

유형 **5**   **직육면체의 전개도**

• **직육면체의 전개도**: 직육면체의 모서리를 잘라서 펼 친 그림

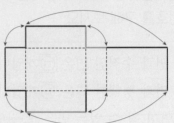

• 전개도를 접었을 때
  ┌ 같은 색의 선분끼리 맞닿습니다.
  └ 화살표로 연결된 점끼리 만납니다.

28 정육면체의 전개도가 <u>아닌</u> 것을 모두 찾아 써 보시오.

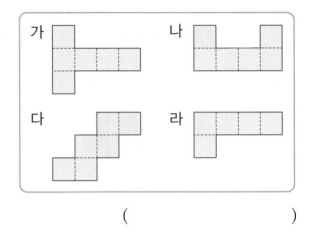

가   나

다   라

( )

서술형

29 직육면체의 전개도를 <u>잘못</u> 그린 것입니다. 그 이유를 써 보시오.

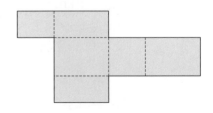

이유 |

〔30~31〕 전개도를 접어서 정육면체를 만들려고 합니다. 물음에 답하시오.

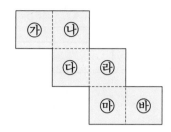

30 면 ㉮와 평행한 면을 찾아 써 보시오.

(   )

31 면 ㉲와 수직인 면을 모두 찾아 써 보시오.

(   )

32 전개도를 접어 직육면체를 만들었을 때 맞닿는 선분끼리 연결되지 <u>않은</u> 것을 찾아 기호를 써 보시오.

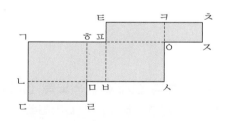

> ㉠ 선분 ㄷㄹ과 선분 ㅅㅂ
> ㉡ 선분 ㅎㅍ과 선분 ㅌㅍ
> ㉢ 선분 ㄱㄴ과 선분 ㅇㅅ

(   )

33 전개도를 접어서 만들 수 있는 직육면체를 찾아 써 보시오.

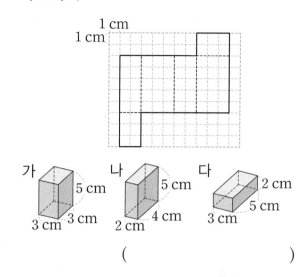

(   )

파워 pick

34 직육면체를 잘라서 전개도를 만들었습니다. ☐ 안에 알맞은 기호를 써넣으시오.

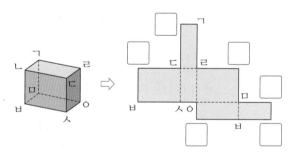

교과 역량 문제 해결, 추론

35 정육면체의 전개도를 보고 선분 ㄱㄴ의 길이를 구해 보시오.

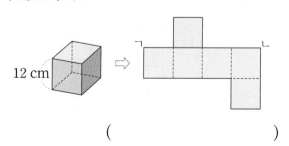

(   )

개념책 98쪽

유형 6 **직육면체의 전개도 그리기**

- 전개도에서 잘린 모서리는 실선으로, 잘리지 않은 모서리는 점선으로 그립니다.
- 접었을 때 맞닿는 모서리의 길이가 같고, 마주 보는 면끼리 모양과 크기가 같게 그립니다.
- 접었을 때 겹치는 면이 없게 그립니다.

36 색칠한 면을 잘라서 화살표 방향으로 움직였을 때 움직인 면을 그려 직육면체의 전개도를 완성해 보시오.

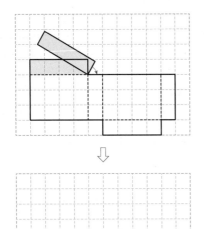

교과 역량 문제 해결, 추론

37 다음과 같은 정사각형 모양의 종이에서 색칠한 부분을 잘라 내고 남은 종이를 접어서 직육면체를 만들려고 합니다. 전개도를 완성해 보시오.

1 cm
1 cm

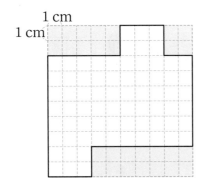

38 직육면체의 전개도를 잘못 그렸습니다. 전개도에서 잘못된 부분을 찾아 바르게 고쳐 보시오.

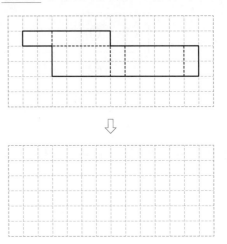

39 오른쪽 직육면체의 겨냥도를 보고 전개도를 그려 보시오.

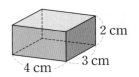

1 cm
1 cm

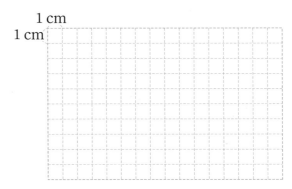

40 정육면체의 전개도가 되도록 정사각형을 1개 더 그리려고 합니다. 정사각형을 그릴 수 있는 곳을 찾아 기호를 써 보시오.

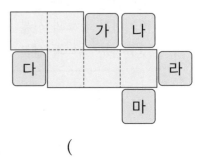

(   )

파워 pick

41 한 모서리의 길이가 3 cm인 정육면체의 전개도를 두 가지 방법으로 그려 보시오.

1 cm
1 cm

42 평행한 면의 색깔이 서로 같은 정육면체를 보고 전개도를 그리려고 합니다. 전개도를 그리고 알맞게 색칠해 보시오.

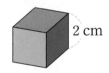
2 cm

1 cm
1 cm

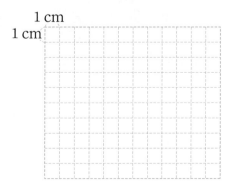

5 단원

까다로운

유형 **7** **주사위의 전개도 완성하기**

❶ 주사위의 전개도를 접었을 때 서로 평행한 면을 찾습니다.
❷ 서로 평행한 두 면의 눈의 수의 합이 7이 되도록 주사위의 눈을 그립니다.

43 전개도를 접어 주사위를 만들었을 때 주사위의 마주 보는 면의 눈의 수의 합은 7입니다. 전개도의 빈칸에 주사위의 눈을 알맞게 그려 보시오.

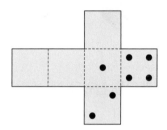

44 전개도를 접어 주사위를 만들었을 때 주사위의 마주 보는 면의 눈의 수의 합은 7입니다. 전개도의 빈칸에 주사위의 눈을 알맞게 그려 보시오.

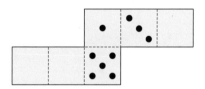

45 전개도를 접어 주사위를 만들었을 때 주사위의 마주 보는 면의 눈의 수의 합은 7입니다. 전개도의 빈칸에 주사위의 눈을 알맞게 그려 보시오.

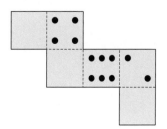

상위권유형 강화

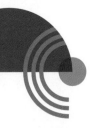

유형 8 • 전개도로 만들 수 있는 정육면체 찾기 •

서로 평행한 면은 수직으로 만날 수 없어!

대표문제

46 오른쪽 정육면체의 전개도를 접어서 만든 정육면체를 찾아 써 보시오.

문제 풀이

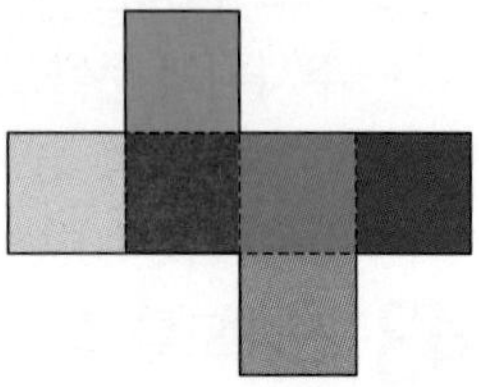

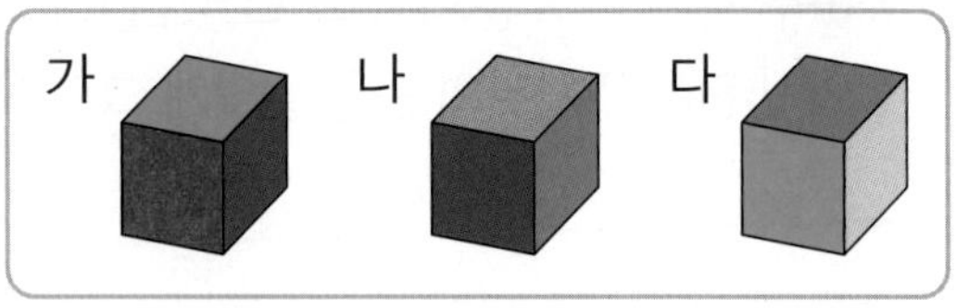

❶ 전개도를 접었을 때 서로 평행한 면을 찾아 기호 쓰기

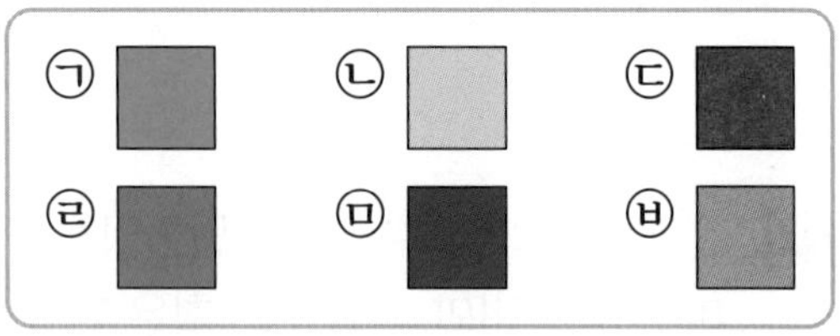

㉠과 ☐, ㉡과 ☐, ㉢과 ☐

❷ 전개도를 접어서 만든 정육면체를 찾아 쓰기

( )

47 오른쪽 정육면체의 전개도를 접어서 만든 정육면체를 찾아 써 보시오.

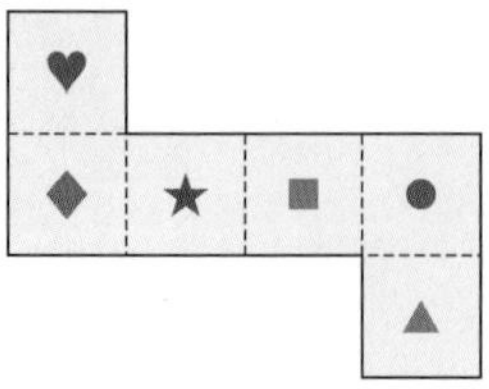

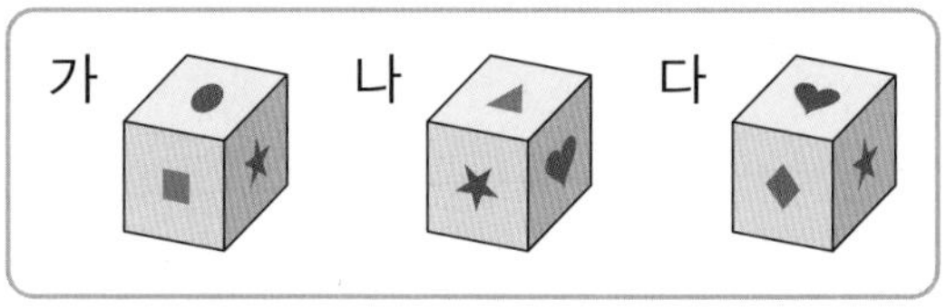

( )

48 오른쪽 정육면체의 전개도를 접어서 만든 정육면체가 아닌 것을 찾아 써 보시오.

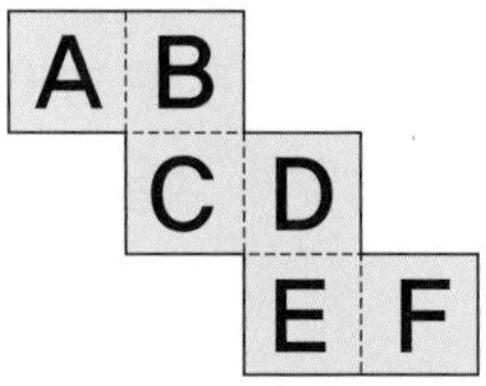

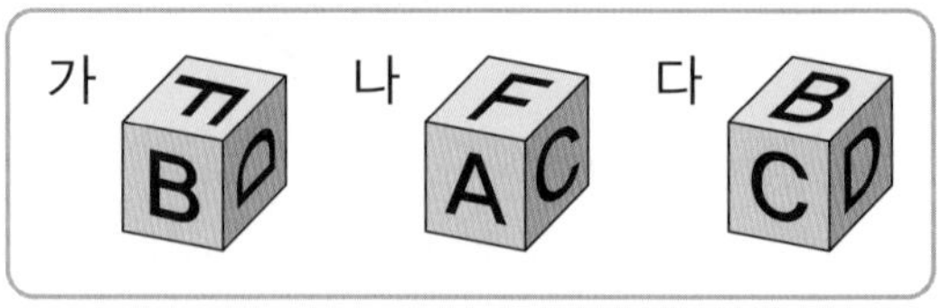

( )

유형 **9** • 직육면체에 그은 선을 보고 전개도에 선 긋기 •

먼저 한 면을 기준으로 하여 전개도에 각 꼭짓점의 기호를 써 봐!

대표문제

49 직육면체 모양의 상자에 그림과 같이 선을 그었습니다. 직육면체의 전개도에 선이 지나간 자리를 그려 보시오.

문제 풀이

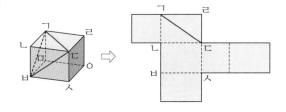

❶ 전개도의 ☐ 안에 알맞은 기호 써넣기

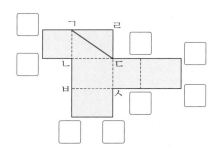

❷ 선이 지나간 자리 그리기

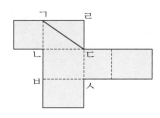

50 직육면체 모양의 상자에 그림과 같이 선을 그었습니다. 직육면체의 전개도에 선이 지나간 자리를 그려 보시오.

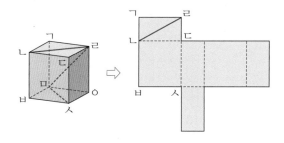

51 직육면체 모양의 상자에 그림과 같이 선을 그었습니다. 직육면체의 전개도에 선이 지나간 자리를 그려 보시오.

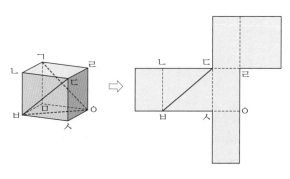

유형10 • 정육면체의 한 모서리의 길이 구하기 •

(정육면체의 한 모서리의 길이)=(정육면체의 모든 모서리의 길이의 합)÷12

대표문제

52 왼쪽 직육면체의 모든 모서리의 길이의 합과 오른쪽 정육면체의 모든 모서리의 길이의 합은 같습니다. 오른쪽 정육면체의 한 모서리의 길이는 몇 cm입니까?

문제 풀이

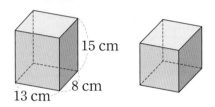

❶ 직육면체의 모든 모서리의 길이의 합 구하기

(   )

❷ 정육면체의 모서리의 수 구하기

(   )

❸ 정육면체의 한 모서리의 길이 구하기

(   )

53 왼쪽 직육면체의 모든 모서리의 길이의 합과 오른쪽 정육면체의 모든 모서리의 길이의 합은 같습니다. 오른쪽 정육면체의 한 모서리의 길이는 몇 cm입니까?

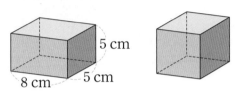

(   )

54 왼쪽 정육면체의 모든 모서리의 길이의 합과 오른쪽 직육면체의 모든 모서리의 길이의 합은 같습니다. 오른쪽 직육면체의 ☐ 안에 알맞은 수를 구해 보시오.

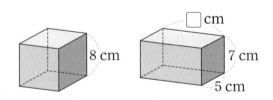

(   )

유형11 • 직육면체를 보고 전개도의 둘레 구하기 •

직육면체의 각 모서리와 길이가 같은 선분이 전개도의 둘레에 몇 개씩 있는지 구해 봐!

대표문제

55 왼쪽 직육면체의 모든 모서리의 길이의 합이 52 cm일 때, 오른쪽 전개도의 둘레는 몇 cm 입니까?

문제 풀이

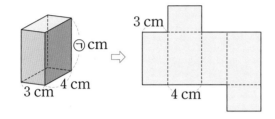

❶ 직육면체에서 ㉠에 알맞은 수 구하기

(   )

❷ 전개도의 둘레에서 길이가 3 cm, 4 cm, ㉠ cm인 선분은 각각 몇 개씩인지 구하기

3 cm인 선분 (   )
4 cm인 선분 (   )
㉠ cm인 선분 (   )

❸ 전개도의 둘레 구하기

(   )

56 왼쪽 직육면체의 모든 모서리의 길이의 합이 40 cm일 때, 오른쪽 전개도의 둘레는 몇 cm 입니까?

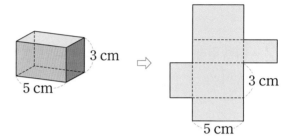

(   )

57 왼쪽 직육면체의 모든 모서리의 길이의 합이 68 cm일 때, 오른쪽 전개도의 둘레는 몇 cm 입니까?

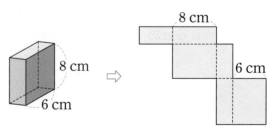

(   )

1 직육면체를 모두 고르시오. (   )

 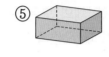

2 직육면체의 겨냥도를 바르게 그린 것에 ◯표 하시오.

(   ) (   ) (   )

(3~4) 직육면체를 보고 물음에 답하시오.

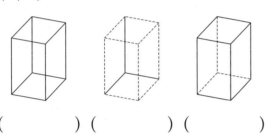

3 면 ㄱㅁㅇㄹ과 평행한 면을 찾아 써 보시오.

(   )

4 면 ㄷㅅㅇㄹ과 수직인 면이 <u>아닌</u> 것은 어느 것입니까? (   )

① 면 ㄱㄴㄷㄹ   ② 면 ㄴㅂㅅㄷ
③ 면 ㄴㅂㅁㄱ   ④ 면 ㅁㅂㅅㅇ
⑤ 면 ㄱㅁㅇㄹ

5 직육면체에 대해 바르게 설명한 것을 찾아 기호를 써 보시오.

> ㉠ 서로 마주 보고 있는 면은 서로 평행 합니다.
> ㉡ 면은 모두 정사각형입니다.
> ㉢ 꼭짓점의 수는 12개입니다.

(   )

6 직육면체의 ☐ 안에 알맞은 수를 써넣으 시오.

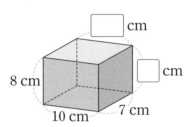

7 직육면체의 전개도를 모두 찾아 써 보시오.

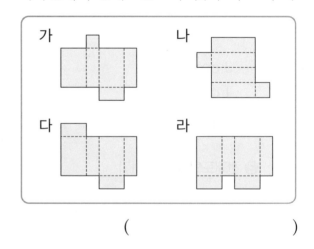

(   )

《8~9》 직육면체의 전개도를 보고 물음에 답하시오.

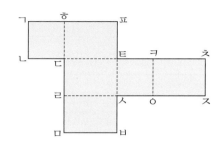

8 면 ㅌㅅㅇㅋ과 평행한 면을 찾아 써 보시오.

(   )

9 전개도를 접었을 때 주어진 선분과 각각 맞닿는 선분을 찾아 써 보시오.

선분 ㄱㄴ	선분 ㅊㅈ

10 직육면체의 겨냥도에서 보이는 모서리의 수와 보이지 않는 꼭짓점의 수의 합은 몇 개입니까?

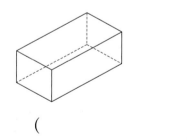

(   )

11 직육면체에서 보이지 않는 모서리의 길이의 합은 몇 cm입니까?

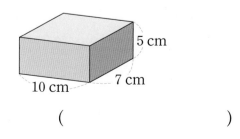

(   )

12 정육면체를 잘라서 전개도를 만들었습니다. ☐ 안에 알맞은 기호를 써넣으시오.

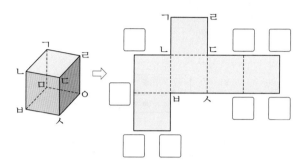

13 직육면체의 겨냥도를 보고 전개도를 그려 보시오.

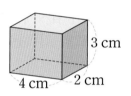

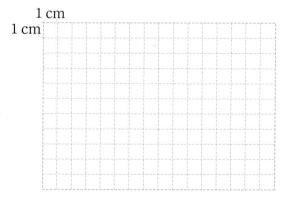

14 정육면체에서 모든 모서리의 길이의 합은 132 cm입니다. ☐ 안에 알맞은 수를 써넣으시오.

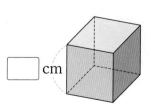

15 전개도를 접어 주사위를 만들었을 때 주사위의 마주 보는 면의 눈의 수의 합은 7입니다. 전개도의 빈칸에 주사위의 눈을 알맞게 그려 보시오.

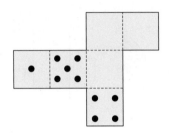

16 직육면체 모양의 상자에 그림과 같이 테이프를 둘러 끝이 겹치지 않도록 붙였습니다. 사용한 테이프의 길이는 모두 몇 cm입니까?

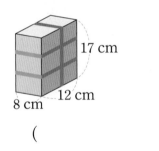

(   )

잘 틀리는 문제

17 직육면체 모양의 상자에 그림과 같이 선을 그었습니다. 직육면체의 전개도에 선이 지나간 자리를 그려 보시오.

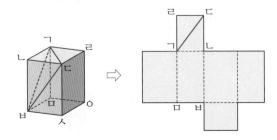

서술형 **문제**

18 직육면체와 정육면체의 공통점과 차이점을 한 가지씩 설명해 보시오.

공통점 | _____

_____

차이점 | _____

_____

(19~20) 직육면체의 전개도를 보고 물음에 답하시오.

19 선분 ㄱㅍ의 길이는 몇 cm인지 풀이 과정을 쓰고 답을 구해 보시오.

풀이 | _____

_____

_____

답 | _____

20 전개도를 접어 만든 직육면체의 모든 모서리의 길이의 합은 몇 cm인지 풀이 과정을 쓰고 답을 구해 보시오.

풀이 | _____

_____

_____

답 | _____

1 직육면체에서 보이는 면, 보이는 모서리, 보이는 꼭짓점의 수를 각각 구해 보시오.

보이는 면의 수 (   )
보이는 모서리의 수 (   )
보이는 꼭짓점의 수 (   )

2 그림에서 빠진 부분을 그려 넣어 직육면체의 겨냥도를 완성해 보시오.

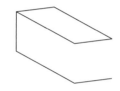

3 직육면체에 대해 잘못 설명한 사람은 누구입니까?

- 영우: 모서리의 수는 면의 수의 2배야.
- 수연: 꼭짓점의 수는 면의 수보다 3개 더 많아.
- 준호: 면, 모서리, 꼭짓점의 수의 합은 26개야.

(   )

4 정육면체의 전개도가 되도록 정사각형을 1개 더 그리려고 합니다. 정사각형을 그릴 수 있는 곳을 모두 찾아 기호를 써 보시오.

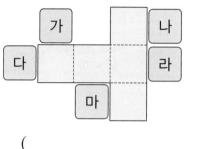

(   )

5 평행한 면의 색깔이 서로 같은 정육면체를 보고 전개도를 그리려고 합니다. 전개도를 그리고 알맞게 색칠해 보시오.

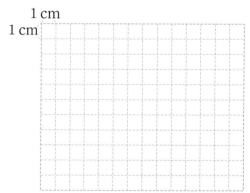

6 정육면체에서 모든 모서리의 길이의 합이 156 cm입니다. 색칠한 면의 모든 모서리의 길이의 합은 몇 cm입니까?

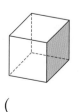

(   )

7 직육면체에서 보이지 않는 모서리의 길이의 합은 29 cm입니다. 모든 모서리의 길이의 합은 몇 cm입니까?

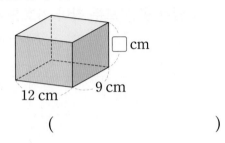

( )

서술형 **문제**

9 정육면체의 전개도를 접었을 때 색칠한 면과 수직인 면에 적힌 수들의 합은 얼마인지 풀이 과정을 쓰고 답을 구해 보시오.

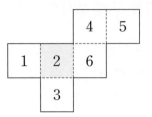

풀이 |

답 |

8 왼쪽 직육면체의 모든 모서리의 길이의 합이 64 cm일 때, 오른쪽 전개도의 둘레는 몇 cm입니까?

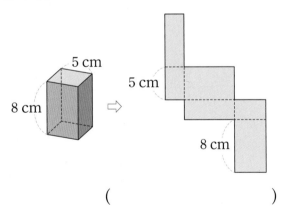

( )

10 왼쪽 직육면체의 모든 모서리의 길이의 합과 오른쪽 정육면체의 모든 모서리의 길이의 합은 같습니다. 오른쪽 정육면체의 한 모서리의 길이는 몇 cm인지 풀이 과정을 쓰고 답을 구해 보시오.

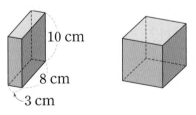

풀이 |

답 |

6 평균과 가능성

파워 pick 교과서에 자주 나오는 응용 문제
교과 역량 생각하는 힘을 키우는 문제

개념책 110쪽

유형 1 **평균**

평균: 자료의 값을 고르게 하여 그 **자료를 대표하는 값**

(1~2) 주머니 3개에 사탕이 들어 있습니다. 물음에 답하시오.

사탕
15개

사탕
16개

사탕
14개

1 한 개의 주머니당 들어 있는 사탕 수를 정하는 올바른 방법에 ○표 하시오.

방법	○표
각 주머니의 사탕 수 15, 16, 14를 고르게 하면 15, 15, 15 이므로 15로 정합니다.	
각 주머니의 사탕 수 15, 16, 14 중 가장 큰 수인 16으로 정합니다.	
각 주머니의 사탕 수 15, 16, 14 중 가장 작은 수인 14로 정합니다.	

2 한 개의 주머니에 들어 있는 사탕 수의 평균은 몇 개입니까?

( )

3 윤아가 고리 던지기를 하여 기둥에 건 고리의 수를 나타낸 표입니다. 고리의 수를 고르게 하여 구한 수를 가장 적절하게 말한 친구는 누구입니까?

기둥에 건 고리의 수

회	1회	2회	3회	4회
고리의 수(개)	7	10	8	7

- 도희: 건 고리의 수를 고르게 하여 구하면 7개야.
- 민주: 한 회당 고리를 8개 걸었다고 할 수 있어.
- 세준: 한 회에 고리를 10개씩 걸었다고 할 수 있어.

( )

4 사과 4개의 무게를 고르게 하면 사과 한 개의 무게의 평균은 몇 g입니까?

( )

교과 역량 추론, 창의·융합 **서술형**

5 연준이가 평균에 대하여 잘못 말했습니다. 그 이유를 써 보시오.

연준

우리 반 학생들의 몸무게의 평균은 32 kg이네. 우리 반 학생들의 몸무게는 모두 32 kg일 거야.

이유 |

_____

_____

개념책 111쪽

유형 2 평균 구하기

방법 1 평균을 예상하고, 자료의 값을 고르게 하여 평균을 구합니다.

방법 2 (평균)=(자료의 값을 모두 더한 수)÷(자료의 수)

6 지상이네 학교 5학년의 반별 학생 수를 나타낸 표입니다. 반별 학생 수의 평균은 몇 명입니까?

반별 학생 수

반	1반	2반	3반	4반
학생 수(명)	22	18	21	23

( )

7 민재네 모둠 학생들이 어제 독서를 한 시간을 나타낸 표입니다. 민재네 모둠 학생들이 어제 독서를 한 시간의 평균은 몇 분입니까?

어제 독서를 한 시간

이름	민재	희주	수아	현민	주혁
시간(분)	37	25	25	37	31

( )

8 진아가 단소 연습을 한 횟수를 나타낸 표입니다. 단소 연습 횟수가 평균보다 적었던 날은 모두 며칠입니까?

단소 연습 횟수

요일	월	화	수	목	금
횟수(회)	5	2	4	6	3

( )

9 원희네 모둠 학생들의 100 m 달리기 기록을 나타낸 표입니다. 100 m 달리기 기록이 평균보다 좋은 학생의 이름을 모두 써 보시오.

100 m 달리기 기록

이름	원희	훈석	정혜	소영	지석
기록(초)	16	18	21	23	17

( )

〔10~11〕 예빈이가 지난주 월요일부터 금요일까지 5일 동안 하루에 읽은 동화책의 쪽수를 나타낸 표입니다. 물음에 답하시오.

요일별 읽은 동화책의 쪽수

요일	월	화	수	목	금
쪽수(쪽)	42	44	49	54	56

10 예빈이가 하루에 읽은 동화책 쪽수의 평균은 몇 쪽입니까?

( )

교과 역량 추론, 정보 처리

11 예빈이가 지난주 월요일부터 토요일까지 6일 동안 하루에 읽은 동화책 쪽수의 평균이 지난주 월요일부터 금요일까지 5일 동안 하루에 읽은 동화책 쪽수의 평균보다 많으려면 토요일에는 몇 쪽을 읽어야 하는지 예상해 보시오.

( )

개념책 112쪽

유형 3 평균 비교하기

자료의 수가 다른 두 집단을 비교할 때에는 평균을 구하여 비교합니다.

(12~14) 현수와 재희의 윗몸 말아올리기 기록을 나타낸 표입니다. 두 사람 중 윗몸 말아올리기를 더 잘한 사람을 반 대표 선수로 뽑으려고 합니다. 물음에 답하시오.

현수의 윗몸 말아올리기 기록

회	1회	2회	3회	4회
기록(번)	20	25	24	23

재희의 윗몸 말아올리기 기록

회	1회	2회	3회
기록(번)	30	21	21

12 현수와 재희의 윗몸 말아올리기 기록의 평균은 각각 몇 번입니까?

현수 (   )

재희 (   )

13 현수와 재희 중 윗몸 말아올리기를 누가 더 잘했다고 할 수 있습니까?

(   )

14 반 대표 선수로 뽑아야 하는 사람은 누구입니까?

(   )

15 하루 평균 제기차기를 더 많이 한 친구는 누구입니까?

• 연아: 난 열흘 동안 제기를 110번 찼어.
• 혜준: 난 일주일 동안 제기를 91번 찼어.

(   )

16 선아네 학교에서 학년별로 말하기 대회에 참가한 학생 수를 나타낸 표입니다. 학급당 참가한 학생 수가 가장 많은 학년은 어느 학년입니까?

말하기 대회에 참가한 학생 수

학년	4학년	5학년	6학년
학급 수(개)	5	4	3
참가한 학생 수(명)	60	56	51

(   )

17 하늘 수영부와 푸른 수영부의 100 m 자유형 기록을 나타낸 표입니다. 어느 수영부의 100 m 자유형 기록의 평균이 몇 초 더 빠릅니까?

하늘 수영부의 100 m 자유형 기록

이름	태환	강희	민구	하나
기록(초)	89	97	95	91

푸른 수영부의 100 m 자유형 기록

이름	선웅	지수	영배	현주	승호
기록(초)	86	98	89	88	94

(,   )

개념책 112쪽

유형 4 평균을 이용하여 자료의 값 구하기

❶ (평균)=(자료의 값을 모두 더한 수)÷(자료의 수)
  ➭ (자료의 값을 모두 더한 수)=(평균)×(자료의 수)

❷ (모르는 자료의 값)
  =(자료의 값을 모두 더한 수)
    —(아는 자료의 값의 합)

18 지우의 중간고사 점수를 나타낸 표입니다. 중간고사 점수의 평균이 89점일 때, 지우의 영어 점수는 몇 점입니까?

중간고사 점수

과목	국어	수학	사회	영어	과학
점수(점)	88	90	91		89

( )

19 어느 병원에서 월별 진료를 받은 환자 수를 나타낸 표입니다. 이 병원에서 5개월 동안 월별 진료를 받은 환자 수의 평균은 174명입니다. 진료를 받은 환자 수가 가장 많은 달은 몇 월입니까?

진료를 받은 환자 수

월	1월	2월	3월	4월	5월
환자 수(명)	165	155	190		185

( )

20 정호의 줄넘기 기록을 나타낸 표입니다. 줄넘기 기록의 평균이 53번 이상이 되어야 줄넘기 대회에 참가할 수 있습니다. 정호가 대회에 참가하려면 6회에 적어도 몇 번을 넘어야 합니까?

정호의 줄넘기 기록

회	1회	2회	3회	4회	5회	6회
기록(번)	37	64	52	45	61	

( )

서술형

21 승미는 3일 동안의 피아노 연습 시간의 평균을 50분으로 정했습니다. 내일 피아노 연습이 끝나는 시각은 오후 몇 시 몇 분인지 풀이 과정을 쓰고 답을 구해 보시오.

	시작 시각	끝난 시각
어제	오후 3시 30분	오후 4시 10분
오늘	오후 3시 10분	오후 4시 20분
내일	오후 3시 40분	

풀이 |

답 |

파워 pick

22 연희와 시우의 공 던지기 기록을 나타낸 표입니다. 연희와 시우의 공 던지기 기록의 평균이 같을 때, 시우의 3회의 공 던지기 기록은 몇 m입니까?

연희의 공 던지기 기록

회	1회	2회	3회	4회
기록(m)	15	21	18	14

시우의 공 던지기 기록

회	1회	2회	3회
기록(m)	16	18	

( )

개념책 116쪽

까다로운
유형 5 　두 자료의 전체 평균 구하기

❶ 두 자료의 자료 값을 모두 더해 전체 자료 값의 합 구하기

❷ 전체 자료 값의 합을 전체 자료의 수로 나누어 두 자료의 전체 평균 구하기

23 서아네 모둠과 도현이네 모둠의 학생 수와 운동 시간의 평균을 나타낸 표입니다. 두 모둠 전체의 운동 시간의 평균은 몇 분입니까?

모둠	학생 수(명)	운동 시간의 평균(분)
서아네	5	32
도현이네	4	41

(　　　　　)

24 어느 두 지역의 과수원 수와 사과 생산량의 평균을 나타낸 표입니다. 두 지역 전체의 사과 생산량의 평균은 몇 kg입니까?

지역	과수원 수(개)	사과 생산량의 평균(kg)
가	3	357
나	5	341

(　　　　　)

25 예준이네 반 남학생 12명의 50 m 달리기 기록의 평균은 8.5초이고, 여학생 10명의 50 m 달리기 기록의 평균은 9.6초입니다. 예준이네 반 전체 학생의 50 m 달리기 기록의 평균은 몇 초입니까?

(　　　　　)

유형 6 　일이 일어날 가능성을 말로 표현하기

• 가능성: 어떠한 상황에서 특정한 일이 일어나길 기대할 수 있는 정도

• 일이 일어날 가능성은 **불가능하다, ~아닐 것 같다, 반반이다, ~일 것 같다, 확실하다** 등으로 표현할 수 있습니다.

26 일이 일어날 가능성을 생각해 보고, 알맞게 표현한 곳에 ◯표 하시오.

일　＼　가능성	불가능 하다	반반 이다	확실 하다
주사위를 굴리면 눈의 수가 1 이상 6 이하로 나올 것입니다.			
동전을 던지면 그림 면이 나올 것입니다.			
내일 저녁에 동쪽으로 해가 질 것입니다.			

27 주사위를 한 번 굴릴 때 일이 일어날 가능성을 찾아 기호를 써 보시오.

> ㉠ 불가능하다　㉡ 반반이다　㉢ 확실하다

(1) 주사위 눈의 수가 4의 약수로 나올 것입니다.

(　　　　　)

(2) 주사위 눈의 수가 1 미만으로 나올 것입니다.

(　　　　　)

28 주머니에서 바둑돌 1개를 꺼낼 때, 꺼낸 바둑돌이 흰색일 가능성을 나타낸 말을 찾아 선으로 이어 보시오.

 •

• 확실하다

 •

• ~일 것 같다

 •

• 반반이다

 •

• ~아닐 것 같다

 •

• 불가능하다

교과 역량 창의·융합, 의사소통   서술형

29 수 카드 중에서 한 장을 뽑을 때, 뽑은 수 카드에 쓰인 수가 짝수일 가능성을 말로 표현하고, 이유를 써 보시오.

7 3 9 1

답 |
_____
_____

개념책 117쪽

유형 **7** **일이 일어날 가능성을 비교하기**

'확실하다'에 가까울수록 일이 일어날 가능성이 높고, '불가능하다'에 가까울수록 일이 일어날 가능성이 낮습니다.

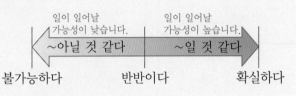

6
단원

〈30~31〉 일이 일어날 가능성을 비교하려고 합니다. 물음에 답하시오.

> ㉠ 하루는 12시간일 것입니다.
> ㉡ 오늘은 월요일이므로 내일은 화요일일 것입니다.
> ㉢ 노란색 공 3개와 보라색 공 1개가 들어 있는 상자에서 꺼낸 공은 노란색일 것입니다.
> ㉣ 주사위를 굴리면 눈의 수가 5의 배수로 나올 것입니다.
> ㉤ ○× 문제의 답은 ×일 것입니다.

30 일이 일어날 가능성이 가장 높은 것을 찾아 기호를 써 보시오.

(   )

31 일이 일어날 가능성이 높은 순서대로 기호를 써 보시오.

(   )

32 오른쪽과 같이 빨간색, 파란색, 노란색이 칠해진 회전판을 돌릴 때 화살이 멈출 가능성이 가장 높은 색깔을 써 보시오.

(   )

33 일이 일어날 가능성이 더 낮은 것의 기호를 써 보시오.

> ㉠ 우리 반 전체 학생 수가 홀수일 때 우리반 남학생 수와 여학생 수가 같을 가능성
>
> ㉡ 수 카드 3 , 7 에 쓰인 수를 한 번씩 모두 사용하여 만든 두 자리 수가 홀수일 가능성

(   )

34 남학생 10명과 여학생 10명의 이름을 빠짐없이 적은 종이 20장 중 한 장을 뽑을 때 꺼낸 종이에 여학생의 이름이 적혀 있을 가능성과 회전판을 돌렸을 때 화살이 노란색에 멈출 가능성이 같은 회전판을 찾아 기호를 써 보시오.

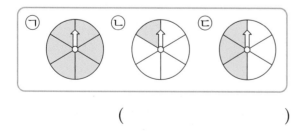

(   )

개념책 118쪽

유형 8   **일이 일어날 가능성을 수로 표현하기**

일이 일어날 가능성이

'불가능하다'   ⇨   **0**

'반반이다'   ⇨ $\dfrac{1}{2}$ 로 표현할 수 있습니다.

'확실하다'   ⇨   **1**

(35~37) 수 카드 중 한 장을 뽑으려고 합니다. 물음에 답하시오.

2   3   4   5

35 뽑은 수 카드에 쓰인 수가 한 자리 수일 가능성을 ↓로 나타내어 보시오.

36 뽑은 수 카드에 쓰인 수가 짝수일 가능성을 ↓로 나타내어 보시오.

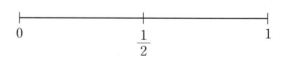

37 뽑은 수 카드에 쓰인 수가 4 이하일 가능성을 ↓로 나타내어 보시오.

《38~39》 세희는 고리가 빨간색 막대에 걸리면 점수를 얻고, 현석이는 고리가 파란색 막대에 걸리면 점수를 얻는 놀이를 했습니다. 세희와 현석이는 고리를 각각 1개씩 던져 막대 4개 중 하나에 걸었습니다. 물음에 답하시오.

38 세희와 현석이가 점수를 얻을 가능성을 각각 수로 나타내어 보시오.

세희 (   )

현석 (   )

교과 역량 의사소통, 태도 및 실천   서술형

39 세희와 현석이가 한 놀이는 공평하다고 생각합니까? 그 이유를 써 보시오.

답 |

40 ㉠과 ㉡이 일어날 가능성을 수로 표현한 값의 차는 얼마입니까?

> ㉠ 500명의 사람들 중 서로 생일이 같은 사람이 있을 가능성
> ㉡ 한 명의 아이가 태어날 때 남자아이일 가능성

(   )

유형 9 일이 일어날 가능성이 같도록 회전판 색칠하기

❶ 일이 일어날 가능성을 말 또는 수로 표현하기

❷ ❶에서 표현한 말 또는 수와 가능성이 같도록 회전판을 색칠하기

파워 pick

41 월요일 다음이 화요일일 가능성과 회전판을 돌릴 때 화살이 파란색에 멈출 가능성이 같도록 오른쪽 회전판을 색칠해 보시오.

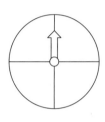

42 수 카드 중 한 장을 뽑을 때 뽑은 수 카드에 쓰인 수가 홀수일 가능성과 회전판을 돌릴 때 화살이 빨간색에 멈출 가능성이 같도록 회전판을 색칠해 보시오.

| 1 | 2 | 3 | 4 | 5 | 6 | 7 | 8 |

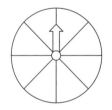

교과 역량 문제 해결, 추론

43 회전판을 돌릴 때 화살이 초록색에 멈출 가능성이 $\frac{1}{2}$ 보다 크고 1보다 작게 되도록 오른쪽 회전판을 색칠해 보시오.

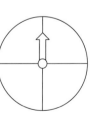

상위권유형 강화

$(㉠+㉡)+(㉡+㉢)+(㉢+㉠)=(㉠+㉡+㉢)\times 2$야!

대표문제

44 세 자연수 ㉠, ㉡, ㉢이 있습니다. ㉠과 ㉡의 평균은 21, ㉡과 ㉢의 평균은 24, ㉢과 ㉠의 평균은 18입니다. ㉠, ㉡, ㉢은 각각 얼마입니까?

문제 풀이

❶ ㉠+㉡, ㉡+㉢, ㉢+㉠의 값 각각 구하기

㉠+㉡	㉡+㉢	㉢+㉠

❷ ㉠+㉡+㉢의 값 구하기

(   )

❸ ㉠, ㉡, ㉢ 각각 구하기

㉠ (   )
㉡ (   )
㉢ (   )

45 세 자연수 ㉠, ㉡, ㉢이 있습니다. ㉠과 ㉡의 평균은 33, ㉡과 ㉢의 평균은 32, ㉢과 ㉠의 평균은 39입니다. ㉠, ㉡, ㉢은 각각 얼마입니까?

㉠ (   )
㉡ (   )
㉢ (   )

46 영서와 지호의 몸무게의 평균은 41 kg, 지호와 연희의 몸무게의 평균은 44 kg, 연희와 영서의 몸무게의 평균은 39 kg입니다. 영서의 몸무게는 몇 kg입니까?

(   )

유형11 • 가능성을 이용하여 처음에 있었던 개수 구하기 •

두 사탕을 꺼낼 가능성이 같으면 두 사탕의 수가 같아!

대표문제

47 통에 딸기 맛 사탕 8개와 포도 맛 사탕 몇 개가 들어 있습니다. 이 통에서 우준이가 포도 맛 사탕 3개를 꺼내 먹었습니다. 남은 사탕 중에서 1개를 꺼낼 때, 꺼낸 사탕이 딸기 맛일 가능성과 포도 맛일 가능성이 같다면 처음 통에 들어 있었던 사탕은 모두 몇 개입니까?

문제 풀이

❶ 우준이가 포도 맛 사탕을 꺼내 먹은 후 남은 포도 맛 사탕의 수 구하기

(   )

❷ 처음 통에 들어 있었던 포도 맛 사탕의 수 구하기

(   )

❸ 처음 통에 들어 있었던 사탕의 수 구하기

(   )

48 상자에 빨간색 구슬 5개와 파란색 구슬 몇 개가 들어 있습니다. 이 상자에서 은서가 파란색 구슬 4개를 꺼냈습니다. 남은 구슬 중에서 1개를 꺼낼 때, 꺼낸 구슬이 빨간색일 가능성과 파란색일 가능성이 같다면 처음 상자에 들어 있었던 구슬은 모두 몇 개입니까? (단, 꺼낸 구슬은 다시 넣지 않습니다.)

(   )

49 주머니에 흰색 바둑돌 4개와 검은색 바둑돌 몇 개가 들어 있습니다. 이 주머니에서 수정이가 검은색 바둑돌 2개를 꺼낸 후, 재혁이가 검은색 바둑돌 2개를 더 꺼냈습니다. 지금의 주머니에서 바둑돌 1개를 꺼낼 때, 꺼낸 바둑돌이 흰색일 가능성과 검은색일 가능성이 같습니다. 처음 주머니에 들어 있었던 바둑돌은 모두 몇 개입니까? (단, 꺼낸 바둑돌은 다시 넣지 않습니다.)

(   )

6 단원

유형12 • 평균이 높아(낮아)졌을 때, 추가된 자료의 값 구하기 •

평균이 ■만큼 높아지려면 추가된 자료의 값은 (평균)＋■×(자료의 수)야!

대표문제

50 어느 테니스 모임의 회원의 나이를 나타낸 표입니다. 새로운 회원 한 명이 들어와서 모임 회원의 나이의 평균이 2살 늘었습니다. 새로운 회원의 나이는 몇 살입니까?

문제 풀이

테니스 모임 회원의 나이

이름	민아	재영	주혜	동우
나이(살)	12	19	18	15

❶ 새로운 회원이 들어오기 전 4명의 나이의 평균 구하기

(   )

❷ ☐ 안에 알맞은 수 써넣기

> 5명의 나이의 평균이 2살 늘어나기 위해서는 새로운 회원의 나이가 4명의 나이의 평균보다 ☐×5＝☐(살) 더 많아야 합니다.

❸ 새로운 회원의 나이 구하기

(   )

51 어느 가게의 7월부터 10월까지의 아이스크림 판매량을 나타낸 표입니다. 이 판매량에 11월의 아이스크림 판매량을 더하여 평균을 구했더니 7월부터 10월까지의 아이스크림 판매량의 평균보다 30개 줄었습니다. 11월의 아이스크림 판매량은 몇 개입니까?

아이스크림 판매량

월	7월	8월	9월	10월
판매량(개)	690	730	620	560

(   )

52 수민이네 과수원에서 월요일부터 목요일까지 딴 배의 무게를 나타낸 표입니다. 금요일에 딴 배의 무게를 더하여 평균을 구했더니 월요일부터 목요일까지 딴 배의 무게의 평균보다 25 kg 늘었습니다. 금요일에 딴 배의 무게는 몇 kg입니까?

과수원에서 딴 배의 무게

요일	월	화	수	목
무게(kg)	126	160	139	147

(   )

유형13 ・평균과 각 자료 사이의 관계를 이용하여 자료의 값 구하기・

자료의 값의 합을 구한 후 구하려는 자료의 값을 □라 하고 식을 만들어 봐!

대표문제

53 원호가 과녁 맞히기 놀이에서 얻은 점수를 나타낸 표입니다. 점수의 평균이 14점이고, 2회의 점수가 3회의 점수보다 5점 더 높다면 3회의 점수는 몇 점입니까?

문제 풀이

과녁 맞히기 점수

회	1회	2회	3회	4회
점수(점)	8			19

❶ 원호의 과녁 맞히기 점수의 합 구하기

(   )

❷ 2회와 3회의 점수의 합 구하기

(   )

❸ 3회의 점수 구하기

(   )

54 주아네 모둠 학생들이 등교할 때 걸리는 시간을 나타낸 표입니다. 걸리는 시간의 평균이 19분이고, 정민이가 걸리는 시간이 민호가 걸리는 시간보다 2분 더 짧다면 민호가 등교할 때 걸리는 시간은 몇 분입니까?

등교할 때 걸리는 시간

이름	주아	정민	세은	민호
시간(분)	13		15	

(   )

55 농장별 오이 판매량을 나타낸 표입니다. 네 농장의 판매량의 평균이 135상자이고, ㉮ 농장의 판매량이 ㉣ 농장의 판매량의 2배라면 ㉣ 농장의 판매량은 몇 상자입니까?

농장별 오이 판매량

농장	㉮	㉯	㉰	㉣
판매량(상자)		119	145	

(   )

(1~2) 수아네 학교 5학년의 반별 안경을 쓴 학생 수를 나타낸 표입니다. 물음에 답하시오.

반별 안경을 쓴 학생 수

반	1	2	3	4	5
학생 수(명)	9	10	8	7	6

1 한 반당 안경을 쓴 학생 수를 정하는 올바른 방법을 찾아 기호를 써 보시오.

> ㉠ 각 반의 안경을 쓴 학생 수 중 가장 작은 수로 정합니다.
>
> ㉡ 각 반의 안경을 쓴 학생 수 중 가장 큰 수로 정합니다.
>
> ㉢ 각 반의 안경을 쓴 학생 수를 고르게 하여 정합니다.

( )

2 반별 안경을 쓴 학생 수의 평균은 몇 명입니까?

( )

3 일이 일어날 가능성이 '확실하다'인 경우를 말한 친구는 누구입니까?

> • 지수: 내일은 비가 올 거야.
>
> • 현성: 오늘은 화요일이니까 내일은 수요일일 거야.
>
> • 윤미: 내년에는 5월이 4월보다 빨리 올 거야.

( )

4 마을별 학생 수를 조사하여 나타낸 표입니다. 네 마을의 학생 수의 평균은 몇 명입니까?

마을별 학생 수

마을	가	나	다	라
학생 수(명)	330	260	350	240

( )

5 흰색 공 4개와 검은 색 공 4개가 들어 있는 주머니에서 공 1개를 꺼낼 때 꺼낸 공이 흰색일 가능성을 말로 표현해 보시오.

( )

(6~7) 영서네 모둠 학생들의 몸무게를 나타낸 표입니다. 물음에 답하시오.

영서네 모둠 학생들의 몸무게

이름	영서	민용	은영	재민	효연
몸무게(kg)	44	46	40	41	39

6 영서네 모둠 학생들의 몸무게의 평균은 몇 kg입니까?

( )

7 평균보다 몸무게가 많이 나가는 학생은 몇 명입니까?

( )

8 오른쪽 회전판을 돌릴 때 화살이 빨간색에 멈출 가능성을 ↓로 나타내어 보시오.

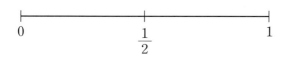

$$0 \qquad \frac{1}{2} \qquad 1$$

9 수 카드 중 한 장을 뽑을 때 $\boxed{9}$ 카드를 뽑을 가능성을 수로 표현해 보시오.

$\boxed{5}$ $\boxed{6}$ $\boxed{7}$ $\boxed{8}$

(   )

(10~11) 준희네 모둠과 민지네 모둠의 팔 굽혀 펴기 기록을 나타낸 표입니다. 물음에 답하시오.

준희네 모둠

이름	기록(번)
준희	10
다연	6
가을	5
지환	7

민지네 모둠

이름	기록(번)
민지	5
소민	4
정훈	9

10 준희네 모둠과 민지네 모둠의 팔 굽혀 펴기 기록의 평균은 각각 몇 번입니까?

준희네 모둠 (   )
민지네 모둠 (   )

11 어느 모둠이 더 잘했다고 볼 수 있습니까?

(   )

12 일이 일어날 가능성이 높은 순서대로 기호를 써 보시오.

> ㉠ 2023년 다음은 2024년일 것입니다.
> ㉡ 내일 길에서 날아다니는 강아지를 보게 될 것입니다.
> ㉢ 은행에서 뽑은 대기 번호표의 번호는 홀수일 것입니다.

(   )

잘 틀리는 문제

13 오른쪽과 같은 회전판이 있습니다. 회전판을 100번 돌려 화살이 멈춘 횟수를 나타낸 표에서 일이 일어날 가능성이 가장 비슷한 것을 찾아 기호를 써 보시오.

색깔		빨강	파랑	노랑
㉠	횟수(회)	32	35	33
㉡	횟수(회)	26	50	24
㉢	횟수(회)	10	80	10
㉣	횟수(회)	48	26	26

(   )

14 지역별 밤 생산량을 나타낸 표입니다. 다 지역의 밤 생산량이 나 지역과 라 지역의 밤 생산량의 합보다 15 t 더 많을 때 네 지역의 밤 생산량의 평균은 몇 t입니까?

지역별 밤 생산량

지역	가	나	다	라
밤 생산량(t)	325	244		156

(   )

15 상우네 반 남녀 학생들의 평균 키를 나타낸 표입니다. 상우네 반 전체 학생의 키의 평균은 몇 cm입니까?

남학생 16명	141.3 cm
여학생 14명	142.8 cm

(   )

16 구슬이 40개 들어 있는 상자에서 구슬 1개를 꺼낼 때 꺼낸 구슬이 파란색일 가능성을 수로 표현하면 $\frac{1}{2}$입니다. 상자에 들어 있는 파란색 구슬은 몇 개입니까?

(   )

잘 틀리는 문제
17 세 자연수 ㉠, ㉡, ㉢이 있습니다. ㉠과 ㉡의 평균은 46, ㉡과 ㉢의 평균은 37, ㉢과 ㉠의 평균은 40입니다. ㉢은 얼마입니까?

(   )

◀ 서술형 **문제**

18 주머니 속에 흰색 바둑돌 10개가 들어 있습니다. 그중에서 1개를 꺼낼 때 꺼낸 바둑돌이 흰색일 가능성을 수로 표현하려고 합니다. 풀이 과정을 쓰고 답을 구해 보시오.

풀이 |

답 |

19 동현이네 모둠 학생들이 가지고 있는 책의 수를 나타낸 표입니다. 동현이네 모둠 학생들이 가지고 있는 책의 수의 평균이 87권일 때, 동현이가 가지고 있는 책은 몇 권인지 풀이 과정을 쓰고 답을 구해 보시오.

동현이네 모둠 학생들이 가지고 있는 책의 수

이름	동현	혜련	민석	정욱
책의 수(권)		74	99	81

풀이 |

답 |

20 독서 동아리 회원들의 나이를 나타낸 표입니다. 새로운 회원 한 명이 들어와서 나이의 평균이 2살 늘었습니다. 새로운 회원의 나이는 몇 살인지 풀이 과정을 쓰고 답을 구해 보시오.

독서 동아리 회원들의 나이

이름	지수	민국	슬아	서진	주안
나이(살)	12	16	21	15	11

풀이 |

답 |

1 수 카드 중 한 장을 뽑을 때 두 자리 수가 나올 가능성을 말과 수로 표현해 보시오.

| 3 | 1 | 4 | 7 | 8 |

말 ( )

수 ( )

(2~3) 준상이의 줄넘기 기록을 나타낸 표입니다. 물음에 답하시오.

줄넘기 기록

회	1회	2회	3회	4회	5회
기록(번)	120	48	114	106	72

2 준상이의 줄넘기 기록의 평균은 몇 번입니까?

( )

3 6회까지 줄넘기 기록의 평균이 5회까지 줄넘기 기록의 평균보다 높으려면 6회에는 줄넘기를 적어도 몇 번을 넘어야 합니까?

( )

4 상자 속에 빨간색 구슬 3개, 파란색 구슬 1개, 검은색 구슬 4개가 들어 있습니다. 이 상자에서 구슬 1개를 꺼낼 때 꺼낸 구슬이 검은색일 가능성을 수로 표현해 보시오.

( )

5 ㉠과 ㉡의 가능성을 수로 표현한 값의 합은 얼마입니까?

> ㉠ 흰색 바둑돌 2개가 들어 있는 주머니에서 바둑돌 1개를 꺼낼 때, 꺼낸 바둑돌이 흰색일 가능성
>
> ㉡ 검은색 바둑돌 2개가 들어 있는 주머니에서 바둑돌 1개를 꺼낼 때, 꺼낸 바둑돌이 흰색일 가능성

( )

6 준기네 모둠과 민하네 모둠의 과학 점수를 나타낸 표입니다. 두 모둠의 과학 점수의 평균이 같다면 성연이의 과학 점수는 몇 점입니까?

준기네 모둠의 과학 점수

이름	준기	하영	재민	은호	혜미
점수(점)	93	85	74	86	97

민하네 모둠의 과학 점수

이름	민하	건우	성연	지후
점수(점)	80	100		82

( )

7 왼쪽 상자에 파란색 공이 8개 들어 있다. 이 상자에서 공 한 개를 꺼낼 때 꺼낸 공이 빨간색일 가능성과 회전판을 돌릴 때 화살이 노란색에 멈출 가능성이 같도록 회전판을 색칠해 보시오.

 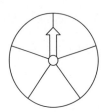

◖서술형 **문제**

9 소희네 논과 영호네 논의 넓이와 벼 수확량을 나타낸 표입니다. 누구네 논의 1 km²당 벼 수확량이 더 많은지 풀이 과정을 쓰고 답을 구해 보시오.

이름	논의 넓이(km²)	벼 수확량(kg)
소희	28	4816
영호	15	2625

풀이 |

답 |

8 지혜네 모둠 학생들의 영어 점수를 나타낸 표입니다. 영어 점수의 평균은 88점이고, 은호가 윤지보다 8점 더 높다면 윤지의 영어 점수는 몇 점입니까?

영어 점수

이름	지혜	은호	석민	민철	윤지
점수(점)	85		92	87	

(   )

10 주머니에 빨간색 풍선 3개와 노란색 풍선 몇 개가 들어 있습니다. 이 주머니에서 민우가 노란색 풍선 2개를 꺼냈습니다. 남은 풍선 중에서 1개를 꺼낼 때, 꺼낸 풍선이 빨간색일 가능성과 노란색일 가능성이 같다면 처음 주머니에 들어 있었던 풍선은 모두 몇 개인지 풀이 과정을 쓰고 답을 구해 보시오. (단, 꺼낸 풍선은 다시 넣지 않습니다.)

풀이 |

답 |

공부로 이끄는 힘

"책상 앞에 있는 모습을 보게 될 거예요!
완자 공부력은 계속 풀고 싶게 만드니깐!"

비상교육이 만든 초등 필수 역량서

- 초등 필수 역량을 바탕으로 구성한 커리큘럼
- 매일 정해진 분량을 풀면서 기르는 **스스로 공부하는 습관**
- '공부력 MONSTER' 앱으로 학생은 복습을, 부모님은 **공부 현황을 확인**

예비 초등, 초등 1~6학년 / 쓰기력, 어휘력, 독해력, 계산력, 교과서 문해력, 창의·사고력

✦ 개념·플러스·유형·시리즈 개념과 유형이 하나로! 가장 효과적인 수학 공부 방법을 제시합니다.

대표전화 1544-0554
주소 서울특별시 구로구 디지털로33길 48 대륭포스트타워 7차 20층
협의 없는 무단 복제는 법으로 금지되어 있습니다.